21世纪高等教育环境科学与工程类系列教材

环境工程CAD

第3版

李颖 吴菁 李英 编著

机械工业出版社

本书结合环境工程专业绘图实例，由浅入深、循序渐进地介绍了 AutoCAD 2020 中文版的各种基本操作命令和使用技巧。本书共 12 章，主要内容包括环境工程 CAD 概述、绘制基本二维图形、编辑二维图形对象、精确绘图工具的使用、图形设置与管理、创建复杂图形对象、尺寸标注、环境工程二维图形设计方法与实例、图形输入与输出、绘制三维图形、编辑和标注三维对象、三维对象的观察与渲染等。本书每章均采用二维码集成了对该章知识进行串讲的微课，以便读者学习和掌握。

本书内容丰富、结构清晰、语言简练，具有很强的实用性，可作为高等院校环境工程、市政工程、土木工程、建筑环境工程与设备工程等专业及职业培训机构的教材。

图书在版编目（CIP）数据

环境工程 CAD/李颖，吴菁，李英编著. —3 版. —北京：机械工业出版社，2020.9（2025.2 重印）

21 世纪高等教育环境科学与工程类系列教材

ISBN 978-7-111-66364-5

Ⅰ.①环… Ⅱ.①李… ②吴… ③李… Ⅲ.①环境工程-计算机辅助设计-AutoCAD 软件-高等学校-教材 Ⅳ.①X5-39

中国版本图书馆 CIP 数据核字（2020）第 156457 号

机械工业出版社（北京市百万庄大街 22 号 邮政编码 100037）

策划编辑：马军平 责任编辑：马军平

责任校对：李 杉 封面设计：张 静

责任印制：单爱军

保定市中画美凯印刷有限公司印刷

2025 年 2 月第 3 版第 11 次印刷

184mm×260mm·21 印张·521 千字

标准书号：ISBN 978-7-111-66364-5

定价：59.00 元

电话服务 网络服务

客服电话：010-88361066 机 工 官 网：www.cmpbook.com

010-88379833 机 工 官 博：weibo.com/cmp1952

010-68326294 金 书 网：www.golden-book.com

封底无防伪标均为盗版 机工教育服务网：www.cmpedu.com

前言

环境工程是涉及多学科的一门交叉工程学科，它根据化学、物理学、生物学、地学、医学等基础理论，运用卫生工程、给排水工程、化学工程、机械工程等技术原理，解决废水、固体废物、废气、噪声污染等问题。

进入 21 世纪以来，我国教育领域在环境保护专业方面不断地扩充新的分支，一部分理工类的学校在自己原有发展特设专业的基础上，又新增设了环境工程、环境科学、环境生态学等专业，这些新增专业在实际应用中又与原有的工程类专业紧密结合，使大量在校学生在专业学习过程中与工程联系紧密，环境工程 CAD 在教学和工程设计实践中越发显示出其重要性。另外，在我国推进美丽中国建设过程中，各级环境管理部门得到极大充实与发展，环保产业进入了快速发展阶段，从而使环保人才的需求大大增加，本书对环境治理方面的工程技术人员同样具有良好的指导作用。

本书共 12 章，主要内容包括环境工程 CAD 概述、绘制基本二维图形、编辑二维图形对象、精确绘图工具的使用、图形设置与管理、创建复杂图形对象、尺寸标注、环境工程二维图形设计方法与实例、图形输入与输出、绘制三维图形、编辑和标注三维对象、三维对象的观察与渲染等，并匹配了环境工程专业和市政工程专业相应的专业绘图实例进行操作讲解。本书每章均采用二维码集成了对该章知识进行串讲的微课，以便读者学习和掌握。

本书由李颖、吴菁、李英编著，具体编写分工如下：第 1~8 章由李颖编写，第 10~12 章由李英编写，第 9 章及附录由吴菁编写，书稿编辑和图形绘制由张素梅完成。本书的编写和出版得到了北京建筑大学教材建设项目、北京应对气候变化研究和人才培养基地项目的资助。

限于作者水平，书中疏漏之处在所难免，敬请读者批评指正。

作　者

目录

第1章

环境工程CAD概述

1.1　环境工程 CAD 的运行

1.1.1　安装和启动 AutoCAD

1. AutoCAD 版本简介

计算机辅助设计（Computer Aided Design，CAD）随着计算机技术的出现与发展而诞生，最早出现于 20 世纪 50 年代。目前，CAD 技术在各行业都有广泛的应用，如建筑、机械、化工、电子、服装等。在环境工程中，CAD 技术也发挥着越来越大的作用。

CAD 有很多种软件，Autodesk 公司的 AutoCAD 是其中最流行的应用软件之一。AutoCAD 是优秀的计算机辅助设计绘图软件，在 Windows 环境下运行，功能强大，界面直观，操作简便。本书以 AutoCAD 2020 为例来讲解。

2. AutoCAD 2020 安装需求

在安装 AutoCAD 2020 之前，确保计算机满足下面最低硬件和软件需求。

安装程序将自动检测用户的操作系统是 32 位还是 64 位版本，安装适当的 AutoCAD 2020 版本。不能在 64 位操作系统上安装 32 位版本的 AutoCAD 2020。

（1）操作系统需求

1）32 位。以下操作系统的 Service Pack 2（SP2）或更高版本：Windows® XP Home、Windows XP Professional。以下操作系统的 Service Pack 1（SP1）或更高版本：Windows Vista Business、Windows Vista® Enterprise、Windows Vista Home Premium、Windows Vista Ultimate。以下操作系统：Windows 7 Enterprise、Windows 7 Home Premium、Windows 7 Professional、Windows 7 Ultimate。

2）64 位。目前，64 位的操作系统有：Windows XP Professional x64 Edition SP2 以上，Windows 7（Ultimate，Enterprise，Professional，Home Premium）64bit，Windows Vista（Ultimate，Enterprise，Business）64bit SP1，Windows 10 以上版本。

注意：上面列出的所有操作系统，对于非英语版本的 AutoCAD 2020，建议操作系统的用户界面语言与 AutoCAD 2020 的代码页语言相匹配。代码页为不同语言中使用的字符集提供支持。若要使用 AutoCAD 2020，必须安装 Microsoft. NET Framework 3.0 或更高版本。

（2）处理器需求

1）32 位。Windows XP 所需的处理器为 Intel® Pentium® 4 或采用 SSE2 技术的 AMD

Athlon^{TM} 双核 1.6GHz 以上，Windows Vista 或 Windows 7 所需的处理器为 Intel Pentium 4 或采用 SSE2 技术的 AMD Athlon 双核 3.0 GHz 以上。

2）64 位。采用 SSE2 技术的 AMD Athlon 64；采用 SSE 技术的 AMD Opteron^{TM}；支持 Intel EM64T 并采用 SSE2 技术的 Intel Pentium 4；支持 Intel EM64T 并采用 SSE2 技术的 Intel Xeon®；内存 2GB RAM；硬盘 32 位安装需要使用 1.8GB，64 位安装需要使用 2GB；显示器分辨率：1024×768 真彩色。

说明：需要一个支持 Windows 的显示适配器；对于支持硬件加速的图形卡，需要安装 DirectX® 9.0c 或更高版本；从 ACAD.msi 文件安装时不会安装 DirectX。若要配置硬件加速，必须手动安装 DirectX。

（3）定点设备　兼容微软鼠标；Web 浏览器；Windows Internet Explorer® 7.0 或更高版本。

（4）三维建模的其他需求　Intel Pentium 4 或 AMD Athlon 3.0GHz 以上处理器；Intel 或 AMD 双核 2.0GHz 以上处理器；2 GB 以上 RAM；除安装所需的内存外，还需要 2GB 可用硬盘空间；1280×1024 像素 32 位真彩色视频显示适配器，具有 128MB 以上显存，采用 Pixel Shader 3.0 以上版本，且支持 Direct3D® 的工作站级图形卡。

（5）说明　需要一个支持 Windows 的显示适配器；对于支持硬件加速的图形卡，需要安装 DirectX 9.0c 或更高版本；从 "ACAD.msi" 文件进行的安装并不安装 DirectX 9.0c 或更高版本。若要配置硬件加速，必须手动安装 DirectX；有关测试和认证的图形卡的详细信息，请参见：http：//www.autodesk.com/autocad-graphicscard。

注意：默认情况下不再安装 Adobe Flash Player。如果系统未安装合适版本的 Flash，将会提示用户从 Adobe 网站下载。如果无法访问 Internet，则可以访问 AutoCAD 2020 产品介质上的 Flash 安装程序。

3. AutoCAD 2020 安装过程

安装 AutoCAD 2020 之前，最好关闭所有正在运行的应用程序及防病毒软件，具体安装过程如下：

1）将 AutoCAD 2020 安装盘放入 CD-ROM 驱动器，计算机读盘后会出现 AutoCAD 2020 的安装界面，如图 1-1 和图 1-2 所示。

图 1-1　AutoCAD 2020 安装初始化界面　　　图 1-2　AutoCAD 2020 安装界面

2）在安装界面上，选择要安装说明的语言，如图 1-3 所示。

3）确定安装要求，如图 1-4 所示。

4）确定安装要求后接受安装协议，如图 1-5 所示。

5）单击下一步，显示安装路径，如图 1-6 所示。

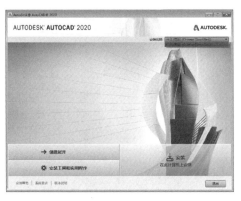

图 1-3　选择安装的语言和产品

图 1-4　确定安装要求

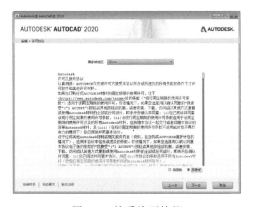

图 1-5　接受许可协议

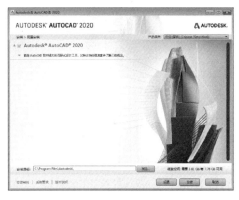

图 1-6　安装路径界面

6）单击安装，安装过程是自动进行的，会显示安装进度条，如图 1-7 所示。

7）安装成功后，显示安装完成界面，如图 1-8 所示，在"安装完成"页面上，用户可以查看安装日志和《AutoCAD 自述》。单击"完成"按钮完成对 AutoCAD 2020 的安装。

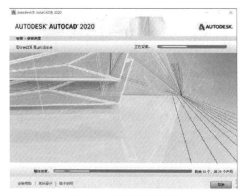

图 1-7　安装进度界面

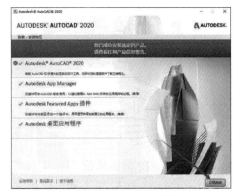

图 1-8　安装完成界面

4. AutoCAD 的启动

AutoCAD 2020 安装后，会在桌面产生一个快捷图标，并在程序菜单生成一个 Autodesk 程序组。桌面快捷方式启动：启动时，可双击桌面 **A** 快捷方式。开始菜单启动：单击"开始"按钮，从开始菜单的 Autodesk 工作组进入 AutoCAD 程序，如图 1-9 所示。

启动 AutoCAD 2020 程序后，进入 AutoCAD 绘图默认界面，并在其上有一个绿色的"欢迎屏幕"活动窗口弹出，如图 1-10 所示。活动窗口有七个单选按钮，供用户方便选择。选择某一按钮单击后，就出现新的相应的活动窗口。如果不想现在学习，而且觉得这个窗口麻烦，不想让它再次出现，就不要勾选"启动时显示此对话框"复选框，直接进入 AutoCAD 2020 工作界面，以后每次启动时这个活动窗口也不会再出来。要是以后想通过这个"新功能专题"来学习，可以在 AutoCAD 2020 菜单工具栏的"帮助"下拉菜单中找到。

图 1-9 从开始菜单栏启动

图 1-10 AutoCAD 2020 启动界面

1.1.2 AutoCAD 的界面

AutoCAD 2020 有三个界面，用户可以通过单击"工作空间"按钮选择所用的界面，如图 1-11 所示。AutoCAD 2020 的默认界面如图 1-12 所示，上方是标题栏和功能区，居中的黑色背景的大块区域就是绘图窗口，往下依次是选项卡和水平滚动条、文本窗口、状态栏等组成部分。"AutoCAD 草图与注释""三维基础"及"三维建模"界面如图 1-13～图 1-15 所示。本书所介绍内容均为默认界面下的操作方式。

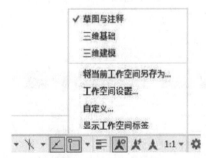

图 1-11 工作空间选择

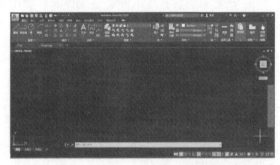

图 1-12 AutoCAD 2020 默认界面

AutoCAD 2020 的默认窗口界面组成。

（1）标题栏 同标准的 Windows 应用程序界面一样，标题栏显示"应用程序"按钮、"工作空间"按钮、应用程序名和当前图形的文件名，并包括控制按钮和帮助按钮，以及窗口的最小化、最大化和关闭按钮，如图 1-16 所示。

（2）菜单栏 AutoCAD 2020 将原"文件"菜单命令放入菜单浏览器内，单击菜单浏览器按钮 ，打开下拉主菜单，在某项菜单上稍作停留，系统就会打开相应子菜单，如图 1-17 所示。

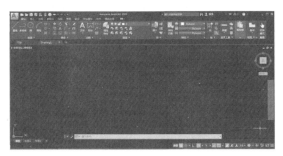

图 1-13　AutoCAD 2020 的草图与注释界面

图 1-14　AutoCAD 2020 三维基础界面

AutoCAD 2020 默认界面下的菜单栏是隐藏的。若用户需要显示，可单击"快速访问工具栏"右侧按钮 ▼ ，在打开的菜单中选择"显示菜单"选项，即可在标题栏下方显示菜单栏，如图 1-18 所示。

（3）功能区　功能区由十个选项卡组成，分别为"默认""插入""注释""参数化""视图""管理""输出""附加模块""协作"和"精选应用"按钮。选项

图 1-15　AutoCAD 2020 三维建模界面

卡由具有相应任务的面板组成，如"默认"选项卡由"绘图""修改""注释""图层""块""特性""组""实用工具""剪贴板"和"视图"组成，如图 1-19 所示。

图 1-16　标题栏

图 1-17　按钮菜单

图 1-18　显示菜单栏

（4）工具栏　工具栏是 AutoCAD 最重要的操作工具，包括了 AutoCAD 的所有命令。通过工具栏可以直观、快捷地访问一些常用命令。AutoCAD 2020 共提供了三十多个工具栏，

图1-19　"默认"选项卡下的面板

在默认界面下，菜单栏中单击"工具"→"工具栏"→AutoCAD，即可启动工具栏如图1-20所示。

　　如果要显示或隐藏某个工具栏，可以将鼠标移动到任一工具栏上右击，会弹出一个快捷菜单，菜单列出了所有的工具栏名称，名称前有"√"号的，表明该工具栏已经在屏幕显示，单击这些选项，可以控制它是否在屏幕上显示。

　　（5）状态栏　状态栏位于绘图屏幕的底部，用于反映和改变当前的绘图状态，包括模型或图纸空间按钮、显示图形格栅按钮 ⊞、捕捉模式按钮 ⸬ ▾、ORTHO-MODE 按钮 ⌐、极轴追踪按钮 ⦟ ▾、ISODRFT 按钮 ⟋ ▾、对象捕捉追踪按钮 ⦣、对象捕捉按钮 ⟔ ▾、显示/隐藏线宽按钮 ☰、显示注释对象按钮 ⟰、在注释

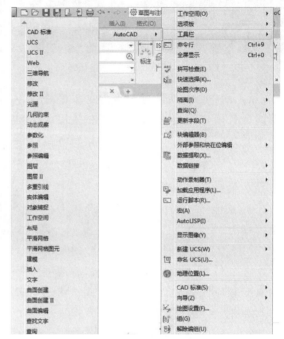

图1-20　启动工具栏

比例发生变化时，将比例添加到注释性对象按钮 ⟰、当前视图的注释比例按钮 ⟰ 1:1 ▾、切换工作空间按钮 ⚙ ▾、注释监视器按钮 ✛、隔离对象按钮 ⧉、系统变量监视器按钮 ⟠、全屏显示按钮 ⌧、自定义按钮 ☰ 等。

　　单击自定义按钮 ☰ 可以打开一个菜单，可以通过该菜单来删减状态栏上显示的内容。单击全屏显示按钮 ⌧ 可以清除或恢复工具栏和屏幕（命令行除外）。

　　（6）绘图窗口　绘图窗口是 AutoCAD 中显示、绘制图形的主要场所。在 AutoCAD 中创建新图形文件或打开已有的图形文件时，都会产生相应的绘图窗口来显示和编辑其内容。由于从 AutoCAD 2000 版开始支持多文档，因此在 AutoCAD 中可以有多个图形窗口。由于在绘图窗口中往往只能看到图形的局部内容，因此绘图窗口中都包括有垂直滚动条和水平滚动条，用来改变观察位置。

　　（7）模型选项卡和布局选项卡　绘图区的底部有"模型""布局 1""布局 2"三个选项卡，如图1-21所示。它们用来控制绘图工作是在模型空间还是在图纸空间进行。Auto-CAD 2020 的默认状态是在模型空间，一般的绘图工作是在模型空间进行。单击"布局 1"或"布局 2"选项卡可进入图纸空间，图纸空间主要完成打印输出图形的最终布局。如进入了图纸空间，单击"模型"选项卡即可返回模型空间。将鼠标指向任意一个选项卡右击，

可以使用弹出的右键菜单进行新建、删除、重命名、移动或复制布局及页面设置等操作。

图 1-21　AutoCAD 2020 的状态栏

（8）命令行　用户可在命令行通过键盘直接输入各种命令。命令行一般显示 3 行。按 <F2>键，可以调出文本窗口，显示 AutoCAD 命令的提示和有关信息，并可查阅和复制命令的历史记录。

（9）ViewCube 导航工具　绘图区右上角的图标是 ViewCube 导航工具，它用于在二维模型空间或三维视觉样式中处理图形时的显示。使用时，可以在标准视图和等轴测视图间切换。需要显示或隐藏此图标时，可以执行 options 命令，然后按<Enter>键；或执行"视图"→"界面"→"选项"对话框→"三维建模"选项卡→显示 ViewCube 复选框。

1.1.3　退出 AutoCAD

AutoCAD 2020 的退出与关闭方法如下：

1）在命令行中输入 quit 或 exit 命令，然后回车。

2）单击 AutoCAD 2020 窗口左上角的应用程序按钮，从图标菜单选择关闭。或直接双击该图标。

3）单击 AutoCAD 2020 窗口右上角 ＿　□　✕ 窗口控制按钮中的×。

1.2　CAD 工程制图有关国家标准

CAD 工程制图是整个 CAD 技术中不可缺少的组成部分，CAD 工程制图正在不断向前发展，趋向于完整化、规格化，并逐步实现标准化。

1.2.1　CAD 工程制图术语及图样的种类

1）工程图样：根据投影原理、标准或有关规定，表示工程对象的大小、形状和结构，并有技术说明的图。

2）CAD 工程图样：在工程上用计算机辅助设计后绘制的图样。

3）图形符号：由图形或图形与数字、文字组成的表示事物或概念的符号。

4）产品技术文件用图形符号：由几何线条图形或它们和字符组成的一种视觉符号，用来表达对象的功能或表明制造、施工、检验和安装的特点表示。

5）草图：以目测估计图形与实物的比例、按一定画法要求徒手（或部分使用绘图仪器）绘制的图。

6）原图：经审核、认可后，可以作为原稿的图。

7）底图：根据原图制成的可供复制的图。

8）复制图：由底图或原图复制成的图。

9）方案图：简要表示工程项目或产品的设计意图的图样。

10）设计图：在工程项目或产品进行构形和计算过程中绘制的图样。

11）工作图：在产品生产过程中使用的图样。

12）施工图：表示施工对象的全部尺寸、用料、结构、构造及施工要求，用于指导施工的图样。

13）总布置图：表示特定区域的地形和所有建（构）筑物等布局及邻近情况的平面图样。

14）总图：表示产品总体结构和基本性能的图样。

15）外形图：表示产品外形轮廓的图样。

16）安装图：表示设备、构件等安装要求的图样。

17）零件图：表示零件结构、大小及技术要求的图样。

18）表格图：用图形和表格表示结构相同而参数、尺寸、技术要求不尽相同的产品的图样。

19）施工总平面图：在初步设计总平面图的基础上，根据各工种的管线布置、道路设计、各管线的平面布置和竖向设计而绘出的图样，主要表达建筑物外部形状及装修、构造、施工要求等。

20）结构施工图：主要表示结构的布置情况、构件类型、大小及构造等的图样。

21）框图：表示系统中各组成部分的基本作用及相互关系的简图，即用线框、连线和字符表示。

22）逻辑图：主要用二进制逻辑单元图形符号绘制的简图。

23）电路图：又称电原理图，它是用图形符号按工作顺序排列，详细地表示电路、设备或成套装置的全部基本组成和连接关系而不考虑其位置的一种简图。

24）流程图：表示生产工程事物各个环节进行顺序的简图。

25）表图：表示事物状态或过程的图，即用点、线、图形和必要的变量数值表示。

1.2.2 CAD工程制图的基本要求

CAD工程制图包含图纸、比例、字体、图线、剖面符号等内容的选用，它们是绘图前的基本要求。

1. 图纸幅面

用计算机绘制CAD图形时，应该配置相应的图纸幅面、标题栏、代号栏、附加栏等内容。装配图或安装图上一般还应配合明细表内容、图纸幅面与格式。在GB/T 14689—2008《技术制图 图纸幅面和规格》中，图纸幅面和格式有较为详细的规定，具体如下：

（1）图纸幅面 图纸幅面形式如图1-22所示，基本尺寸见表1-1。当需要加长图纸时，只可对长边加长，并且要符合表1-2的规定。

（2）图纸其他标记

1）方向符号：用来确定CAD工程图视读方向，如图1-23所示。

2）米制参考分度：用于对图纸比例尺寸提供参考，如图1-24所示。

3）剪切符号：用于对CAD工程图的裁剪定位。剪切符号可采用直角边为10mm长的黑色等腰三角形，也可将剪切符号画为线宽为2mm、长10mm的两条粗线段，如图1-25所示。

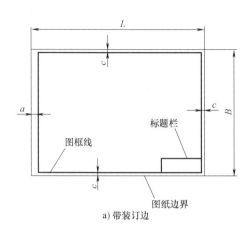

a) 带装订边

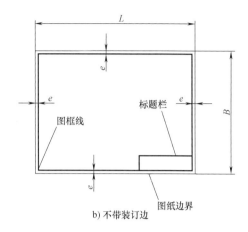

b) 不带装订边

图 1-22　图纸幅面

表 1-1　图纸基本尺寸

幅面代号	A0	A1	A2	A3	A4
（B/mm）×（L/mm）	841×1189	594×841	420×594	297×420	210×297
e/mm	20			10	
c/mm	10			5	
a/mm	25				

表 1-2　图纸加长尺寸

幅面代号	长边尺寸/mm	长边加长后尺寸/mm
A0	1189	1338,1487,1635,1784,1932,2081,2230,2387
A1	841	1052,1261,1472,1682,1802,2102
A2	594	743,892,1041,1189,1338,1487,1635,1734,1932,2081
A3	420	631,841,1051,1261,1482,1682,1892

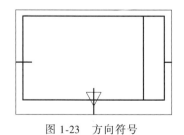

图 1-23　方向符号

图 1-24　米制参考分度

4）对中符号：用于对 CAD 图纸的方位起到对中作用，如图 1-26 所示。

（3）图幅分区　标准中要求对复杂图形的 CAD 装配图一般应设置图符分区，即用于对图纸上存放的图形、尺寸、结构、说明等内容起到查找准确、定位方便的作用，如图 1-26 所示。

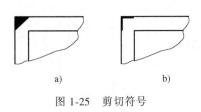

图 1-25 剪切符号

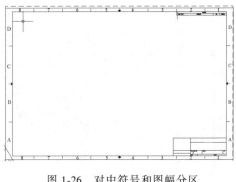

图 1-26 对中符号和图幅分区

2. 比例

CAD 图中采用的比例应符合 GB/T 14690—1993 的有关规定,具体见表 1-3,必要的时候也可以选择表 1-4 中的比例。

表 1-3 图纸比例常见规定

种类	比例		
原比例	1:1		
放大比例	$5:1$ $5\times10^n:1$	$2:1$ $2\times10^n:1$	$1\times10^n:1$
缩小比例	$1:2$ $1:2\times10^n$	$1:5$ $1:5\times10^n$	$1:10$ $1:1\times10^n$

表 1-4 图纸比例特殊规定

种类	比例				
放大比例	$4:1$ $4\times10^n:1$	$2.5:1$ $2.5\times10^n:1$			
缩小比例	$1:1.5$ $1:1.5\times10^n$	$1:2.5$ $1:2.5\times10^n$	$1:3$ $1:3\times10^n$	$1:4$ $1:4\times10^n$	$1:6$ $1:6\times10^n$

3. 字体

CAD 图中的字体应做到字体端正、笔画清楚、排列整齐、间隔均匀,并采用长仿宋体矢量字体。代号、符号要符合有关标准规定。

1) 数字一般要以斜体输出,斜体字字头向右倾斜,与水平方向夹角不能小于 75°,可采用 gbeitc. shx 或 gbcbig. shx 字体。

2) 小数点输出时.应占一个字位,并位于中间靠下处。

3) 字母与数字相同,一般也以斜体输出。

4) 汉字输出时一般采用正体,并采用国家正式公布的简化汉字方案。

5) 标点符号应按其含义正确使用,除省略号、破折号为两个字位外,其余均为一个字位。

6) 字高与图纸幅面间的关系参照表 1-5 选取,CAD 的文字比例因子一般设为 0.7。

表 1-5 字高与图纸幅面的关系

图幅	A0	A1	A2	A3	A4
汉字字高/mm	7	7	5	5	5
字母与数字字高/mm	5	5	3.5	3.5	3.5

7）字体的最小字（词）距、行距、间隔线、基准线参照表 1-6 规定。

表 1-6 字体的有关字距方面的规定

字体	最小距离/mm	
汉字	字距	1.5
	行距	2.0
	间隔线或基准线与汉字的间距	1.0
阿拉伯数字、希腊字母、罗马数字、拉丁字母	字符	0.5
	词距	1.5
	行距	1.0
	间隔线或基准线与字母、数字的间距	1.0

8）CAD 工程图中所用的字体，一般是长仿宋体。但技术文件中的标题、封面等内容也可以采用其他规定字体。

4. 图线

图线包括图线的基本线型和基本线型的变形。在 GB/T 17450—1998《技术制图　图线》中有详细规定，它在旧标准的基础上增加了一些新的线型。

1）图线的基本线型有实线、虚线、间隔画线、单点长画线、双点长画线、三点长画线、点线、长画短画线、长画双点画线、点画线、单点双画线、双点画线、双点双画线、三点画线、三点双画线等。

2）在计算机上的图线一般应按照表 1-7 中提供的颜色显示，相同类型的图线应采用同样的颜色。

表 1-7 图线颜色

图线类型		屏幕上颜色
粗实线	———————	绿色
细实线	———————	白色
波浪线	～～～	白色
双折线	∧∧∧∧	白色
虚线	— — — —	黄色
细点画线	—·—·—·—	红色
粗点画线	▬·▬·▬·▬	棕色
双点画线	—··—··—	粉色

5. 剖面符号

在绘制工程图时各种剖面符号的类型比较多，CAD 工程制图中的常用剖面符号见表 1-8，各个行业还应该特殊制定各自行业的剖面图案。

表 1-8 常用剖面符号

形式	名称	形式	名称
	金属材料/普通砖		固体材料
	混凝土		液体材料
	非金属材料(普通砖除外)		

6. 标题栏

标题栏在 GB/T 10609.1—2008《技术制图 标题栏》中有详细的规定，GB/T 18229—2000《CAD 工程制图规则》中只提供了基本样式。每张 CAD 工程图均应配置标题栏，且标题栏应配置在图框的右下角。

CAD 图形中的标题栏格式，如名称及代号区、标记区、更改区、签字区等形式与尺寸如图 1-27 所示，格式中的内容可以根据具体情况做适当修改。

7. 明细栏

CAD 装配图或工程设计施工图中一般应该配置明细栏，栏中的项目及内容可以根据具体情况适当调整。明细栏一般配置在 CAD 装配图或工程设计图中标题栏的上方，如图 1-28 所示。如果在装配图或工程设计图中无法配置明细栏时，明细栏可以作为其续页，用 A4 幅面图纸给出。

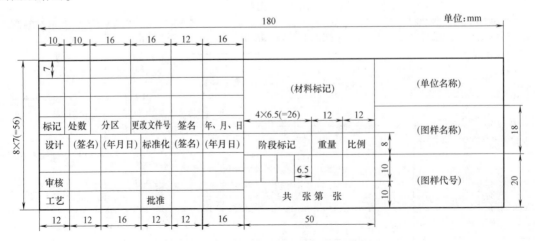

图 1-27 标题栏一例

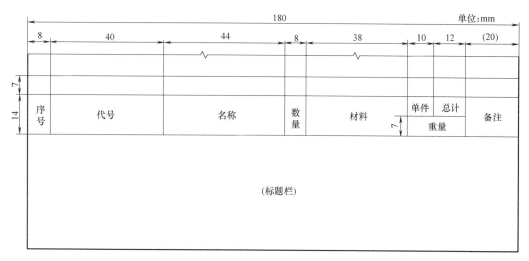

图 1-28 明细栏一例

1.2.3 CAD工程制图的基本画法

绘制 CAD 工程图的基本画法在 GB/T 17451—1998《技术制图 图样画法 视图》、GB/T 17452—1998《技术制图 图样画法 剖视图和断面图》的图样画法中有详细的规定，在制图时应该遵循以下原则：

1）根据产品结构特点，在完整、清晰地表达产品各部分形状尺寸的前提下，力求制图简便。

2）按照各行业有关规定配置或绘制视图、剖视、剖面（截面）局部放大图以及简化画法。

3）按照一般规律，表示物体信息量最多的那个视图作为主视图，通常是物体的工作、加工、安装位置。当需要其他视图时，按照下述基本原则选取：①在明确表示物体的前提下，使数量为最小；②尽量避免使用虚线表达物体的轮廓及棱线；③避免不必要的细节重复。

1.2.4 CAD工程制图的尺寸标注

进行 CAD 图尺寸标注时应遵守以下原则：

1）CAD 图中的尺寸大小应以图上所标注的尺寸数值为依据，与图形大小及绘图的准确程度无关。

2）CAD 图中所包括的技术要求及其他说明的尺寸以毫米（mm）为单位时，不需要标注计量单位的代号或名称。

3）CAD 图中所标注的尺寸是该图所示产品的最后完工尺寸或为工程设计某阶段完成后的尺寸，否则应该辅以另外的说明。

4）CAD 图中的每一尺寸一般只标注一次，并应标注在反应该结构最清晰的图形上。

5）CAD 图中每一尺寸的数字、尺寸线和尺寸界线应按照各行业规定有关标准或规定绘制。

6）CAD 图中的标注尺寸的符号，如 Φ、R、S 等也应按照各行业规定有关标准或规定绘制。

7）CAD 图中的尺寸的简化标注方法应按照各行业规定有关标准或规定绘制。

8）CAD 图中的箭头绘制应该按照具体要求，并根据图1-29a 所示规定绘制。同一张图样中一般只采用一种尺寸线终端形式，当采用箭头位置不够时，可以采用圆点、短斜线代替箭头，如图1-29 中b、c 所示。

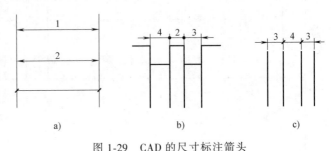

图 1-29　CAD 的尺寸标注箭头

9）CAD 工程图中的尺寸数字、尺寸线、尺寸界线应按照有关标准进行标注。在不引起误解的前提下，CAD 工程制图也允许采用简化标注形式。

1.2.5　环境工程制图标准

环境工程制图，按照相应的建筑制图、总图制图、给排水制图、供暖空调制图标准进行，其中 GB/T 50106—2010《建筑给排水制图标准》介绍如下。

（1）一般规定　给水排水专业制图通常采用的线型应该符合表1-9 的要求。

（2）比例　给水排水专业制图选用的比例应该与表1-10 相符。

表 1-9　常用线型

名称	线型	线宽	一般用途
粗实线	——	b[①]	新设计的各种排水和其他重力法管线
中粗实线	——	$0.7b$	新设计的各种给水和其他压力流管线;原有的各种排水和其他重力流管线
中实线	——	$0.5b$	给水排水设备、零(附)件的可见轮廓线;总图中新建建筑物、构筑物的可见轮廓线;原有的各种排水和其他压力流管线
细实线	——	$0.25b$	建筑的可见轮廓线;总图中原有建筑物、构筑物的可见轮廓线;制图中的各种标准线
粗虚线	----	b	新设计的各种排水和其他重力流管线的不可见轮廓线
中粗虚线	-----	$0.7b$	新设计的各种给水和其他压力流管线及原有的各种排水和其他重力流管线的不可见轮廓线
中虚线	----	$0.5b$	给水排水设备、零(附)件的不可见轮廓线;总图中新建建筑物、构筑物的不可见轮廓线;原有的各种给水和其他压力流管线的不可见轮廓线
细虚线	----	$0.25b$	建筑的不可见轮廓线,总图中原有建筑物、构筑物的不可见轮廓线
单点长画线	—·—	$0.25b$	中心线、定位轴线
折断线	—◇—	$0.25b$	断开界线
波浪线	～～	$0.25b$	平面图水面线;局部构造层次范围线;保温范围示意线

注：线宽 b 应根据图样的类型、比例和程度，按 GB/T 50001 的有关规定选用，宜为 7.0mm 或 1.0mm。

表 1-10　比例

名称	比例	名称	比例
区域规划图 区域位置图	1：50000、1：25000、1：10000、 1：5000、1：2000	水处理构筑物、设备间、卫生间、泵房平、剖面图	1：100、1：50、1：40、1：30
总平面图	1：1000、1：500、1：300	建筑给水排水平面图	1：200、1：150、1：100
管道纵断面图	纵向 1：1000、1：500、1：300； 竖向 1：200、1：100、1：50	建筑给水排水轴测图	1：150、1：100、1：50
水处理厂（站） 平面图	1：500、1：200、1：100	详图	1：50、1：30、1：20、1：10、1：5、 1：2、1：1、2：1

（3）标高

1）标高应该以 m 为单位，应注写到小数点后三位。在总平面图及相应的厂区、小区给水排水图中可以注写到小数点后两位。

2）沟道、管道应注明起止点、转角点、连接点、变坡点、交叉点的标高，沟道应该标注沟内底标高；压力管道宜标注管中心标高，室内外重力管道宜标注管内底标高；必要时，室内架空重力管道可以标注管中心高，但图中应加以说明。

3）室内管道应注明相对标高；室外管道应注明绝对标高。当没有绝对标高资料时，可标注相对标高，但应与总图保持一致。

4）标高的标注方法应符合下列规定：平面图、系统图中，管道标高应该按照图 1-30 所示的方式标注；剖面图中，管道标高应该按照图 1-31 所示的方式标注；平面图中，沟渠标高应按图 1-32 所示的形式标注。

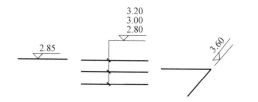

图 1-30　平面图、系统图管道标高标注

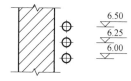

图 1-31　剖面图管道标高标注

（4）管径　管径尺寸应以 mm 为单位，按图 1-33 所示标注；低压流体输送用镀锌焊接钢管、不镀锌焊接钢管、铸铁管等，管径应以公称直径 DN 表示，如 $DN50$；铜管、薄壁不锈钢等管材，管径宜以公称外径 Dw 表示；混凝土管、钢筋混凝土管等，管径应该以内径 d 表示，如 $d400$；建筑给水排水塑料管材，管径宜以公称外径 dn 表示；焊接钢管、无缝钢管等，管径应以外径 $D×$壁厚表示，如 $D120×4$；复合管、结构壁塑料管等管材，管径应按产品标准的方法表示。

（5）编号

1）当建筑物的给水引入管或排水排出管的数量超过一根时，宜进行编号。

2）建筑物内穿越楼层的立管，其数量超过一根时，应进行编号。

图 1-32 平面图中沟渠标高标注法 图 1-33 管径标注法

3）给水排水附属构筑物，包括阀门井、检查井、水表井、化粪池等多于一个时，应编号，宜用构筑物代号后加阿拉伯数字表示，构筑物代号应采用汉语拼音字头。给水构筑物的编号顺序宜为从水源到干管、再从干管到支管，最后到用户。排水构筑物的编号顺序宜为从上游到下游，先干管后支管。

（6）图例 图例包括管道及附件图例、管道连接图例、阀门图例、卫生器具及水池图例、设备及仪表图例五种，其图例表达形式按规范进行。

（7）图样画法

1）厂区或小区给水排水平面图的画法应该符合下列规定：建筑物、构筑物及各种管道的位置应与总图专业的总平面图、管线综合图一致；图上应注明管道类别、坐标、控制尺寸、节点编号及建筑物、构筑物的管道进出口位置，如图 1-34 所示；当不绘制给水排水管道纵断面图时，图上应将各种管道的管径、坡度、管道长度、标高等标注清楚。

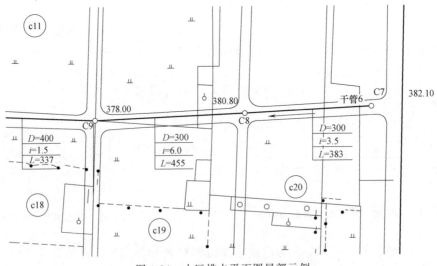

图 1-34 小区排水平面图局部示例

2）高程图应表示给水排水系统内各构筑物之间的联系，并标注其控制标高，如图 1-35 所示。

3）管道节点图可不按比例绘制，但节点的平面位置与厂区或小区管道平面图应一致，如图 1-36a 所示。在封闭循环回水管道节点图中，检查井宜用平、剖面图表示，当管道连接高差比较大时，宜用双线表示，如图 1-36b 中右侧图样所示。

4）给水排水管道纵断面图中，应标注地面线、道路、铁路、排水沟、河谷、建筑物、构筑物的编号及与管道相关的各种地下管道、地沟、电缆沟等的相对距离和各自的标高。一

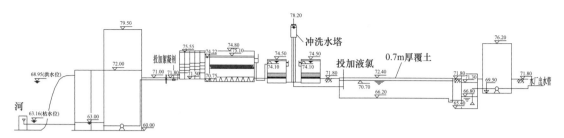

取水泵房　管式混合器 网格絮凝池　斜管沉淀池　普通快滤池　　　清水池　　　吸水井　送水泵房

图 1-35　某水厂高程图示例

般压力管道宜用单粗实线绘制。重力管道宜用双粗实线绘制。

5）室内给水排水平面图应按直接正投影法绘制，建筑物轮廓线应与建筑专业一致。通常将安装于下层空间而为本层使用的管道绘制在本层平面图上。如图 1-37 所示。

6）屋面雨水平面图应标明雨水斗位置和每个雨水斗的集水面积。

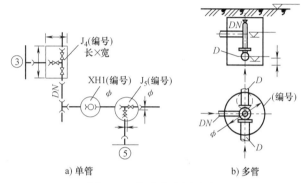

a）单管　　　　　　b）多管

图 1-36　管道节点图画法

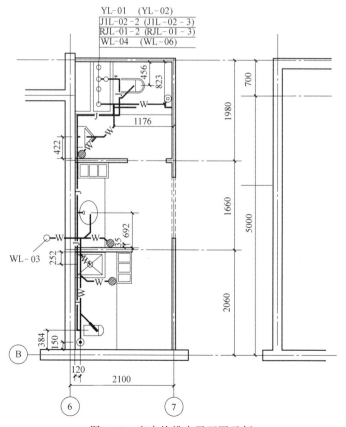

图 1-37　室内给排水平面图示例

7）给水排水系统图应按 45°正面斜轴测图绘制，管道系统图的布置方向应与平面图一致，并且 *xyz* 方向上按统一的比例绘制，当局部管道按比例不易表达时，也可不按比例，如图 1-38 所示。

8）当管道、设备布置比较复杂，系统图不易表示清楚时，可以辅以剖面图。剖面图应按剖切面处直接正投影绘制。

9）工艺流程图可不按比例绘制，如图 1-39 所示。

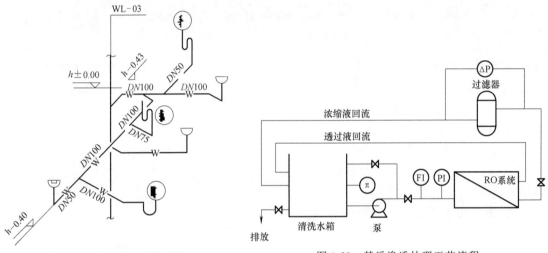

图 1-38 给水排水系统画法　　　　图 1-39 某反渗透处理工艺流程

1.2.6 CAD 工程制图的打印

将绘制好的图形通过打印机、绘图仪等设备输出。

启动打印命令方式：单击按钮→"打印"选项，或单击"输出"→"打印"选项板→"打印"按钮，或执行 Command：plot 命令。执行命令后，弹出"打印-模型"对话框，设置各打印功能选项，如页面设置、打印机/绘图仪、图纸尺寸、打印区域、打印比例、打印偏移等，如图 1-40 所示。

图 1-40 打印设置

1.3 AutoCAD 的命令输入

1.3.1 键盘和鼠标操作

1. 键盘

在 AutoCAD 中，大部分的绘图、编辑功能都需要通过键盘输入来完成。

用户可以通过键盘在"命令行"中输入命令、系统变量。在默认情况下，命令窗口是一个可以固定的窗口，显示在绘图窗口的下方，显示三行文字，如图 1-41 所示。用户可以放大或缩小，也可以改变命令窗口的状态（固定和浮动）。对于大多数命令，"命令行"中可以显示执行完的两条命令提示（也叫命令历史），而一些输出命令（如 time、list 命令）需要在放大的窗口中显示。

在"命令行"窗口中右击，AutoCAD 将弹出一个快捷菜单，如图 1-42 所示。用户可以通过它来选择最近使用过的 6 个命令、复制选定的文字或全部命令历史、粘贴文字，以及打开"选项"对话框。

图 1-41　命令窗口　　　　　　　　　图 1-42　命令行快捷菜单

用户可以使用键盘在命令行中的提示符"命令:"后输入 AutoCAD 命令，并按回车键或空格键确认，AutoCAD 将对命令做出响应，并在命令行显示执行状态或给出执行命令需要进一步选择的选项。用户可以在命令行输入命令的全名，有些命令还有缩写，如可输入 C 来启动 circle 命令。用户还可以按<Esc>键来取消操作，用向上或向下的箭头可使命令行显示上一个命令行或下一个命令行。

AutoCAD 系统中有一部分命令可以在使用其他命令的过程中嵌套执行，这种方式称为"透明"执行。可以透明执行的命令被称为透明命令，通常是一些可以改变图形设置或绘图工具的命令，如 grid、snap 和 zoom 等命令。在使用其他命令时，如果要调用透明命令，则可以在命令行输入该透明命令，并在它之前加一个单引号（'）即可。执行完透明命令后，AutoCAD 自动恢复原来执行的命令。

常用的键盘的功能键如下：

1）执行或结束 AutoCAD 键：<Enter>（回车键）、<BackSpace>（空格键）和<Esc>键。

2）快捷功能键：<F1>～<F12>键、<Delete>（删除键）、<PrtScSysRq>（拷贝屏幕键）等。

3）组合键：复制键<Ctrl+C>、粘贴键<Ctrl+V>、文件菜单打开键<Alt+F>等。

2. 鼠标操作

在绘图窗口中，默认鼠标光标（简称为光标）处于标准模式（呈十字交叉线形状），十字交叉线的交叉点是光标的实际位置。当移动鼠标时，光标在屏幕上移动。当光标移动到屏幕上不同区域，其形状也会相应地发生变化。如将光标移动至菜单选项、工具栏或对话框内时，它会变成一个箭头。光标的形状也会随当前激活的命令的不同而变化，如图1-43所示。若激活直线命令后，当系统指定一个点时，光标将显示十字交叉线，可以在绘图区拾取点；若命令行提示选取对象时，光标则显示为小方框（又称拾取框），用于选择图形中的对象。

| 标准模式 | 点选取 | 对象选择 | 带有提示的对象捕捉 | 带有坐标提示的向量追踪 |

图1-43　鼠标光标的模式

在AutoCAD中，鼠标按钮是按照下述规则定义的：

1）左键。通常称拾取键，用于在绘图区中拾取需要的点，或者选择Windows对象、AutoCAD对象、按钮和菜单命令等；用左键选择绘图区中的实体，再按住左键并移动，将执行移动实体的功能；双击左键执行所选项功能。

2）中键。按住中键不放和拖曳，执行实时平移功能；双击中键，执行zoom→e缩放实际范围，即按屏幕最大范围显示图形功能；按<shift>键和中键不放，则执行垂直或水平的实时平移功能；按<Ctrl>键和中键不放，执行随意式实时平移功能；中键向前或向后移动，执行实时缩放功能。

3）右键。单击右键，相当于按<Enter>键，用于结束当前执行的命令；没有执行命令的过程中，根据当前绘图状态，单击右键，系统会弹出不同的快捷菜单；使用<Shift>键和鼠标右键的组合时，系统将弹出一个光标菜单，用于设置捕捉点的方法；若用左键选中实体，按右键并拖动，将弹出图1-44所示的快捷菜单，可实现列表中的各项功能。

> 移动到此处 (M)
> 复制到此处 (C)
> 粘贴为块 (P)
> 取消 (A)

图1-44　快捷菜单

1.3.2　基本输入操作

1. 命令输入方式

AutoCAD交互绘图必须输入必要的指令和参数，有多种AutoCAD命令输入方式，下面以画直线为例分别加以介绍。

（1）在命令行输入命令名　命令字符可不区分大小写，如输入命令LINE和line的效果相同。执行命令时，在命令行提示中经常会出现命令选项，如输入绘制直线命令line后，命令行中的提示为：

Command:line↙

指定第一个点:(在屏幕上指定一点或输入一个点的坐标)

指定下一点或[放弃(U)]:

选项中不带括号的提示为默认选项，因此可以直接输入直线段的起点坐标或在屏幕上指定一点，如果要选择其他选项，则应该首先输入该选项的标识字符（如"放弃"选项的标识字符是 U），然后按系统提示输入数据即可。在命令选项的后面有时候还带有尖括号，尖括号内的数值为默认数值。

（2）在命令行输入命令缩写字　如 L（Line）、C（Circle）、A（Arc）、Z（Zoom）、R（Redraw）、M（Move）、CO（Copy）、PL（Pline）、E（Erase）等。

（3）选择功能区中面板的命令　如单击"默认"→"绘图"→"直线"按钮，选择该命令后，在状态栏中可以看到对应的命令名及命令说明。

（4）在命令行打开右键快捷菜单　如果在前面刚使用过要输入的命令，可以在命令行打开右键快捷菜单，在"近期使用的命令"子菜单中选择需要的命令。

（5）在绘图区右击　如果用户要重复使用上次使用的命令，可以直接在绘图区右击，弹出快捷菜单，选择其中的命令并确认，系统立即重复执行上次使用的命令，这种方法适用于重复执行某个命令。

2. 命令的重复、撤销与重做

在 AutoCAD 中，用户可以方便地重复执行同一条命令，或撤销前面执行的一条或多条命令。

（1）命令的重复　用户可以通过以下方法来重复执行命令。

1）Command：↵或空格键，重复执行上一个命令，不管上一个命令是完成了还是被取消了。

2）在绘图区域中右击，从弹出的快捷菜单中选择"重复"命令。

3）要重复执行最近使用过的 6 个命令中的某一个命令，可以在命令窗口中右击，从弹出的快捷菜单中选择"近期使用过的命令"中的 6 个命令之一。

4）要多次重复一个命令，可以在命令提示下输入 multiple 命令，然后输入要重复执行的命令名，这样 AutoCAD 将重复执行该命令，直到用户按<Esc>键为止。在命令执行过程中，用户可以随时按<Esc>键来终止执行的任何命令。

（2）命令的撤销　在命令执行的任何时刻都可以取消和终止命令的执行，撤销前面操作的方法有：

1）Command：undo ↵，放弃单个操作。如果要一次放弃前面的多步操作，可以在命令提示下输入 UNDO 命令，然后在命令行中输入要放弃的操作数目。

2）在工具栏中单击"放弃"按钮。

3）快捷键。按<Esc>键。

（3）命令的重做　已被撤销的命令还可以恢复重做，但只能恢复最后一个命令。重做操作的方法有：

1）Command：redo ↵。

2）在工具栏中单击"重做"按钮。

1.3.3　功能区与工具栏

1. 功能区

AutoCAD 2020 的默认界面中，功能区提供了创建和修改图形所需的所有工具。功能区由选项卡和选项卡下的面板组成，选项卡和面板如图 1-45 所示。有些功能区面板会显示与该面板相关的对话框，对话框启动器由面板右下角的 ▣ 图标表示，单击对话框启动器可以显示相关对话框，如图 1-46 所示。

图 1-45　选项卡和面板

图 1-46　对话框启动器

（1）功能区最小化按钮　功能区中最小化按钮 ▭▾ 的第一个按钮用于在完整的功能区状态、最小化为面板按钮、最小化为面板标题状态和最小化为选项卡状态之间切换；第二个下拉按钮用于选择最小化功能区状态。最小化功能区状态有以下四种。

1）"最小化为选项卡"：显示选项卡标题。

2）"最小化为面板标题"：显示选项卡和面板标题。

3）"最小化为面板按钮"：显示选项卡标题和面板按钮。

4）"循环浏览所有项"：按以下顺序循环浏览所有四种功能区状态：完整的功能区、最小化为面板按钮、最小化为面板标题、最小化为选项卡。

（2）选项卡、面板的隐藏和显示　在默认界面下，功能区面板是全部显示的。若要隐藏功能区某选项卡，可在功能区任意位置右击，在弹出的菜单中单击"显示选项卡"，随后弹出一菜单，如图 1-47 所示。该菜单中带有"√"的菜单为已显示的选项卡，不带有该标记的为隐藏的选项卡，在该菜单中单击要隐藏的选项卡即可。若要隐藏某选项卡中的面板，则单击"显示面板"选项，在弹出的菜单中选择要隐藏的面板即可，如图 1-48 所示。同理，若要显示某选项卡和面板则在弹出的菜单里勾选即可。

图 1-47　隐藏选项卡

图 1-48　隐藏面板

（3）浮动面板　如果用户从功能区选项卡中拉出了面板，然后将其放入了绘图区域，则该面板将在放置的位置浮动，如图 1-49 所示。即使切换了功能区的选项卡，浮动面板也将一直处于打开状态，直到单击"返回功能区"按钮 ▤ 被放回功能区。

（4）滑出式面板　面板标题中间的 ▾ 按钮可以展开该面板以显示其他工具和控件。在已打开的面板的工具栏上单击即可显示滑出式面板。默认情况下，单击其他面板时，滑出式面板将自动关闭。若要使面板处于展开状态，可单击滑出式面板左下角的图钉按钮 ，如图 1-50 所示。

图 1-49　浮动面板

图 1-50　滑出式面板

2. 工具栏

在 AutoCAD 中，工具栏由若干工具按钮组成，这些工具按钮分别代表了一些常用的命令，用户单击工具栏中的工具按钮就可以调用相应的命令，然后根据对话框中的内容或命令行的提示执行下一步的操作。

（1）工具栏的显示和隐藏　AutoCAD 2020 的默认界面中不显示工具栏。如果用户需要在屏幕上显示其他某个隐藏的工具栏，可以在已调出的工具栏上右击，弹出一个快捷菜单。该菜单中带有"√"的菜单为已显示的工具栏，不带有该标记的为隐藏的工具栏，用户可选择其中某一项使之显示在屏幕上。用户要隐藏一个工具栏时，可以在工具栏的右键快捷菜单中取消该项的"√"标记，或使该工具栏变为浮动的，然后单击 按钮将其关闭（隐藏），如图 1-51 所示。

（2）工具栏的位置　AutoCAD 中的工具栏根据其所在位置可分为固定的和浮动的两种。固定的工具栏位于屏幕的边缘，其形状固定；浮动的工具栏可以位于屏幕中间的任何位置，可以修改其尺寸大小，并具有标题栏（如标注）。

（3）自定义和编辑工具栏　用户可以自定义和编辑工具栏和工具栏按钮，或执行 Command：toolbar 命令，打开"自定义用户界面"对话框，创建或修改用户界面元素，如图 1-52 所示。

图 1-51　工具栏固定与浮动、显示与隐藏

图 1-52　"自定义用户界面"对话框

（4）工具选项板　工具选项板是提供组织、共享和放置块及填充图案的有效工具。

AutoCAD 2020 的默认界面中工具选项板提供了建筑、机械、电力、土木工程/结构和注释类符号，如图 1-53 所示。按默认的方式启动 AutoCAD 2020 时，会弹出"工具选项板"。启动"工具选项板"的方法：按组合键<Ctrl+3>。

（5）锁定工具栏和工具选项板　AutoCAD 中可以锁定工具栏和工具选项板的位置，防止它们移动。锁定工具栏和工具选项板的位置的方法如下：单击右下角"锁定"按钮，在子菜单中选择需锁定的对象，如图 1-54 所示。按住<Ctrl>键拖动工具栏和工具选项板临时解锁。

图 1-53　工具选项板

图 1-54　锁定工具栏菜单

1.3.4　使用文本窗口和对话框

1. 文本窗口和对话框

在执行 AutoCAD 命令的过程中，用户与 AutoCAD 之间主要是通过文本窗口和对话框来进行人机交互。

AutoCAD 的文本窗口是记录 AutoCAD 命令的窗口。文本窗口中的内容是只读的，不能修改，但用户可以对命令窗口中的文字进行选择和复制，或将剪贴板的内容粘贴到命令行中。该窗口中保存并显示了 AutoCAD 的命令历史记录，如图 1-55 所示。

打开文本窗口的方法：按<F2>键或执行 Command：textscr 命令。

如果用户想切换到绘图窗口，则可采用以下几种方式：

1）在文本窗口中按功能键<F2>。

2）使用<Alt+Tab>组合键。

3）执行 Command：graphscr 命令。

2. 对话框的操作

AutoCAD 的对话框由各种控件组成，用户可通过这些控件来进行查看、选择、设置、输入信息或调用其他命令和对话框等操作。

下面以图 1-56 所示的"线宽设置"对话框为例，来说明对话框中各控件的作用。

1）按钮。单击按钮来完成相应的功能。

2）文本框。可输入文本，并可以进行剪切、复制、粘贴和删除等操作。

3）列表框。显示一系列列表项，通常用户可选择其中的一个或多个。

4）下拉列表框。以下拉列表的形式来显示一系列列表项，用户可选择其中的一个。

5）单选钮。在多个选项中选择且只能选择其中一个。

6）滑块。通过改变滑块的位置来设置相应对象的大小、多少等取值。

7）复选框。控制项目的状态，方框中显示"√"表示选中状态，否则为取消状态。

图 1-55　AutoCAD 文本窗口

图 1-56　"线宽设置"对话框

1.4　配置绘图环境

1.4.1　设置参数

1. 设置绘图参数

启动方式：单击"视图"→"窗口"→ 按钮，或执行 Command：options 命令，可打开"选项"对话框。在该对话框中包含"文件""显示""打开和保存""打印和发布""系统""用户系统配置""绘图""三维建模""选择集"和"配置"10 个选项卡，如图 1-57 所示。

1）"文件"选项卡。用于确定 AutoCAD 搜索支持文件、驱动程序文件、菜单文件和其他文件时的路径以及用户定义的一些设置。

2）"显示"选项卡。用于设置窗口元素、布局元素、显示精度、显示性能、十字光标大小和参照编辑的褪色度等显示属性。

3）"打开和保存"选项卡。用于设置是否自动保存文件、自动保存文件时的时间间隔、是否保持日志和是否加载外部参照等。

图 1-57　"选项"对话框

4）"打印和发布"选项卡。用于设置 AutoCAD 的输出设备。默认情况下，输出设备为 Windows 打印机。但在很多情况下，为了输出较大幅面的图形，用户也可能需要使用专门的绘图仪。

5）"系统"选项卡。用于设置当前三维图形的显示特性，设置定点设备、是否显示 OLE（对象链接与嵌入）特性对话框、是否显示所有警告信息、是否检查网络连接、是否显示启动对话框、是否允许长符号名等。

6）"用户系统配置"选项卡。用于设置是否使用快捷菜单和对象的排序方式。

7）"绘图"选项卡。用于设置自动捕捉、自动追踪、自动捕捉标记框颜色和大小、靶框大小。

8）"三维建模"选项卡。用于设置三维十字光标、三维对象、三维导航等。

9）"选择集"选项卡。用于设置选择集模式、拾取框大小及夹点大小等。

10）"配置"选项卡。用于实现新建系统配置文件、重命名系统配置文件以及删除系统配置文件等操作。

2. 背景色

若设置绘图窗口的背景色为"白色"（默认绘图窗口的背景色为黑色），其步骤如下：

1）单击"视图"→"窗口"→ 按钮，打开"选项"对话框，选择"显示"选项卡，如图 1-58a 所示。

2）在"窗口元素"选项区域中单击"颜色"按钮，打开"图形窗口颜色"对话框，如图 1-58b 所示。

3）在"颜色"选项中选择"白"，单击"应用并关闭"按钮完成设置。

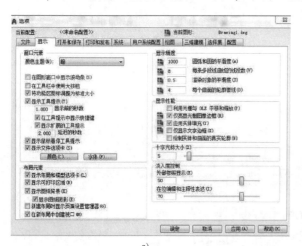
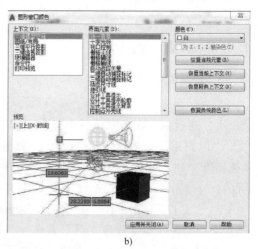

| a) | b) |

图 1-58 将模型空间背景色设置为白色

3. 线型

线型是由沿图线显示的线、点和间隔组成的图样。用户可以使用 AutoCAD 提供的任意标准线型，或创建自己的线型，也可以通过图层指定对象的线型，还可以不依赖图层而明确地指定线型。线型名称及其定义确定了特定的点画线序列、画线和空格的相对长度，以及所包含的任何文字或形的特征。

启动方式：单击"默认"→"特性"→"线性"按钮 →"其他"，或执行 Command：linetype 命令，打开"线型管理器"对话框，如图 1-59 所示。

1）"线型过滤器"下拉列表。确定在线型列表中显示哪些线型，即所有线型、所有使用的线型、所有依赖于外部参照的线型。

2）"反转过滤器"复选框。根据与选定的过滤条件相反的条件显示线型。符合反转过滤条件的线型显示在线型列表中。

3）"加载"按钮。单击将显示"加载或重载线型"对话框，如图 1-60 所示。可以将 acadiso. lin 文件中选定的线型加载到图形并将它们添加到线型列表。

图 1-59　"线型管理器"对话框

图 1-60　"加载或重载线型"对话框

4）"当前"按钮。将选定线型设置为当前线型。设置当前线型为随层，表示对象采用指定特定图层的线型。设置线型为随块，意味对象采用 Continuous 线型，直到将其编组到块。不论何时插入块，全部对象都继承该块的线型。

5）"删除"按钮。从图形中删除选定的线型。只能删除未使用的线型，不能删除 By-Layer、ByBlock 和 Continuous 线型。

6）"显示细节"或"隐藏细节"按钮。控制是否显示线型管理器的"详细信息"部分。图 1-61 所示是显示细节以后的"线型管理器"对话框。

7）"当前线型"。显示当前线型的名称。

8）线型列表。在"线型过滤器"中，根据指定的选项显示已加载的线型。要迅速选定或清除所有线型，请在线型列表中右击以显示快捷菜单。

① 线型。显示已加载的线型名称。要

图 1-61　显示细节后的"线型管理器"对话框

重命名线型，请选择线型，然后两次单击该线型并输入新的名称。ByLayer、ByBlock、Continuous 和依赖外部参照的线型不能重命名。线型名称最多可以包含 255 个字符。线型名称可包含字母、数字、空格和以下特殊字符：美元符号（$）、连字符（-）和下划线（_）。线型名称不能包含以下特殊字符：逗号（,）、冒号（:）、等号（=）、问号（?）、星号（＊）、大于号和小于号（><）、斜杠和反斜杠（／＼）、竖杠（｜）、引号（"）或单引号（'）。

② 外观。显示选定线型的样例。

③ 说明。显示线型的说明，可以在"详细信息"区中进行编辑。

9）详细信息。提供访问特性和附加设置的其他途径。

① 名称。显示选定线型的名称，可以编辑该名称。线型名称最多可以包含 255 个字符。

线型名称可包含字母、数字、空格和以下特殊字符：美元符号（$）、连字符（-）和下划线（_）。

② 说明。显示选定线型的说明，可以编辑该说明。

③ 缩放时使用图纸空间单位。按相同的比例在图纸空间和模型空间缩放线型。当使用多个视口时，该选项很有用。

④ 全局比例因子。显示用于所有线型的全局缩放比例因子。

⑤ 当前对象比例。设置新建对象的线型比例。最终的比例是全局缩放比例因子与该对象缩放比例因子的乘积。

⑥ ISO笔宽。将线型比例设置为标准ISO值列表中的一个。最终的比例是全局缩放比例因子与该对象缩放比例因子的乘积。

4. 线宽

使用线宽，可以用粗线和细线清楚地表现出截面的剖切方式、标高的深度、尺寸线和小标记，以及细节上的不同。例如，通过为不同图层指定不同的线宽，可以很方便地区分新建的、现有的和被破坏的结构。除非选择了状态栏上的"线宽"按钮，否则不显示线宽。AutoCAD中除了TrueType字体、光栅图像、点和实体填充（二维实体）以外的所有对象都可以显示线宽。在平面视图中，多段线忽略所有用线宽设置的宽度值。仅当在视图而不是在"平面"中查看多段线时，多段线才显示线宽。可以将图形输出到其他应用程序，或者将对象剪切到剪贴板上并保留线宽信息。在模型空间中，线宽以像素显示，并且在缩放时不发生变化。因此，在模型空间中精确表示对象的宽度时不应该使用线宽。例如，如果要绘制一个实际宽度为0.5mm的对象，就不能使用线宽而应该用宽度为0.5mm的多段线表现对象。也可以使用自定义线宽值打印图形中的对象。使用打印样式表编辑器调整固定线宽值，以使用新值打印。

启动方式：单击"默认"→"特性"→"线宽"按钮 ▼ →"线宽设置"选项，或执行Command：lweight命令，打开"线宽设置"对话框，如图1-56所示。

1）"线宽"列表框。显示可用线宽值。线宽值由包括ByLayer、ByBlock和"默认"在内的标准设置组成。所有新图层中的线宽都使用默认设置。值为0的线宽以指定打印设备上可打印的最细线进行打印，在模型空间中则以一个像素的宽度显示。

2）"当前线宽"选项。显示当前线宽。要设置当前线宽，请从线宽列表中选择一种线宽然后选择"确定"。

3）"列出单位"选项区域。指定线宽是以毫米显示还是以英寸显示。

4）"显示线宽"复选框。控制线宽是否在当前图形中显示。如果选择此选项，线宽将在模型空间和图纸空间中显示。也可以使用系统变量LWDISPLAY设置"显示线宽"。当线宽以大于一个像素的宽度显示时，重生成时间会加长。当图形的线宽处于打开状态时，如果发现性能下降，请清除"显示线宽"选项。此选项不影响对象打印的方式。

5）"默认"下拉列表框。控制图层的默认线宽。初始的默认线宽是0.01in.或0.25mm。

6）"调整显示比例"选项区域。控制"模型"选项卡上线宽的显示比例。在"模型"选项卡上，线宽以像素为单位显示。用以显示线宽的像素宽度与打印所用的实际单位数值成比例。如果使用高分辨率的显示器，则可以调整线宽的显示比例，从而更好地显示不同的线宽宽度。"线宽"列表列出了当前线宽显示比例。对象的线宽以一个以上的像素宽度显示时，可能会增加重生成时间。在"模型"选项卡上操作时，如果要优化性能，请将线宽的显示比例设置为最小值或完全关闭线宽显示。

1.4.2 设置图形单位

由于 AutoCAD 在各行业中都应用广泛，但是不同行业对坐标、角度和距离的要求各不相同，同时不同国家的尺寸单位也不相同，所以要根据项目和标注的不同来决定使用何种单位及其相应的精度。常用的单位有毫米、米、千米、英尺和英寸等，常采用的精度为小数点后四位。

用户在使用 AutoCAD 绘图之前，应首先确定所使用的基本绘图单位。设置图形单位的方法：

Command:units ↵

执行上述命令后，打开图 1-62 所示的"图形单位"对话框，在该对话框中设置图形单位的长度类型及精度、角度类型及精度，插入缩放单位等内容。

（1）长度 在"长度"选项区域中，用户可分别使用"类型"和"精度"下拉列表框设置图形单位的长度类型（小数、分数、建筑、工程、科学）和精度（0~8），其中"工程"和"建筑"类型是以英尺和英寸显示，每一图形单位代表 1in.。其他类型，如"科学"和"分数"没有这样的假定，每个图形单位都可以代表任何真实的单位。默认情况下，长度类型为"小数"，"精度"是小数点后四位。

（2）角度 在"角度"选项区域中，用户可以设置图形的角度类型（十进制度数、百分度、度/分/秒、弧度、勘测单位）和精度（0~8）。默认逆时针方向为角度的正方向。如果选中"顺时针"复选框，则以顺时针为正方向。

（3）插入时的缩放单位 在"插入时的缩放单位"选项组中，"用于缩放插入内容的单位"下拉列表框主要用于插入到当前图形中的块和图形的测量单位。如果块或图形创建时使用的单位与该选项指定的单位不同，则在插入这些块或图形时，将对其按比例缩放。插入比例是源块或图形使用的单位与目标图形使用的单位之比。如果插入块时不按指定单位缩放，请选择"无单位"选项，默认单位为"毫米"。

（4）输出样例 此选项组用于显示当前单位和角度设置的例子。

（5）光源 控制当前图形中光度控制光源的强度测量单位。但要注意的是，为创建和使用光度控制光源，必须从选项列表中指定非"常规"的单位。如果"插入比例"设定为"无单位"，则将显示警告信息，通知用户渲染输出可能不正确。

（6）方向 在"图形单位"对话框中，单击"方向"按钮，打开"方向"对话框，如图 1-63 所示，设置起始角度（0°）的方向。默认情况下，角度的 0°方向是指向正东的方向，逆时针方向为角度增加的正方向。在"方向控制"对话框中，当选中"其他"单选按钮时，单击 按钮，切换到图形窗口中，通过拾取两个点来确定基准角度的"0"方向，如图 1-64 所示。

1.4.3 设置图形界限

对于 AutoCAD 用户来说，不管用户是使用真实的尺寸绘图还是使用变化后的数据绘图，为了使绘图更规范和便于检查，都有必要设置绘图的区域。图形界限可以在模型空间中设置一个想象的矩形绘图区域。GRID命令打开之后，栅格的显示范围即为绘图范围。设置绘图界限后，可以避免用户绘制图形时超出边界。

图 1-62　"图形单位"对话框

图 1-63　"方向控制"对话框

图 1-64　基准角度的设置

Command：limits ↵

重新设置模型空间界限：

指定左下角点或[开(ON)/关(OFF)]<0.0000,0.0000>：

指定右上角点<420.0000,297.0000>：

通过选择"开（ON）"或"关（OFF）"选项可以决定能否在图限之外指定一点。如果选择"开（ON）"选项，打开界限检查，用户不能在图形界限之外结束一个对象，也不能使用"移动"或"复制"命令将图形移到图形界限之外，但可以指定两个点（中心和圆周上的点）来画圆，圆的一部分可能在界限之外；如果选择"关（OFF）"选项，AutoCAD禁止界限检查，可以在图限之外画对象或指定点。

在世界坐标系下图形界限由一对二维点确定，即左下角点和右上角点，例如，可以设置一张图纸的左下角点为（0，0），右上角点为（420，297），则该图纸大小为420×297，即A3图纸的大小。

当绘图界限设置被打开后，如果用户作图时把点输入到绘图界限之外，系统会在命令行中指示："＊＊超出图形界限"，并禁止将点定位在图形界限之外。

第 2 章

绘制基本二维图形

2.1 绘制直线类对象

2.1.1 绘制直线

功能：绘制直线。

启动方式：单击"默认"→"绘图"→"直线"按钮 ✏，或执行 Command：line（或 l）命令。

Command：l↵

指定第一个点：（选择绘制直线的第一点）

指定下一点或［放弃（U）］：（输入直线下一点）

指定下一点或［退出（E）/放弃（U）］：

指定下一点或［关闭（C）/退出（X）/放弃（U）］：（输入直线另一点，或者输入"U"取消前一直线，或者按 <Enter> 键结束绘制直线命令，或者输入"C"后连接目前光标点与起点之间的连线）

注意：

1）在"指定第一个点："提示下按 <Enter> 键，表示以上一次的直线或圆弧命令的终点作为本次直线段的起点。如果上一次用的是圆弧命令，则绘制以上一次圆弧的端点为起点绘制圆弧的切线，此时只能输入直线的长度，而不能控制直线的方向。

2）在"指定下一点或［放弃（U）］："和"指定下一点或［退出（E）/放弃（U）］："下按 <Enter> 键，退出绘制直线命令。

3）在绘制直线过程中，如果给出方向，如打开正交 <F8> 键或"<角度>"，则此时只需在键盘上键入长度即可。

2.1.2 绘制构造线

功能：绘制在两个方向上无限延长的直线。

启动方式：单击"默认"→"绘图"→"构造线"按钮 ✏，或执行 Command：xline（或 xl）命令。

Command：Xl↵

指定点或［水平（H）/垂直（V）/角度（A）/二等分（B）/偏移（O）］：（指定构造线上第一点或选其他项）

1）若直接指定点，则继续提示：

指定通过点：（指定构造线的通过点或直接按 <Enter> 键结束该命令，即可绘制任意的构造线）

2）若输入"H"，则绘制通过指定点的水平构造线。

3）若输入"V"，则绘制通过指定点的垂直构造线。

4）若输入"A"，则绘制与 X 轴正方向的构造线；若输入 R，则绘制与指定直线成指定角度的构造线。

5）若输入"B"，则绘制指定角度的平分角构造线，需要指定所平分角的顶点、起点和端点。

6）若输入"O"，则绘制与指定直线有一定距离的偏移构造线。

上述绘制的构造线如图 2-1 所示。

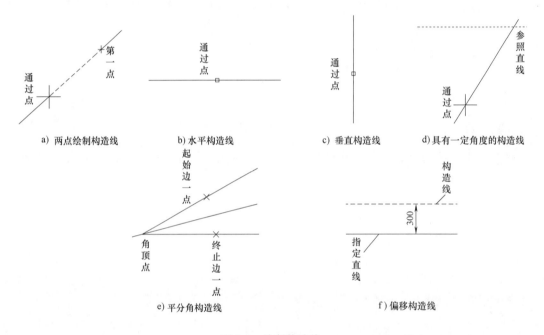

图 2-1 绘制构造线

2.1.3 绘制射线

功能：绘制一端固定，另一端无限延长的直线，主要用作绘图的辅助线绘制。

启动方式：单击"默认"→"绘图"→"射线"按钮 ✐ ，或执行 Command：ray 命令。

Command：ray ↵

指定起点：

指定通过点：(绘制以起点为端点的射线)

2.1.4 绘制多段线

1. 绘制多段线

功能：连续绘制不同线宽的直线、圆弧、直线和圆弧组成的图形，可用于绘制实体、特殊符号、轮廓线等。

启动方式：单击"默认"→"绘图"→"多段线"按钮 🖉 ，或执行 Command：pline（或

pl）命令。

Command：pl ↵

指定起点：(输入多段线起点)

当前线宽为 0.0000

指定下一个点或［圆弧(A)/半宽(H)/长度(L)/放弃(U)/宽度(W)］：(输入多段线的下一点或输入其他选项)

（1）绘制不同线宽的直线

1）指定下一个点则绘制当前线宽的多段线。

2）若输入 H，则设置多段线的半宽度。

3）若输入 L，则绘制一定长度的多段线。

4）若输入 U，则放弃前一步的绘制操作。

5）若输入 W，则设置多段线的宽度。

图 2-2 所示为绘制的多段线。

a) 具有不等宽度   b) 箭头符号   c) 二极管符号

图 2-2 直线多段线

（2）绘制不同线宽的圆弧 若输入"A"，则改为绘制圆弧。系统继续提示：

指定圆弧的端点或［角度(A)/圆心(CE)/方向(D)/半宽(H)/直线(L)/半径(R)/第二个点(S)/放弃(U)/宽度(W)］：

1）若输入 A，则设置圆弧的圆心角。

2）若输入 CE，则设置圆弧的圆心。

3）若输入 D，则设置圆弧的切线方向。

4）若输入 H，则设置圆弧的半宽宽度。

5）若输入 L，则设置由绘圆弧转变为绘直线。

6）若输入 R，则设置圆弧的半径。

7）若输入 S，则设置圆弧的第二个点。

8）若输入 W，则设置圆弧的宽度。

如图 2-3 所示为绘制的圆弧多段线和闭合多段线。

2. 编辑多段线

功能：对绘制的多段线进行各种编辑操作，如对多段线的宽度和顶点位置等参数进行修改，或将直线转换为多段线，或将多段线转换为样条曲线或拟合曲线等。同时，利用编辑多段线命令还可以编辑任何类型的多段线对象（如多边形、填充实体、2D 或 3D 多段线等）和三维多边形网格。

启动方式：单击"默认"→"修改"→"编辑多段线"按钮 ，或执行 Command：pedit

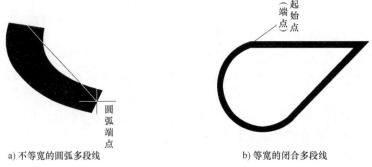

a) 不等宽的圆弧多段线   b) 等宽的闭合多段线

图 2-3 圆弧多段线和闭合多段线

(或 pe) 命令。

Command:pe ↵

选择多段线或[多条(M)]:(选择要编辑的多段线)

输入选项[闭合(C)/合并(J)/宽度(W)/编辑顶点(E)/拟合(F)/样条曲线(S)/非曲线化(D)/线型生成(L)/反转(R)/放弃(U)]:(选择相应的选项,进行所需的编辑操作)

其中各选项含义如下:

1)"多条 (M)"选项。可选择多条多段线,同时将对这些多段线进行各种编辑操作。

2)"打开 (O) /闭合 (C)"选项。打开或闭合多段线。当所选择的多段线是打开的,该选项为"闭合";反之,此选项为"打开"。

3)"合并 (J)"选项。把非多段线的对象连接成一条完整的多段线。如将相连的直线段或弧线段连成一条多段线。能合并的条件是各段端点首尾相连,且多段线是处于"打开"状态。

4)"宽度 (W)"选项。用于修改多段线的线型宽度。执行该选项后,在 AutoCAD 命令行提示下输入所有线段的新宽度,即修改的多段线具有同一宽度。

5)"编辑顶点 (E)"选项。主要用于修改多段线的相邻顶点,即编辑多段线的顶点,且只能对单个的多段线操作。在编辑多段线的顶点时,系统将在屏幕上使用小叉 (×) 标记出多段线的当前编辑点,命令行显示如下提示信息。

[下一个(N)/上一个(P)/打断(B)/插入(I)/移动(M)/重生成(R)/拉直(S)/切向(T)/宽度(W)/退出(X)]<N>:

上述选项的意义如下:

① "下一个 (N)"选项。将顶点标记移到多段线的下一顶点,改变当前的编辑顶点。初始默认为 N (下一个)。

② "上一个 (P)"选项。将顶点标记移到多段线的前一个顶点。

③ "打断 (B)"选项。删除多段线上指定两顶点之间的线段。此时系统将以当前编辑的顶点作为第一个断点,并显示"输入选项 [下一个 (N) /上一个 (P) /执行 (G) /退出 (X)] <N>:"提示信息。其中,"下一个 (N) /上一个 (P)"选项分别使编辑顶点后移或前移,以确定第二个断点。"执行 (G)"选项接受第二个断点,将位于第一断点到第二断点之间的多段线删除。"退出 (X)"选项则用于退出打断操作,返回到上一级提示。

④ "插入 (I)"选项。在当前编辑的顶点后面插入一个新的顶点,只需要确定新顶点的位置即可。

⑤ "移动（M）" 选项。移动当前顶点到指定位置。

⑥ "重生成（R）" 选项。重新生成多段线，常与 "宽度" 选项连用。

⑦ "拉直（S）" 选项。删除当前顶点与所选顶点之间的所有顶点，并用直线段代替原线段。

⑧ "切向（T）" 选项。改变当前所编辑顶点的切线方向。可以直接输入表示切线方向的角度值；也可以确定一点，之后系统将以多段线上的当前点与该点的连线方向作为切线方向。

⑨ "宽度（W）" 选项。设置当前顶点与下一顶点之间多段线的始末宽度。

⑩ "退出（X）" 选项。结束顶点编辑，返回 pedit 命令提示行。

6）"拟合（F）" 选项。创建圆弧平滑曲线拟合多段线。该曲线通过多段线的所有顶点并使用指定的切线方向进行拟合，如图 2-4 所示。

7）"样条曲线（S）" 选项。用样条曲线拟合多段线，样条类型和分辨率由系统变量控制，如图 2-5 所示。

8）"非曲线化（D）" 选项。取消拟合或样条曲线的操作，回到初始状态。即将多段线中的圆弧或样条曲线由直线代替，同时保留多段线顶点的所有切线信息。

9）"线型生成（L）" 选项。当多段线的线型为点画线时，控制多段线的线型生成方式开关。选择此项，系统提示，输入多段线线型生成选项 [开（ON）/关（OFF）] <开>：打开此项，将在每个顶点处整条多段线上连续采用该非连续线型。关闭此选项，在每个顶点处，多段线的各线段将独立采用此非连续线型。"线型生成" 不能用于宽度变化的多段线，如图 2-6 所示。

10）"反转（R）" 选项。反转多段线顶点的顺序。

11）"放弃（U）" 选项。取消上一次操作。

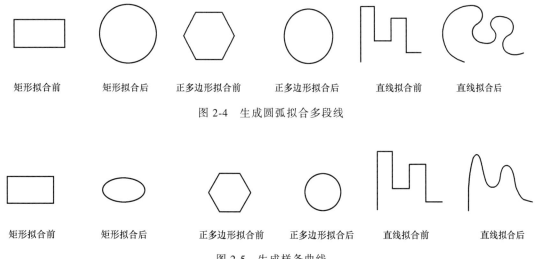

图 2-4　生成圆弧拟合多段线

图 2-5　生成样条曲线

3. 根据已有对象生成多段线

在 AutoCAD 中，还可以根据相邻的或重叠的对象生成多段线。其中，所选对象的边必须形成完全封闭的区域。若将由直线绘制的图形边界转化成多段线，并改变成具有一定宽度的边界轮廓线，如图 2-7 所示，操作方法如下：

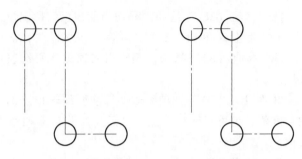

1）单击下拉菜单栏中"绘图"→"边界"按钮 ，打开"边界创建"对话框，如图 2-8 所示。

2）在"对象类型"下拉列表框中选择"多段线"。

3）单击"拾取点"按钮，在图形内部单击，如图 2-7a 所示。

图 2-6　线型生成设置

4）按 <Enter> 键，将结束把直线型的边界转换成多段线边界的操作，如图 2-7b 所示。

5）执行 Command：pedit（或 pe）命令，设置多段线边界的宽度，如图 2-7c 所示。

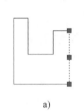　　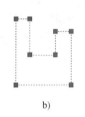　　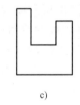

a)　　　　　　　　b)　　　　　　　　c)

图 2-7　生成多段线边界

图 2-8　"边界创建"对话框

2.2　绘制圆类对象

2.2.1　绘制圆

功能：绘制指定要求的圆。

启动方式：单击"默认"→"绘图"→"圆心、半径"按钮，或执行 Command：circle（或 c）命令。

操作方法：单击按钮右边的小三角，弹出图 2-9 所示的 6 种绘圆方法的下拉菜单，各项的含义如下所述。

"圆心，半径"：圆心、半径绘制圆。

"圆心，直径"：圆心、直径绘制圆。

"两点"：两点绘制圆，该两点的连线为圆的直径。

"三点"：不在一条直线上的三点绘制圆。

"相切，相切，半径"：绘制与两个实体相切，并给定半径的圆。

"相切，相切，相切"：绘制与三个实体相切的圆。

执行各种绘圆命令，系统都会给出相应的提示。

Command：c ↵

图 2-9　绘制圆下拉菜单

指定圆的圆心或［三点(3P)/两点(2P)/相切、相切、半径(T)］:（用鼠标拾取一点作为圆心）

1）指定圆的圆心。用鼠标拾取一点作为圆心，系统提示：

指定圆的半径或［直径(D)］:（输入圆的半径或直径）

① 若直接输入半径，如图 2-10a 所示。

② 若输入 D 按<Enter>键，则接下来提示：

指定圆的直径<默认值>:（输入圆的直径）

2）2P。用键盘输入该命令后，系统提示：

指定圆直径的第一个端点:（用鼠标拾取一点）

指定圆直径的第二个端点:（用鼠标拾取直径的另一端点，如图 2-10b 所示）

3）3P。用键盘输入该命令后，系统提示：

指定圆上的第一个点:（用鼠标拾取一点）

指定圆上的第二个点:（用鼠标拾取第二点）

指定圆上的第三个点:（用鼠标拾取第三点，如图 2-10c 所示）

4）T。用键盘输入该命令后，系统提示：

指定对象与圆的第一个切点:（捕捉切点，并在矩形上取点）

指定对象与圆的第二个切点:（捕捉切点，并在直线上取点）

指定圆的半径<默认值>:（输入要绘制的半径，如图 2-10d 所示）

5）下拉菜单。绘图→圆→相切、相切、相切（与三个实体绘制圆），则系统提示：

指定圆上的第一个点:（用鼠标在实体上取一点，即第一个实体与所绘制圆的切点）

指定圆上的第二个点:（用鼠标在实体上取一点，即第二个实体与所绘制圆的切点）

指定圆上的第三个点:（用鼠标在实体上取一点，即第三个实体与所绘制圆的切点，如图 2-10e 所示）

注意:

1）直径的大小可直接输入数据或用鼠标在屏幕上点取两点的距离。

2）当使用与实体相切方式绘圆时，用对象捕捉方式选切点。

3）当使用相切方式绘制圆时，若在"指定圆的半径:"提示下输入的半径太大或太小，则会提示"圆不存在"并退出该命令的执行。这说明与两个具体实体相切的圆只有一个。

4）圆本身是一个整体，不能用 pedit、explode 命令编辑，但可以使用 viewres 命令控制圆的显示分辨率，其值越大，显示的圆越光滑。viewres 值与输出图形无关，无论其值多大均不影响输出图形后圆的光滑度。

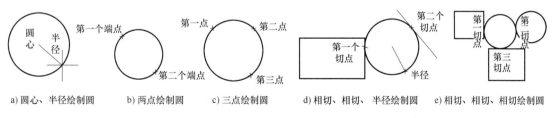

| a) 圆心、半径绘制圆 | b) 两点绘制圆 | c) 三点绘制圆 | d) 相切、相切、半径绘制圆 | e) 相切、相切、相切绘制圆 |

图 2-10　绘制圆

2.2.2　绘制圆弧

功能：绘制指定要求的圆弧。

启动方式：单击"默认"→"绘图"→"圆弧"按钮 ，或执行 Command：arc（或 a）

命令。

操作方法：单击按钮右边的小三角后，会弹出图 2-11 所示的 11 种方法绘制圆弧的菜单，各项的含义如下。

1）"三点"。三点绘制圆弧。

2）"起点、圆心、端点"。起始点、圆心及终止点绘制圆弧。

3）"起点、圆心、角度"。起始点、圆心以及圆弧的圆心角绘制圆弧。

4）"起点、圆心、长度"。起始点、圆心以及圆弧的弦长绘制圆弧。

5）"起点、端点、角度"。起始点、终止点及圆弧的圆心角绘制圆弧。

6）"起点、端点、方向"。起始点、终止点及圆弧在起始点处切线方向绘制圆弧。

7）"起点、端点、半径"。起始点、终止点及圆弧半径绘制圆弧。

8）"圆心、起点、端点"。圆心、圆弧的起始点及终止点绘制圆弧。

9）"圆心、起点、角度"。圆心、圆弧的起始点及圆弧的圆心角绘制圆弧。

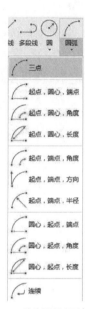

图 2-11 绘制圆弧下拉菜单

10）"圆心、起点、长度"。圆心、圆弧的起始点及圆弧的弦长绘制圆弧。

11）"连续"。连续绘制圆弧。以最后一次所绘图形（直线或圆弧）的方向或切线方向为起始点处的切线方向，并提示"指定圆弧的端点"，输入圆弧的终止点，绘出圆弧。

执行绘制圆弧命令后，系统提示：

指定圆弧的起点或［圆心（C）］：

1）"三点"绘制圆弧（图 2-12a）。

指定圆弧的起点或［圆心（C）］：（用鼠标拾取一点作为圆弧的起点）

指定圆弧的第二个点或［圆心（C）/端点（E）］：（用鼠标拾取第二个点）

指定圆弧的端点：（圆弧的终止点，实现三点绘制圆弧）

2）"起点、圆心、端点"绘制圆弧（图 2-12b）。若输入"C"，则继续提示：

指定圆弧的圆心：（在图上用鼠标拾取一点作为圆心）

指定圆弧的起点：（指定圆弧的起点）

指定圆弧的端点或［角度（A）/弦长（L）］：（输入圆弧的终止点）

3）"起点、圆心、角度"绘制圆弧（图 2-12c）。若输入"A"，则继续提示：

指定夹角（按住<Ctrl>键以切换方向）：（圆弧所对的圆心角,如输入 60°）

4）"起点、圆心、长度"绘制圆弧（图 2-12d）。若输入"L"，则继续提示：

指定弦长（按住<Ctrl>键以切换方向）：（圆弧所对的弦长,如指定弦长为 150）

5）"起点、端点、角度"绘制圆弧（图 2-12e）。若输入"A"，继续提示：

指定夹角（按住<Ctrl>键以切换方向）：（圆弧所对的圆心角如输入 60°角,角度默认是以逆时针为正）

6）"起点、端点、方向"绘制圆弧（图 2-12f）。若输入"D"，继续提示：

指定圆弧起点的相切方向（按住<Ctrl>键以切换方向）：（给定圆弧起点处的切线方向）

7）"起点、端点、半径"绘制圆弧（图2-12g）。若输入"R"，继续提示：

指定圆弧的半径(按住<Ctrl>键以切换方向)：(给定圆弧的半径)

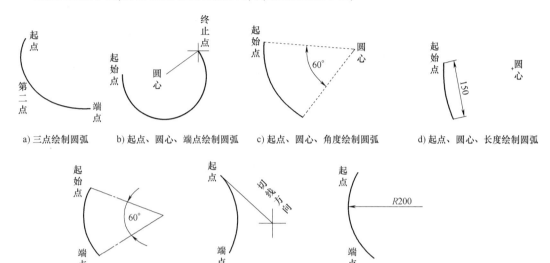

a) 三点绘制圆弧　　b) 起点、圆心、端点绘制圆弧　　c) 起点、圆心、角度绘制圆弧　　d) 起点、圆心、长度绘制圆弧

e) 起点、端点、角度绘制圆弧　　f) 起点、端点、方向绘制圆弧　　g) 起点、端点、半径绘制圆弧

图 2-12　绘制圆弧

2.2.3　绘制圆环和填充圆

功能：绘制指定内外半径的圆环及填充圆。

启动方式：单击"默认"→"绘图"→"圆环"按钮 ，或执行 Command：donut（或 do）命令。

Command：do ↵

指定圆环的内径<默认值>：(输入圆环内径)

指定圆环的外径<默认值>：(输入圆环外径)

指定圆环的中心点或<退出>：(输入圆环的中心位置或直接按<Enter>键结束命令)

注意：

1)若圆环的内径定义为0,则绘出的为填充圆。

2)圆环线是否填充,由 AutoCAD 的系统变量 FILLMODE 控制。若 FILLMODE = 1,绘出的圆环线填充；FILLMODE = 0,绘出的圆环线不填充。使用 fill 命令可控制圆环的填充状态。当变量 FILL 设置为 On 时,圆环以实体填充；当 FILL 设置为 Off 时,圆环不填充,如图 2-13 所示。

3)圆环的内径和外经指的是圆环的直径。

4)使用 donut 命令绘制的圆环属于多段线类型,可以使用 pedit 命令来编辑,也可使用其他命令来编辑,如修剪、复制等。

2.2.4　绘制椭圆和椭圆弧

功能：按要求绘制椭圆和椭圆弧。

启动方式：单击"默认"→"绘图"→"椭圆"按钮 ，或执行 Command：ellipse（或 el）命令。

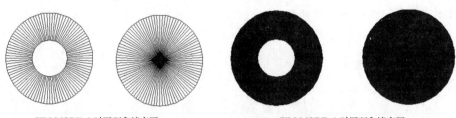

FILLMODE=0 时圆环和填充圆　　　　　　　　　　FILLMODE=1 时圆环和填充圆

图 2-13　绘制圆环和填充圆

操作方法：单击按钮右边的小三角，会弹出图 2-14 所示的三种方法绘制椭圆的菜单，各项的含义如下。

Command:el ↵

指定椭圆的轴端点或[圆弧(A)/中心点(C)]:(输入椭圆某轴上的端点)

1）若输入某轴上端点后，系统继续提示：

指定轴的另一个端点:(输入该轴上另一端点)

指定另一条半轴长度或[旋转(R)]:(输入椭圆另一轴的半长,如图 2-15a 所示)

若输入 R，继续提示：

指定绕长轴旋转的角度:(输入转角值,则 AutoCAD 绘出一个以指定两点之间的距离为直径的圆绕该直径旋转指定角度后的投影的椭圆)

2）若输入 C，即确定椭圆的中心，则系统继续提示：

指定椭圆的中心点:(输入椭圆的中心点)

指定轴的端点:(输入轴的一个端点)

指定另一条半轴长度或[旋转(R)]:(输入椭圆另一轴的半长,如图 2-15b 所示)

3）"圆弧（A）"选项。用于创建一段椭圆弧，如图 2-15c 所示。与"绘制"工具栏中的"椭圆弧"按钮的功能相同。其中第一条轴的角度确定了椭圆弧的角度。第一条轴既可定义椭圆弧长轴也可定义椭圆弧短轴。选择该项，系统继续提示：

指定椭圆弧的轴端点或[中心点(C)]:(指定端点或输入 C)

指定轴的另一个端点:(指定另一端点)

指定另一条半轴长度或[旋转(R)]:(指定另一条半轴长度或输入 R)

指定起点角度或[参数(P)]:

指定端点角度或[参数(P)/夹角(I)]:

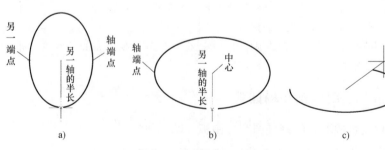

图 2-14　绘制椭圆
　　　　下拉菜单

图 2-15　绘制椭圆和椭圆弧

其中各选项含义如下：

① "角度"选项。指定椭圆弧端点的两种方式之一，光标和椭圆中心点连线与水平线的夹角为椭圆端点位置的角度。

② "参数（P）"选项。指定椭圆弧端点的另一种方式，该方式同样是指定椭圆弧端点的角度，但通过以下矢量参数方程式创建椭圆弧：p（u）= cos（u）+b * sin（u），其中 c 是椭圆的中心点，a 和 b 分别是椭圆的长轴和短轴，u 为光标与椭圆中心点连线的夹角。

③ "包含角度（I）"选项。定义从起始角度开始的包含角度。

2.3 绘制多边形

2.3.1 矩形

功能：绘制指定要求的矩形。

启动方式：单击 "默认"→"绘图"→"矩形" 按钮 ⬚ ▼，或执行 Command：rectangle（或 rec）命令。

Command：rec ↵

指定第一个角点或[倒角（C）/标高（E）/圆角（F）/厚度（T）/宽度（W）]：（输入矩形第一个顶点,则显示指定另一个角点或[面积（A）/尺寸（D）/旋转（R）]）

其中各选项含义如下：

1）"第一个角点"选项。通过指定两个角点确定矩形，如图 2-16a 所示。

2）"倒角（C）"选项。指定倒角距离，绘制带倒角的矩形，如图 2-16b 所示，每一个角点的逆时针和顺时针方向的倒角可以相同，也可以不同，其中第一个倒角距离是指角点逆时针方向倒角距离，第二个倒角距离是指角点顺时针方向倒角距离。

3）"标高（E）"选项。指定矩形标高（z 坐标），即把矩形画在标高为 z 和 xOy 坐标面平行的平面上，并作为后续矩形的标高值。

4）"圆角（F）"选项。指定圆角半径，绘制带圆角的矩形，如图 2-16c 所示。

5）"厚度（T）"选项。指定矩形的厚度，如标高为 20，厚度为 10，在 "视图"→三维视图→东南等轴测得长方体，如图 2-16d 所示。

6）"宽度（W）"选项。指定线宽的矩形，如图 2-16e 所示。

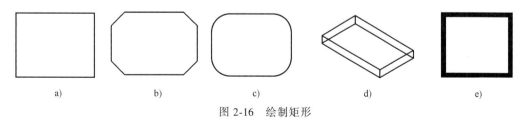

a)　　　　　b)　　　　　c)　　　　　d)　　　　　e)

图 2-16　绘制矩形

7）"面积（A）"选项。指定面积和长或宽创建矩形。选择该项，系统提示：

输入以当前单位计算的矩形面积<默认值>：（输入面积值）

计算矩形标注时依据[长度（L）/宽度（W）]<长度>：

输入矩形宽度<默认值>：（指定长度或宽度）

指定长度或宽度后，系统自动计算另一个维度后绘制出矩形。如果矩形被倒角或圆角，则在长度或宽度计算中会考虑此设置。

8)"尺寸（D）"选项。使用长和宽创建矩形。第二个指定点将矩形定位在与第一角点相关的四个位置之一内。

9)"旋转（R）"选项。旋转所绘制的矩形的角度。选择该项，系统提示：

指定旋转角度或[拾取点(P)]<45>:(指定角度)

指定另一个角点或[面积(A)/尺寸(D)/旋转(R)]:(指定另一个角点或选择其他选项)

指定旋转角度后，系统按指定角度创建矩形。

2.3.2　正多边形

功能：绘制指定要求的正多边形。

启动方式：单击"绘图"→"多边形"按钮 ⬠，或执行 Command：polygon（或 pol）命令。

Command:pol↵

POLYGON 输入侧面数<默认值>:(输入正多边形的边数)

指定正多边形的中心点或[边(E)]:(用鼠标拾取一点作为正多边形的中心点或输入 E)

1）指定正多边形的中心后系统提示：

输入选项[内接于圆(I)/外切于圆(C)]<I>:(选择以正多边形内接圆或外切圆方式绘制正多边形)

① 输入"I"，以正多边形的外接圆圆心到多边形角顶点的距离确定正多边形。系统继续提示：

指定圆的半径:(正多边形外接圆的圆心到正多边形角顶点的距离,AutoCAD 则根据正多边形的外接圆和指定的边数绘制出正多边形)

绘制结果如图 2-17a 左图所示。若绘制过程中<F8>键的功能打开,则绘制结果如图 2-17a 右图所示。

② 输入"C"，以正多边形的内接圆的圆心到正多边形边距确定正多边形。系统继续提示：

指定圆的半径:(正多边形内接圆的圆心到正多边形边距,AutoCAD 则根据正多边形的内接圆和指定的边数绘制正多边形)

绘制结果如图 2-17b 左图所示。若绘制过程中<F8>键功能打开,则绘制结果如图 2-17b 右图所示。

2）输入"E"，根据正多边形的边长确定正多边形。系统继续提示：

指定边的第一个端点:(用鼠标拾取一点作为正多边形的一个端点)

指定边的第二个端点:(用鼠标拾取第二个端点,AutoCAD 则根据正多边形的一边的两个端点及指定的边数绘制正多边形)

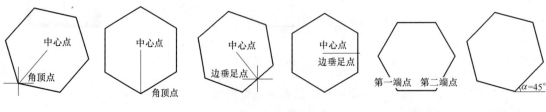

a) 外接圆绘制正多边形　　　　　　b) 内接圆绘制正多边形　　　　　　c) 边长绘制正多边形α=45°

图 2-17　绘制正多边形

在拾取第二个端点时,若<F8>键的功能打开,则绘制结果如图 2-17c 左图所示。在拾取第二个端点时,若<F8>键的功能关闭,第二个端点以极坐标的方式输入,如@ 100<45,则绘制指定长度,指定倾斜角度的正多边形,绘制结果如图 2-17c 右图所示。

2.4 常用工程图形绘制

2.4.1 直线类图形绘制实例

在环境工程专业工程设计中,一些直行道路、多数建筑物轮廓及给水排水管线的绘制常常用到直线类的绘制命令。

管道有单线、双线和三线三种绘制方法。单线法就是以单粗线表示管道;双线法是用两根粗线表示管道,不画管道的中心线;三线法管道是除用双线表示管道外,要在双线的中心画出管道的中心线。单线管一般在系统图中使用,双线管一般水在管道纵剖面图中使用,三线管一般在各种给水排水工艺详图中使用。在建筑给水排水系统图中,以单线表示管道,当同时绘制给水排水管道时,用单实线表示给水管,单虚线表示排水管。

绘制图 2-18 所示的某给水管道系统所用命令有 layer、line、pline、wblock、donut、cir-

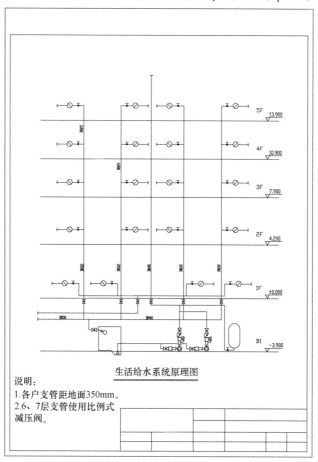

图 2-18 某室内给水系统图 (部分)

cle、text、copy、mirror、offset 等，由于给水排水管道系统图主要表达管道的数量、连接关系等，故绘制时可不必按照比例。图 2-18 的具体绘制步骤如下：

1. 设置图层、颜色、线型

启动方式：单击下拉菜单栏中"格式"→"图层特性"按钮 ，或执行 Command：layer 或 la 命令。

在弹出的"图层特性管理器"中，单击"新建图层"按钮 ，创建新图层，新创建的图层显示在大文本框中。新建的图层自动命名为"图层 1"，可以输入需要的字符来代替它，新建图层可分别命名为"1 层低压管道""2-5 层低压管道""标高""标注""加压管道""楼层""文字""文字 1"和"组合设施"等；新建图层默认颜色为白色，单击默认颜色可以重新设定颜色；默认线型为实线（Continuous），单击默认线型可以改变线型；单击默认线宽可以选择线宽。具体的图层、颜色、线型设置如图 2-19 所示。

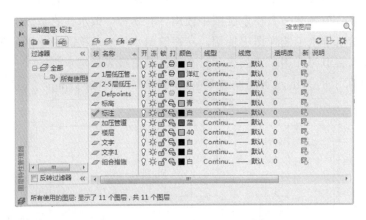

图 2-19　图层、颜色、线型的设置

2. 绘制楼层线

设置"楼层"图层为当前层，颜色、线型随层。

Command：l ↵
指定第一点：任意拾取一点 ↵
指定下一点或［放弃（U）］：23000（<F8>键功能打开，光标水平向右放置）↵
指定下一点或［退出（E）/放弃（U）］：↵
地下一层的楼层线绘制完成。

图 2-20　地下室 1~5 楼楼层线

Command：o ↵
当前设置：删除源＝否　图层＝源　OFFSETGAPTYPE＝0
指定偏移距离或［通过（T）/删除（E）/图层（L）］<通过>：3900
选择要偏移的对象，或［退出（E）/放弃（U）］<退出>：（选取刚才绘制的楼层线）
指定要偏移的那一侧上的点，或［退出（E）/多个（M）/放弃（U）］<退出>：（楼层线上方拾取一点）
选择要偏移的对象，或［退出（E）/放弃（U）］<退出>：↵

同理，反复执行偏移命令，偏移距离分别输入 4200、3700、3000、3000，偏移的对象均为前一步所绘直线，并向上方偏移，则完成地下室及 1~5 楼的楼层线的绘制，如图 2-20 所示。

3. 地下室及1~5楼地面标高标注

设置"标注"图层为当前层，颜色、线型随层。

Command:pol ↵

POLYGON 输入侧面数<4>:3 ↵

指定正多边形的中心点或[边(E)]:(在地下室线上方取一点)

输入选项[内接于圆(I)/外切于圆(C)]<I>:↵

指定圆的半径:(垂足捕捉到地下室线上)

Command:l ↵

指定第一点:(拾取正三角形的右侧顶点)

指定下一点或[退出(E)/放弃(U)]:1500 ↵(<F8>键功能能打开,光标水平向右放置绘制的标高符号如图2-21a所示)

设置"文字"图层为当前层，颜色、线型随层。

Command:mt ↵

MTEXT 当前文字样式:"Standard" 文字高度: 2.5 注释性: 否

指定第一角点:(在标高符号的上方拾取一点)

指定对角点或[高度(H)/对正(J)/行距(L)/旋转(R)/样式(S)/宽度(W)/栏(C)]:(在标高符号的上方拾取另一点)

在文字编辑器中输入-3.900,并设置其高度为650,确定即如图2-21b所示。

Command:co ↵

选择对象:(选择所绘的楼层线)

选择对象:(地下室线上的标高符号和数字)

当前设置:(复制模式=多个)

指定基点或[位移(D)/模式(O)]<位移>:<打开对象捕捉>(选择正三角的下面顶点)

指定第二个点或[阵列(A)]<使用第一个点作为位移>:(垂直向上选择1楼地面线上的点)

指定第二个点或[阵列(A)/退出(E)/放弃(U)]<退出>:(以此类推,垂直向上选择2~5楼地面上的点)

复制后，双击数据，分别修改为±0.000、4.200、7.900、10.900、13.900，如图2-21c所示。

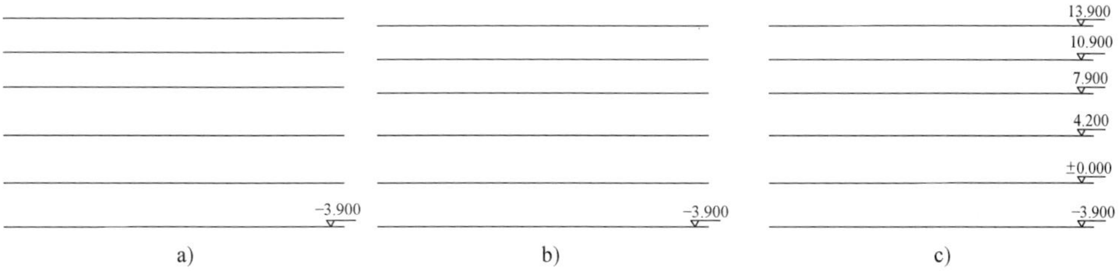

图 2-21 地下室及1~5楼地面标高标注

4. 管道线路、阀门、水表

给水管道从地下一层开始敷设，主要有3路，第一路是供6层以上用水的加压管道，这一路管道上还安装着水箱、水泵、气压罐等设施；第二路是供大楼一楼的商业用水的低压管道；第三路是供2~5层的生活用水的低压管道。三路管道的画法相同，以不同的颜色区别。

（1）绘制加压管道系统 设置"加压管道"图层为当前层，颜色、线型随层。

1）绘制加压管。

Command:l↵

指定第一个点:(启动临时对象追踪点功能,并设为5层楼层线的中点为临时对象追踪点)

指定下一点或[放弃(U)]:<正交 开>(垂直向上输入3500)

指定下一点或[退出(E)/放弃(U)]:(垂直向下输入18000)

指定下一点或[关闭(C)/退出(X)/放弃(U)]:(水平向右输入10000)

指定下一点或[关闭(C)/退出(X)/放弃(U)]:(垂直向下输入3000)

指定下一点或[关闭(C)/退出(X)/放弃(U)]:(水平向右输入800)

指定下一点或[关闭(C)/退出(X)/放弃(U)]:(垂直向上输入150)

指定下一点或[闭合(C)/放弃(U)]:↵(绘制结果如图2-22所示)

2）绘制生活给水变频水泵组。设置"组合设施"图层为当前层，颜色、线型随层。水泵出口的管件有闸阀、消声止回阀、活接头、带压力表的同心异径管，如图2-23所示。

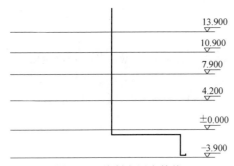

图2-22 绘制主压力管线

图2-23 水泵出口管件

① 绘制闸阀。

Command:rec↵

指定第一个角点或[倒角(C)/标高(E)/圆角(F)/厚度(T)/宽度(W)]:(图中空白处任意选取一点)

指定另一个角点或[面积(A)/尺寸(D)/旋转(R)]:@200,-400

Command:l↵

指定第一点:(上述矩形的某一个顶点)

指定下一点或[放弃(U)]:(矩形的对顶点)

指定下一点或[退出(E)/放弃(U)]:↵

同理，分别绘制另外矩形顶点的连线和矩形宽度线中点的连线。

Command:tr↵

当前设置:投影=UCS,边=延伸

选择剪切边...

选择对象或<全部选择>:↵

选择要修剪的对象,或按住<Shift>键选择要延伸的对象,或[栏选(F)/窗交(C)/投影(P)/边(E)/删除(R)]:(分别选择矩形的宽度线),(绘制的闸阀如图2-24a所示)

② 绘制消声止回阀、活接头、出口异径管。

Command:co↵

选择对象:(闸阀的底部直线)

选择对象:↵

当前设置:(复制模式=多个)

指定基点或[位移(D)/模式(O)]<位移>:(底部直线的左端点)

指定第二个点或[阵列(A)]<使用第一个点作为位移>:<正交 开>(垂直向下输入300,即消声止回阀底线)

指定第二个点或[阵列(A)/退出(E)/放弃(U)]<退出>:(垂直向下输入500,即出口异径管顶线)

指定第二个点或[阵列(A)/退出(E)/放弃(U)]<退出>:(垂直向下输入800,即出口异径管底线)

指定第二个点或[阵列(A)/退出(E)/放弃(U)]<退出>:↵

Command:l↵(连接闸阀底线和消声止回阀底线的两平行线的对顶端点)

Command:c↵(在消声止回阀连接线中点偏上位置绘制半径为50的圆)

Command:pl↵(绘制消声止回阀左侧箭头)

Command:c↵

指定圆的圆心或[三点(3P)/两点(2P)/切点、切点、半径(T)]:2P

指定圆直径的第一个端点:(消声止回阀底线中点)

指定圆直径的第二个端点:(出口异径管顶线中点)

Command:l↵,绘制出口异径管的右侧斜线

Command:mi↵,绘制出口异径管的左侧斜线,绘制结果如图2-24b所示)

③ 绘制出口异径管上的压力表图样

Command:l↵

指定第一个点:(出口异径管的右侧斜线中点)

指定下一点或[放弃(U)]:(水平向右输入200)

指定下一点或[退出(E)/放弃(U)]:(垂直向上输入300)

Command:↵(绘制右侧两条直线)

Command:c↵

指定圆的圆心或[三点(3P)/两点(2P)/切点、切点、半径(T)]:2P

指定圆直径的第一个端点:(垂直向上300直线的上端点)

指定圆直径的第二个端点:(垂直向上150)↵

Command:↵(绘制压力表下方的半径为20的圆)

Command:pl↵(绘制压力表里面的箭头,绘制结果如图2-24c所示)

④ 绘制水泵。

Command:l↵(在出口异径管底线中点向下绘制长为60的直线)

Command:c↵

指定圆的圆心或[三点(3P)/两点(2P)/切点、切点、半径(T)]:2P

指定圆直径的第一个端点:(长为60直线的下端点)

指定圆直径的第二个端点:300↵

Command:pol↵

输入侧面数<4>:3↵

指定正多边形的中心点或[边(E)]:(直径为300的圆的圆心)

输入选项[内接于圆(I)/外切于圆(C)]<I>:↵

指定圆的半径:(选择直径为300的圆的上方象限点,绘制结果如图2-24d所示)

⑤ 绘制进水水泵。进水水泵画法同出口管件的画法类似。只是将同心异径管改为平顶异径管,另无止回阀,绘制结果如图2-24e所示。

生活给水变频水泵组示意图如图2-25所示。将其复制和移动到地下一层楼层线上方合适位置放置。

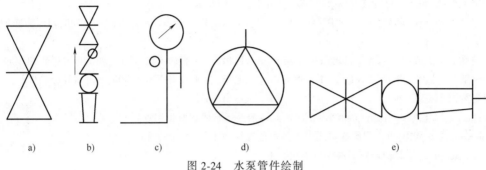

图 2-24 水泵管件绘制

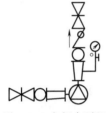

图 2-25 变频水泵组

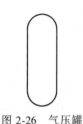

图 2-26 气压罐

3）绘制气压罐。

Command:rec ↵

指定第一个角点或[倒角（C）/标高（E）/圆角（F）/厚度（T）/宽度（W）]:（图中空白处任意选取一点）

指定另一个角点或[面积（A）/尺寸（D）/旋转（R）]:@ 800,1600

Command:a ↵

指定圆弧的起点或[圆心（C）]:（矩形右上顶点）

指定圆弧的第二个点或[圆心（C）/端点（E）]:c ↵

指定圆弧的圆心:（矩形上宽度线的中点）

指定圆弧的端点（按住<Ctrl>键以切换方向）或[角度（A）/弦长（L）]:（矩形左上顶点,即绘制完上半弧线）

同理，绘制下半弧线。再利用剪切命令修剪矩形的上、下两条长度线，绘制结果如图 2-26 所示。

4）绘制截止阀

Command:do ↵

指定圆环的内径<0.0000>:

指定圆环的外径<50.0000>:200

指定圆环的中心点或<退出>:（在气压罐水平加压管上选择一点）

指定圆环的中心点或<退出>:↵

Command:pl ↵

指定起点:（圆环的中心）

当前线宽为 0.0000

指定下一个点或[圆弧（A）/半宽（H）/长度（L）/放弃（U）/宽度（W）]:w

指定起点宽度<0.0000>:20 ↵

指定端点宽度<20.0000>:20 ↵

指定下一个点或[圆弧（A）/半宽（H）/长度（L）/放弃（U）/宽度（W）]:（垂直向上输入 300）↵

指定下一点或[圆弧（A）/闭合（C）/半宽（H）/长度（L）/放弃（U）/宽度（W）]:↵

Command:↵

指定起点:(启动临时追踪点功能,并选为 pl 线的上端点,水平向右输入 150)

当前线宽为 20.0000

指定下一个点或[圆弧(A)/半宽(H)/长度(L)/放弃(U)/宽度(W)]:(水平向左输入 300)↵

指定下一点或[圆弧(A)/闭合(C)/半宽(H)/长度(L)/放弃(U)/宽度(W)]:↵(绘制结果如图 2-27 所示)

5)绘制截断线。

Command:spl↵

当前设置:方式=拟合   节点=弦

指定第一个点或[方式(M)/节点(K)/对象(O)]:(在图上适合位置指定一点)↵

输入下一个点或[起点切向(T)/公差(L)]:(在起点下方适合位置指定一点)↵

输入下一个点或[端点相切(T)/公差(L)/放弃(U)]:(在第二点上方适合位置指定一点)↵

输入下一个点或[端点相切(T)/公差(L)/放弃(U)/闭合(C)]:(在第三点下方适合位置指定一点)↵

输入下一个点或[端点相切(T)/公差(L)/放弃(U)/闭合(C)]:↵(绘制结果如图 2-28 所示)

图 2-27   截止阀

图 2-28   截断线

6)其他加压管线绘制。进水管用一根带阀门的水管同水箱连接,水管在出口设有浮球阀,如图 2-29 所示。压力管道的颜色可设置为蓝色。压力管道的起点就是水箱的吸水斗中的喇叭口,喇叭口用正三角形绘制,然后用 line 命令绘制其余部分。两个水泵组是并联的,水泵的进出口管件和水泵在前面都绘制过了,现在就是把它们排列在一起,必要时可适当调整它们的位置和大小,正确的连接形式如图 2-29 所示。气压罐通过带截止阀的管道与水泵组的出水管连在一起。不同的管道在图上有交叉时,一般在交叉处把一个管道打断,另一管道保持连续,表示交叉处管道互不连接,如图 2-29 所示。加压管线系统绘制结果如图 2-30 所示。

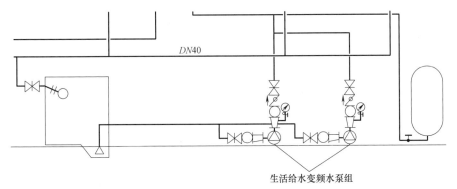

图 2-29   底部加压管线的绘制

（2）绘制生活用水低压管线

Command:o↵

当前设置:删除源=否   图层=源   OFFSETGAPTYPE=0

指定偏移距离或[通过(T)/删除(E)/图层(L)]<通过>:3000

选择要偏移的对象,或[退出(E)/放弃(U)]<退出>:(选择 1~5 层高压立管)

指定要偏移的那一侧上的点,或[退出(E)/多个(M)/放弃(U)]<退出>:(高压立管右侧)

选择要偏移的对象,或[退出(E)/放弃(U)]<退出>:↵

设置"低压管线1"图层为当前层,颜色、线型随层。并将上步绘制的低压管线调至该层。

Command:l↵

指定第一点:(启动临时追踪点功能,并选低压管线与楼层线最上面的交点)

指定下一点或[放弃(U)]:(水平向左输入2500)

指定下一点或[退出(E)/放弃(U)]:↵

Command:co↵(复制上述绘制的截止阀至2500直线上,操作过程略)

Command:spl↵(在2500直线上左端点绘制截断线,操作过程略)

Command:c↵(绘制圆心在2500直线上半径为250的圆,操作过程略)

Command:pl↵(绘制圆内的箭头,启动极轴追踪,设置极轴角为45°,操作过程略)

Command:do↵(绘制中心点在直线上的截止阀,操作过程略)

Command:tr↵(剪切多余的线条,操作过程,绘制结果如图2-31所示)

Command:co↵

选择对象:(图2-31)

选择对象:↵

当前设置:(复制模式=多个)

指定基点或[位移(D)/模式(O)]<位移>:(上述横支管右端点)

指定第二个点或[阵列(A)]<使用第一个点作为位移>:3600↵

指定第二个点或[阵列(A)/退出(E)/放弃(U)]<退出>:7200↵

指定第二个点或[阵列(A)/退出(E)/放弃(U)]<退出>:11700↵

指定第二个点或[阵列(A)/退出(E)/放弃(U)]<退出>:3600↵

指定第二个点或[阵列(A)/退出(E)/放弃(U)]<退出>:↵(绘制结果如图2-32所示)

Command:mi↵

选择对象:(选择已绘制的单根低压管线)

指定镜像线的第一点:(加压管线与5层楼层线交点)

指定镜像线的第二点:(加压管线与4层楼层线交点)

要删除源对象吗?[是(Y)/否(N)]<N>:↵(绘制结果如图2-33所示)

同理,利用镜像命令选择不同的低压管线生成所有低压管线,绘制结果如图2-34所示。

(3)绘制其他加压管线

Command:co↵,复制已绘制好的带有截止阀与水表的有截断线的横支管至1层楼层线的位置,如图2-35所示。

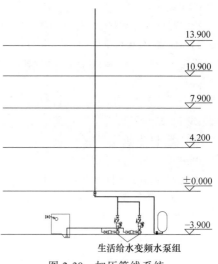

图2-30　加压管线系统

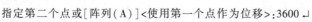

图2-31　绘制好的带有截止阀与水表的有截断线的横支管

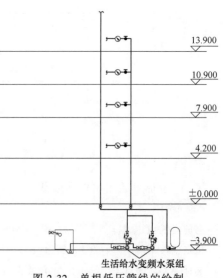

图2-32　单根低压管线的绘制

Command:l↵,绘制其他连接的加压管线,如图2-35所示。

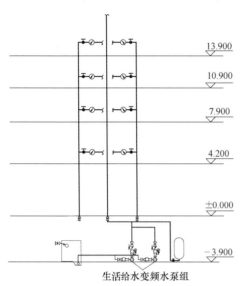

图2-33　镜像命令生成另一根低压管线

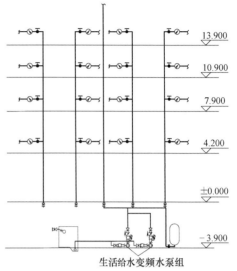

图2-34　镜像命令绘制低压管线立管

（4）注写文字

Command:co↵(复制标高文字-3.900到左侧位置,并将其修改为B1,操作过程略,绘制结果如图2-36所示)

Command:co↵(按照楼层线的间距复制B1至各层的位置,并修改文字的内容分别为"1F""2F""3F""4F""5F",操作过程略,绘制结果如图2-37所示)

Command:mt↵(注写图中文字,并辅助旋转和移动命令将其放置在特定位置,操作过程略)

Command:pl↵(绘制标题栏,具体绘制方法见1.2节,操作过程略)

2.4.2　圆、圆弧类图形绘制实例

管道断面、圆形建筑物轮廓、圆弧形物体的轮廓线的绘制都需用到圆弧类的绘制命令。

图2-38所示为某污水厂工艺系统图的一部分。图中沉淀池的圆形外轮廓,圆

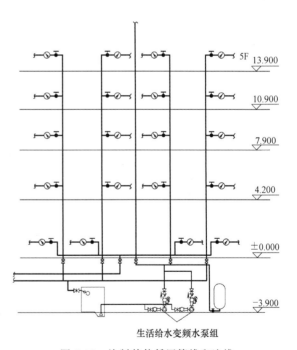

图2-35　绘制其他低压管线和连线

形排水槽,配水槽,氧化沟的圆弧形池端部都是圆弧类图线。本例主要介绍氧化沟与沉淀池的平面轮廓的绘制。

绘制图2-38用到的命令有layer、pline、circle、line、wblock、copy、offset、array、text等。该工程图绘制步骤介绍如下:

（1）设置图层、颜色、线型　创建新图层,可分别命名为"建筑物""管道""标注"

"文本""标题栏"等；颜色也分别设定；线型都为默认线型如（Continuous），如图 2-39 所示。污水厂工艺系统图中有构筑物轮廓线，也有各种管道线，图层较多，这里主要介绍和圆形轮廓绘制有关的命令与画法。

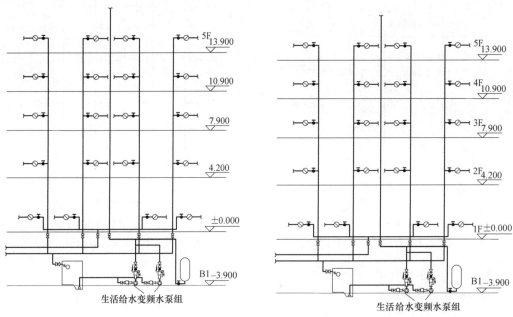

图 2-36 绘制地下楼层线文字标识   图 2-37 绘制其他楼层线文字标识

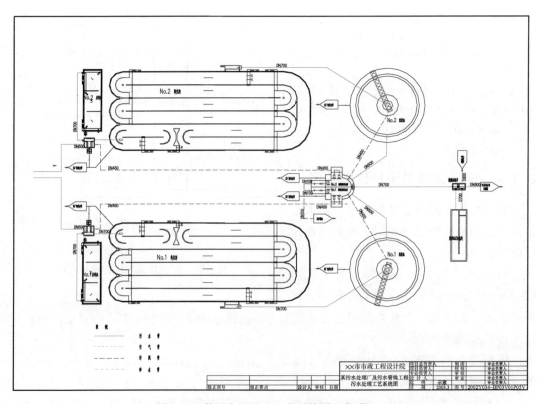

图 2-38 某污水厂处理工艺系统图（部分）

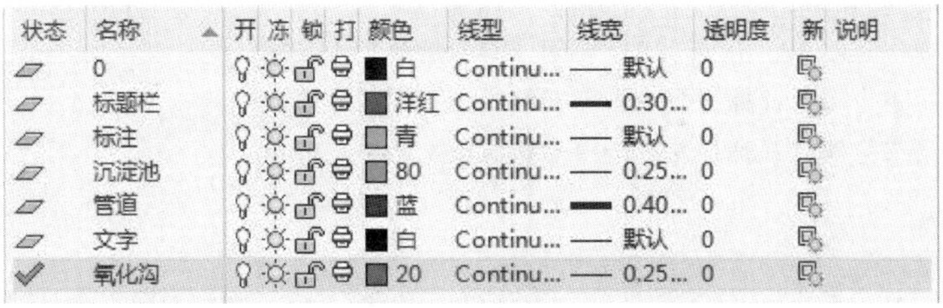

图 2-39 污水厂工艺系统图图层设置

（2）绘制氧化沟

1）绘制氧化沟池体轮廓。打开"建筑物轮廓"图层，颜色、线型随层。每个氧化沟共有 6 个通道、7 堵墙。可先绘制中部的直线墙体，再绘制两端圆弧形边墙。

Command:l ↵

指定第一点:(任意拾取一点)

指定下一点或[放弃(U)]:(<F8>键功能打开,水平向右输入 157)↵

指定下一点或[退出(E)/放弃(U)]:↵

Command:o ↵

当前设置:删除源=否 图层=源 OFFSETGAPTYPE=0

指定偏移距离或[通过(T)/删除(E)/图层(L)]<通过>: 0.5

选择要偏移的对象,或[退出(E)/放弃(U)]<退出>:(选择刚才绘制好的直线)

指定要偏移的那一侧上的点,或[退出(E)/多个(M)/放弃(U)]<退出>:(在绘好的直线下侧单击一下)

选择要偏移的对象,或[退出(E)/放弃(U)]<退出>:↵(绘制结果如图 2-40 所示)

图 2-40 双线形式的墙体轮廓

Command:ar ↵(设置以下内容,如图 2-41 所示。选择绘制好的双线墙体轮廓,单击"确定"按钮,阵列出 7 堵墙体线,如图 2-42 所示)

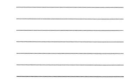

图 2-41 "阵列"对话框设置

图 2-42 阵列命令绘制的墙体直线

画好直线墙体后，继续绘制圆弧墙体。

Command:c ↵

指定圆的圆心或[三点(3P)/两点(2P)/相切、相切、半径(T)]:2p ↵

指定圆直径的第一个端点:(捕捉并单击第一组线段下线的左端点)

指定圆直径的第二个端点:(捕捉并单击第三组线段上线的左端点)

Command:c ↵

指定圆的圆心或[三点(3P)/两点(2P)/相切、相切、半径(T)]:2p ↵

指定圆直径的第一个端点:(捕捉并单击第三组线段下线的左端点)

指定圆直径的第二个端点:(捕捉并单击第五组线段上线的左端点)

Command:c ↵

指定圆的圆心或[三点(3P)/两点(2P)/相切、相切、半径(T)]:2p ↵

指定圆直径的第一个端点:(捕捉并单击第五组线段下线的左端点)

指定圆直径的第二个端点:(捕捉并单击第七组线段上线的左端点)

绘制辅助线。

Command:xl ↵

指定点或[水平(H)/垂直(V)/角度(A)/二等分(B)/偏移(O)]:(捕捉并单击任一线段的左端点)

指定通过点:(捕捉并单击另一线段的左端点)↵

指定通过点:↵(绘制结果如图2-43所示)

下面利用辅助线,用修剪命令修改刚才绘制的圆。

Command:tr ↵

当前设置:投影=UCS,边=延伸

选择剪切边...

选择对象或<全部选择>:(用鼠标单击刚才绘制的辅助线)↵;

选择对象:(单击圆位于辅助线右边的部分)

选择对象:(单击第二个圆位于辅助线右边的部分)

选择对象:(单击第三个圆位于辅助线右边的部分)↵

选择要修剪的对象或按住<Shift>键选择要延伸的对象,或者[栏选(F)/窗交(C)/投影(P)/边(E)/删除(R)]:↵(绘制结果如图2-44所示)

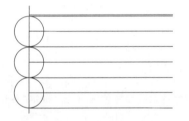

图2-43　氧化沟绘制（一）

图2-44　氧化沟绘制（二）

半圆弧绘制好后,使用偏移命令绘制通道内的圆弧形倒流墙。

Command:o ↵

当前设置:删除源=否　图层=源　OFFSETGAPTYPE=0

指定偏移距离或[通过(T)/删除(E)/图层(L)]<0.5000>:7 ↵

选择要偏移的对象,或[退出(E)/放弃(U)]<退出>:(半圆弧)

指定要偏移的那一侧上的点,或[退出(E)/多个(M)/放弃(U)]<退出>:(在圆弧右侧单击一下)

继续选择另外两个半圆,重复进行相似偏移。完成后按<Entert>键,确认,退出命令。

接着继续使用偏移命令,把圆弧做成双线形式。

Command:o ↵

当前设置:删除源=否　图层=源　OFFSETGAPTYPE=0

指定偏移距离或[通过(T)/删除(E)/图层(L)]<7.000>:0.5 ↵

选择要偏移的对象,或[退出(E)/放弃(U)]<退出>:(选择大半圆弧)↵

指定要偏移的那一侧上的点,或[退出(E)/多个(M)/放弃(U)]<退出>:(在大圆弧左侧单击一下)

继续选择另外两个大半圆弧,进行相似偏移;继续选择小半圆弧,在各小圆弧右侧单击,使其向右偏移;执行tr命令,修剪至如图2-45所示。同理,绘制右端弧形墙体和导流墙。绘制两个半圆右侧作一段直线导流墙体。至此完成图形如图2-46所示。

图2-45 双线导流墙

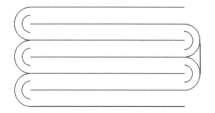

图2-46 氧化沟绘制（三）

再制作右侧最外层墙体，它由两个四分之一圆与一段直线段组成。

Command:a ↵

指定圆弧的起点或[圆心（C）]:c ↵

指定圆弧的圆心:（捕捉二、四组导流墙圆弧的圆心）

指定圆弧的起点:（捕捉第一组线段上线的右端点）

指定圆弧的端点（按住<Ctrl>键以切换方向）或[角度（A）/弦长（L）]:a ↵

指定夹角（按住<Ctrl>键以切换方向）:-90 ↵

Command:a ↵

指定圆弧的起点或[圆心（C）]:c ↵

指定圆弧的圆心:（捕捉四、六组导流墙圆弧的圆心）

指定圆弧的起点:（捕捉第七组线段下线的右端点）

指定圆弧的端点（按住<Ctrl>键以切换方向）或[角度（A）/弦长（L）]:a ↵

指定夹角（按住<Ctrl>键以切换方向）:90 ↵

Command:l ↵（连接两圆弧的末端点，操作过程略）

Command:o ↵（对刚做好的两个圆弧和一个切线段分别使用偏移命令，偏移量设为0.5，做成双层墙体。编辑修改池内导流墙，操作过程略。绘制结果如图2-47所示）

2）绘制氧化沟的专用设备，主要是水力推进器。打开"设备"图层，颜色、线型随层。绘制推进器叶轮。

图2-47 氧化沟绘制（四）

Command:el ↵

指定椭圆的轴端点或[圆弧（A）/中心点（C）]:（在屏幕上指定一点）

指定轴的另一个端点:（<F8>功能键打开，水平向右输入0.5）↵

指定另一条半轴长度或[旋转（R）]:（垂直向上输入2.5）↵

Command:pl ↵

指定起点:（选取椭圆下方向圆周上一点）

当前线宽为0.0000

指定下一个点或[圆弧（A）/半宽（H）/长度（L）/放弃（U）/宽度（W）]:（水平向右输入6）↵

指定下一个点或[圆弧（A）/闭合（C）/半宽（H）/长度（L）/放弃（U）/宽度（W）]:↵

Command:mi ↵

选择对象:（选取椭圆）

选择对象:↵

指定镜像线的第一点:(所绘 pl 线的左端点)

指定镜像线的第二点:(所绘 pl 线的右端点)

要删除源对象吗？[是(Y)/否(N)]<N>:↵(绘制结果如图 2-48 所示)

复制叶轮并将其布置在第一通道和第六通道，方向刚好相反。

3）绘制水流方向。打开"标注"图层，颜色、线型随层。利用 pl 命令在氧化沟中适当位置绘制箭头，箭头指示水流方向。也可参照上例，利用标注工具栏的"快速引线"命令制作箭头。注意一、三、五通道的箭头是水平向右方向，二、四、六通道的箭头是水平向左方向，如图 2-49 所示。

图 2-48 绘好的推进器图样

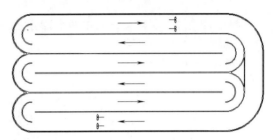

图 2-49 加入箭头表示水流方向

（3）绘制沉淀池 打开"沉淀池"图层，颜色、线型随层。沉淀池比较简单，用圆命令先画出外形轮廓线。

Command:c↵

指定圆的圆心或[三点(3P)/两点(2P)/相切、相切、半径(T)]:(在氧化沟右侧拾取一点)

指定圆的半径或[直径(D)]<5.5000>:40↵

再用偏移按钮 ⬡ ，画出另外的同心圆，作为沉淀池的排水槽、配水槽等。

Command:o↵

指定偏移距离或[通过(T)/删除(E)/图层(L)]<0.5000>:6↵

选择要偏移的对象，或[退出(E)/放弃(U)]<退出>:(选刚绘制好的圆)↵

指定要偏移的那一侧上的点，或[退出(E)/多个(M)/放弃(U)]<退出>:(在圆内侧单击一下)

Command:o↵

指定偏移距离或[通过(T)/删除(E)/图层(L)]<6.0000>:2.5↵

选择要偏移的对象，或[退出(E)/放弃(U)]<退出>:(选刚绘制好的圆)↵

指定要偏移的那一侧上的点，或[退出(E)/多个(M)/放弃(U)]<退出>:(在圆内侧单击一下)

Command:o↵

指定偏移距离或[通过(T)/删除(E)/图层(L)]<2.5000>:20↵

选择要偏移的对象，或[退出(E)/放弃(U)]<退出>:(选刚绘制好的圆)↵

指定要偏移的那一侧上的点，或[退出(E)/多个(M)/放弃(U)]<退出>:(在圆内侧单击一下)

Command:o↵

指定偏移距离或[通过(T)/删除(E)/图层(L)]<20.0000>:6↵

选择要偏移的对象，或[退出(E)/放弃(U)]<退出>:(选刚绘制好的圆)↵

指定要偏移的那一侧上的点，或[退出(E)/多个(M)/放弃(U)]<退出>:(在圆内侧单击一下,绘制结果如图 2-50 所示)

接下来绘制沉淀池排泥机。打开"设备"图层，颜色、线型随层。

Command:rec↵(绘制排泥机轮廓线,操作过程略,绘制结果如图 2-51 所示)

Command:l↵（绘制两条斜线,操作过程略,绘制结果如图 2-52 所示）

Command:ar↵（阵列两条斜线,阵列设置参数,操作过程略,绘制结果如图 2-53 所示）

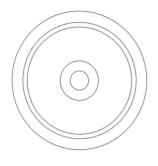

图 2-50　绘二沉池

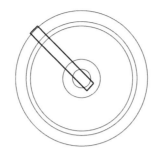

图 2-51　绘排泥机一

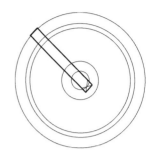

图 2-52　绘排泥机二

（4）绘制图框、标题栏　打开"标题栏"图层,颜色、线型随层。绘制细框线命令,即图纸边界线,使用 Command：rec 命令。绘制粗边框线,即图框线,使用 Command：rec 命令。绘制标题栏的粗边框,使用 Command：pl 命令。绘制标题栏内细线,使用 Command：l 命令。绘制结果如图 2-54 所示。

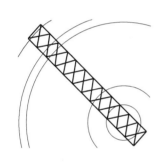

图 2-53　排泥机图样

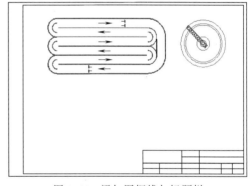

图 2-54　添加图框线与标题栏

（5）文字标注　打开"文字"图层,颜色、线型随层。

功能区：单击"注释"→"文字"按钮 ↘ ,打开"文字样式"对话框,设置文字字体及字的横宽因子等参数。

功能区：单击"文字"→"多行文字"按钮 **A** 。

Command:dt↵

用以上两者之一发出命令,依次输入所需标准文字。

（6）绘制第二组氧化沟与沉淀池　经过以上方法绘制好一组氧化沟与沉淀池后,采用镜像命令,生成第二组的氧化沟与沉淀池,方法如下：

Command:mi↵

选择对象:（用鼠标从左上向右下拉出一个矩形区域,选定氧化沟与沉淀池）↵

指定镜像线的第一点:（捕捉并单击氧化沟与沉淀池下方空白处一点）↵

指定镜像线的第二点:（水平向右输入 6）↵

要删除源对象吗？［是（Y）/否（N）］<N>:↵

上述过程的绘制结果如图2-55所示。

2.4.3 多边形类实例

1. 绘制六边形螺母

Command:pol↵

输入侧面数<5>:6↵

指定正多边形的中心点或[边(E)]:(在窗口中

单击一点)↵

输入选项[内接于圆(I)/外切于圆(C)]<I>:↵

指定圆的半径:100↵

Command:c↵

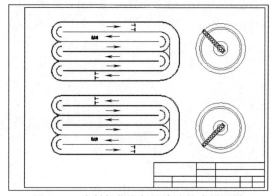

图2-55 绘制氧化沟与沉淀池的成果图样

指定圆的圆心或[三点(3P)/两点(2P)/相切、

相切、半径(T)]:(捕捉正六边形的中心点)↵

指定圆的半径或[直径(D)]<100.0000>:45↵(绘制结果如图2-56所示)

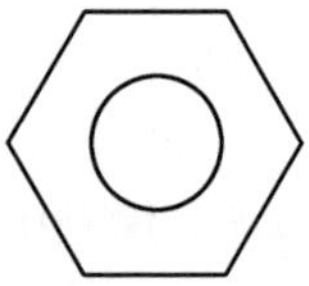

2. 绘制五角星

Command:pol↵

输入边的数目<6>:5↵

指定正多边形的中心点或[边(E)]:e↵

指定边的第一个端点:(任意指定一点)

指定边的第二个端点:(<F8>键功能打开,水平向右输入100)

Command:1↵(依次连接正五边形各顶点,绘制结果如图2-57所示)

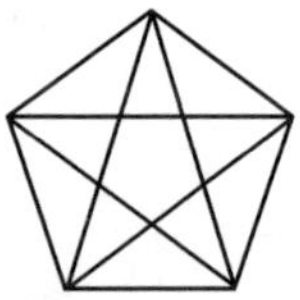

图2-56 六边形螺母

3. 绘制三角形内接三瓣花

Command:c↵

指定圆的圆心或[三点(3P)/两点(2P)/切点、切点、半径(T)]:(任意指定一点)↵

Command:pol↵

输入侧面数<3>:↵

指定正多边形的中心点或[边(E)]:(捕捉圆的圆心)↵

输入选项[内接于圆(I)/外切于圆(C)]<I>:↵

指定圆的半径:(捕捉圆上一点)↵

Command:c↵

指定圆的圆心或[三点(3P)/两点(2P)/切点、切点、半径(T)]:3p↵

指定圆上的第一个点:(捕捉三角形一点)↵

指定圆上的第二个点:(捕捉上一点相邻点)↵

指定圆上的第三个点:(捕捉圆心)↵

图2-57 五角星

同理,按上述步骤再画两个圆。删除正三角形外接圆,

结果如图2-58a所示。使用tr命令,修剪至如图2-58b所示。

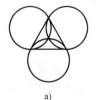

a)   b)

图2-58 三角形内接三瓣花

第 3 章

编辑二维图形对象

3.1 对象选择方法

3.1.1 对象选择方法介绍

在 AutoCAD 中，选择对象的方法很多，如单击选择、窗口选择、循环选择、栏选择、从选择集中添加或清除对象等。

当在命令行提示选择对象时，如果输入"？"，则显示如下提示语句：

需要点或窗口（W）/上一个（L）/窗交（C）/框（Box）/全部（All）/栏选（F）/圈围（WP）/圈交（CP）/编组（G）/添加（A）/删除（R）/多个（M）/前一个（P）/放弃（U）/自动（AU）/单个（SI）/子对象（SU）/对象（O）

选择对象：

按上面的提示语句，输入其中的大写字母，可得到指定的对象选择模式。提示语句中各项的含义如下：

1）"需要点"选项。该项为语句的默认选项，此时光标为方框，称为拾取框。在选择某一对象时，可用拾取框压住对象，左击即可，还可用相同方法逐个选择其他对象，该种方法常称为单击选择。此法方便直观，但精度不高，尤其在对象排列比较密集的地方选取对象时，常会选错或多选对象。同时该法每次左击只能选取一个对象，在选择大量对象时，非常麻烦。

2）"窗口（W）"选项。该项也是语句的默认选项。这种方法是通过绘制一个矩形区域来选择对象，并规定完全包括在矩形窗口内的对象才被选中，不在该矩形窗口内或只有部分在矩形窗口内的对象则不被选中，如图 3-1 所示。

3）"上一个（L）"选项。选择最后创建的可见对象，不管使用多少次"上一个（L）"选项，都只有一个对象被选中。

4）"窗交（C）"选项。该方法与窗口选择对象的方法类似。在使用该方法时，只有与选取窗口相交或完全位于选取窗口内的对象才被选中，此时的选取窗口称窗交。使用窗交时，矩形窗口以虚线显示以区别于"窗口（W）"选择方法，如图 3-2 所示。

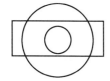 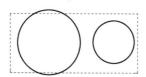 

图 3-1　使用"窗口"方式选择对象　　　　图 3-2　使用"窗交"方式选择对象

5）"框（Box）"选项。该法是由"窗口"和"窗交"组合的一个单独选项。当从左到右设置拾取框的两角点时，则执行"窗口"选项；当从右到左设置拾取框的两角点时，则执行"窗交"选项。

6）"全部（All）"选项。选取图形中没有被锁定、关闭、冻结层上的所有对象。

7）"栏选（F）"选项。通过绘制一条开放的多点栅栏来选择，其中所有与栅栏线接触的对象均被选中。"栏选"方法定义的直线可以自身相交，如图3-3所示。

8）"圈围（WP）"选项。通过绘制一个不规则的封闭多边形，并用它作为窗口来选择对象。完全包围在多边形中的对象将被选中。如果用户给定的多边形顶点不封闭，系统将其自动封闭。多边形的构建可是任意形状，但不能自身相交，如图3-4所示。

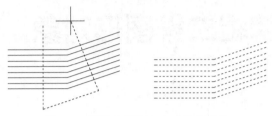

图3-3 利用"栏选"方式选择对象

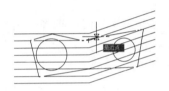

图3-4 利用"圈围"方式选择对象

9）"圈交（CP）"选项。与"窗交"选取法类似，可通过绘制一个不规则的封闭多边形，并用它作为交叉式窗口来选取对象。所有在多边形内或与多边形相交的对象均被选中，如图3-5所示。

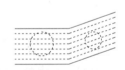

图3-5 利用"圈交"方式选择对象

10）"编组（G）"选项。通过使用已定义的组名来选择该编组中的所有对象。

11）"添加（A）"选项。可使用任何选择方法将选定对象添加到选择集中。如通过设置PICKADD系统变量把对象加入到选择集中。PICKADD设为1（默认），所选对象均被加入至选择集中。PICKADD设为0，则最近选择的对象均被加入至选择集中。

12）"删除（R）"选项。从选择集中（而不是图中）移出已选择的对象，此时只需单击要从选择集中移出的对象即可。

13）"多个（M）"选项。该法指定多次选择而不高亮显示对象，从而加快对复杂对象的选择过程。

14）"前一个（P）"选项。将最近的选择集设置为当前选择集。

15）"放弃（U）"选项。取消最近的对象选择操作。如果最后一次选择的对象多于一个，将从选择集中删除最后一次选择的所有对象。

16）"自动（AU）"选项。自动选择对象，即指向一个对象即可选择该对象。指向对象内部或外部的空白区，将形成框选方法定义选择框的第一个角点。

17）"单个（SI）"选项。如果用户提前使用"单个"来完成选取，则当对象被发现，对象选取工作就会自动结束，此时不会要求按<Enter>键来确认。

18）"子对象（SU）"选项。使用户可以逐个选择原始形状，这些形状是复合实体的一部分或三维实体上的顶点、边和面。可以选择这些子对象的其中之一，也可以创建多个子对象的选择集。选择集可以包含多种类型的子对象。按住<Ctrl>键操作与选择select命令的"子对象"选项相同。

19）"对象（O）"选项。结束选择子对象的功能。

注意：如果不明确指定对象选择模式，此时可单击选择一个对象，或反复单击选择多个对象；如果自左至右定义选择框，此时为窗选模式；如果自右至左定义选择框，此时为窗交选择模式。

在选择重叠对象时，可先用单击法选择某一对象，再同时按<Shift>键和空格键，在重叠的对象中交替选择，交替选择到某一对象后单击确定即可。

3.1.2　快速选择

在AutoCAD 2020中，当用户选择具有某些共同特性的对象时，可利用"快速选择"对话框根据对象的图层、线型、颜色、图案填充等特性创建选择集。

启动方式：单击"默认"→"实用工具"→"快速选择"按钮，弹出"快速选择"对话框；或在命令行提示下输入 qse，按<Enter>键，如图3-6所示，各选项的功能如下。

1）"应用到"列表框。用于设置本次操作的对象是整个图形还是当前选择集。如果有当前选择集，则"当前选择"选项为默认选项；如果没有当前选择集，则"整个图形"选项为默认选项。

2）"选择对象"按钮。单击该按钮将切换到绘图窗口中，用户可根据当前指定的过滤条件来选择对象。选择完毕后，按<Enter>键结束选择并返回到"快速选择"对话框中，同时在"应用到"下拉列表框中的选项设置为"当前选择"。

图3-6　"快速选择"对话框

3）"对象类型"列表框。用于指定对象类型，可进一步指定选择范围。如果当前没有选择集，在该下拉列表框中将包含AutoCAD所有可用的对象类型，此时为默认选项，即"所有图元"；如果已有一个选择集，则包含所选对象的对象类型。

4）"特性"列表框。列出了"对象类型"下拉列表中所选实体类型的所有属性。

5）"运算符"列表框。用于设置过滤范围。运算符包括 = 、◇、>、<、*、全部选择等。其中 > 和 < 操作符对某些对象特性是不可用的，而 * 操作符仅对可编辑的文本起作用。

6）"值"列表框。用于设置过滤的条件值。

7）"如何应用"选项。用于选择应用范围。由两个单选按钮组成。其中，如果选中"包括在新选择集中"按钮，则选择满足设定条件的对象；如果选中"排除在新选择集之外"按钮，则选择图形中不满足设定条件的对象。

8）"附加到当前选择集"选项。用于将按设定条件得到的选择集添加到当前选择集中。

注意：只有在选中了"如何应用"选项区域中的"包括在新选择集中"按钮，并且"附加到当前选择集"复选框未被选中时，"选择对象"按钮 才可使用。

3.1.3　对象编组

编组是一种特殊的对象选择方式，它把要选择的对象归集到一起，并给其命名，这些对象就成了一个整体。编组是一种"命名"的选择对象集合，前述对象选择方法都无须命名。

编组随图形保存，在这个图形文件中设定的编组，在另一个图形文件中并不存在。当把图形文件作为外部参照使用或作为块插入到另一个图形中时，编组的定义仍然有效。只有绑定并且分解了外部参照，或者分解了块以后，才能直接访问那些在外部参照或块中已经定义好的编组。

一个对象可以属于多个编组。可以用"对象编组"对话框中的"查找名称"选项列出某个对象所属的所有编组。用"亮显"选项可以亮显某个编组中的所有成员。编组中的成员按编号排序，并且可以重新排序。

（1）创建对象编组　在命令行提示下输入 group，按<Enter>键，可进行对象编组，如图 3-7 所示。各个选项的含义如下。

1）"编组名"列表框。显示了当前图形中已存在的对象组名字。其中"可选择的"列表示对象组是否可选。如果一个对象组是可选择的，当选择该对象组的一个成员对象时，所有成员都将被选中（除了处于锁定层上的对象）；如果对象组是不可选择的，则只有选择的对象组成员被选中。

2）"编组标识"选项区域。用于设置编组的名称及说明等，包括以下选项。

①"编组名"文本框。用于输入或显示选中的对象组的名称，组名最长可有 31 个字符，包括字母、数字以及特殊符号（ * 、! 等）。

②"说明"文本框。用于显示选中的对象组的说明信息。

③"查找名称"按钮。单击该按钮，将切换到绘图窗口，拾取要查找的对象后，该对象所属的组名即显示在"编组成员列表"对话框中，如图 3-8 所示。

注意：如果用户拾取的对象没有编组，则 AutoCAD 会在命令提示行中显示"不是编组的成员"提示信息，要求用户接着拾取对象。

④"亮显"按钮。在"编组名"列表框中选择一个对象编组，单击该按钮，可以在绘图窗口中亮显对象组的所有成员对象。

⑤"包含未命名的"复选框。控制是否在"编组名"列表框中列出未命名的编组。

3）"创建编组"选项区域。用于创建一个有名或无名的新组，包括以下选项。

①"新建"按钮。单击该按钮，可以切换到绘图区，并可选择要创建编组的图形对象。

②"可选择的"复选框。选中该复选框，当用户选择对象组中的一个成员对象时，该对象组的所有成员都将被选中。该复选框在选择设定编组时，可在"是"和"否"之间切换。默认情况下，新创建的编组都为"是"。

③"未命名的"复选框。用于确定是否要创建未命名对象组。

创建编组的操作步骤如下：

启动方式：单击下拉菜单"工具"→"组"，如图 3-7 所示；若在命令行执行 Command：group 或 g↵，进行对象编组。

① 首先要求用户选择编组对象，选择对象后按<Enter>键或空格键。

② 右击，在弹出的右键菜单中单击"确认"按钮，则创建编组成功，如图3-8所示。

③ 或在弹出的右键菜单中选择"名称"（如A）和"说明"（可选），则修改编组名成功，如图3-9所示。

图3-7 "对象编组"选项卡

图3-8 "对象编组"对话框

图3-9 "编组名"对话框

（2）选择对象编组　选择对象编组的操作步骤：在"选择对象:"提示下，输入g命令，创建编组成功。可以看到编组对象全部亮显，然后用正常方式继续选择对象。

（3）修改对象编组　创建对象编组后，选中编组的对象，右击，在出现的选项卡中选择"组"，如图3-10所示。"组"选项区域各个选项的含义如下：

1）"组"选项。单击该选项，将创建新的对象编组，最后按<Enter>键或空格键完成创建。

图3-10 "修改编组"选项区域

2）"解除编组"选项。单击该选项，可以解除所选的对象编组，但不删除图形对象。

3）"添加到组"选项。单击该选项，将切换到绘图窗口，可选择要加入到对象组中的对象。

4）"从组中删除"选项。单击该选项，将切换到绘图窗口，可选择要删除选中对象组中的对象。

3.2 利用夹点编辑图形

3.2.1 图形对象的控制点

夹点是指对象上的控制点。当选择对象时，在对象上会显示出若干个蓝色小方框，这些小方框可以用来标记被选中对象的夹点。不同的对象，用来控制其特征的夹点的位置和数量也不相同。表3-1中列举了AutoCAD常见对象的夹点特征。

控制夹点显示的方法是：右击，在弹出的菜单中选择"选项"，在"选项"对话框的"选择集"选项卡中进行夹点控制设置，如图3-11所示。

表 3-1　AutoCAD 图形对象的夹点特征

对象类型	夹点特征	样式
直线	两个端点和中点	
多段线	直线段的两端点、圆弧段的中点和两端点	
构造线	控制点及线上的邻近两点	
射线	起点及射线上的一个点	
多线	控制线上的两个端点	
圆弧	两个端点和中点	
圆	4 个象限点和圆心	
椭圆	4 个顶点和中心点	
椭圆弧	端点、中点和中心点	
区域填充	各个顶点	
文字	插入点和第 2 个对齐点(如果有的话)	文字
段落文字	各顶点	
属性	插入点	属性
形	插入点	
线性标注、对齐标注	尺寸线和尺寸界线的端点,尺寸文字的中心点	
角度标注	尺寸线端点和指定尺寸标注弧的端点,尺寸文字的中心点	
半径标注、直径标注	半径或直径标注的端点,尺寸文字的中心点	
坐标标注	被标注点,用户指定的引出线端点和尺寸文字的中心点	
三维网格	网格上的各个顶点	
三维面	周边顶点	

通过 "选择集" 选项卡可对夹点的显示进行设置, 相关选项说明如下:

1) "夹点尺寸" 选项。控制夹点的显示大小。该项对应 GRIPSIZE 系统变量。"夹点"

图 3-11 "选项"对话框

选项组：选中的夹点称为热点。

2）"夹点颜色"按钮。单击此按钮，弹出"夹点颜色"对话框，如图 3-12 所示，图中各功能如下：

①"未选中夹点颜色"列表框。确定未选中的夹点的颜色。如果从颜色列表中选择了"选择颜色"，系统弹出"选择颜色"对话框。该项对应 GRIPCOLOR 系统变量。系统默认设置为蓝色。

②"选中夹点颜色"列表框。确定选中的夹点的颜色，系统默认设置为红色。

③"悬停夹点颜色"列表框。决定光标在夹点上停留时夹点显示的颜色。该项对应 GRIPHOVER 系统变量，系统默认设置为绿色。

④ 夹点轮廓颜色"列表框。控制夹点轮廓的颜色，默认颜色为黑色。

3）"显示夹点"复选框。选中该项后，选择对象时在对象上显示夹点。通过选择夹点和使用快捷菜单，可以用夹点来编辑对象。但在图形中显示夹点会明显降低性能，清除此选项可优化性能。

4）"在块中显示夹点"复选框。如果选择此选项，系统将显示块中每个对象的所有夹点。如果不选择此选项，则将在块的插入点位置显示一个夹点。

5）"显示夹点提示"复选框。选中该项后，当光标悬停在自定义对象的夹点上时，显示夹点的特定提示。该选项在标准 AutoCAD 对象上无效。

6）"显示动态夹点菜单"复选框。控制在将光标悬停在多功能夹点上时动态菜单的显示。

7）"允许按 Ctrl 键循环改变对象编辑方式行为"复选框。允许多功能夹点的按<Ctrl>键循环改变对象编辑方式行为。

8）"选择对象时限制显示的夹点数"文本框。当初始选择集包括多于指定数目的对象时，抑制夹点的显示。有效值的范围为 1~32767，默认值是 100。

9）"上下文选项卡状态"按钮。将显示"功能区上下文选项卡状态选项"对话框，从中可以为功能区上下文选项卡的显示设置对象选择设置，如图 3-13 所示。

图 3-12 "夹点颜色"对话框

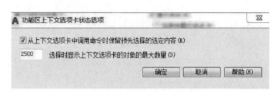

图 3-13 "功能区上下文选项卡状态选项"对话框

3.2.2 使用夹点编辑对象

在 AutoCAD 中，夹点是一种集成的编辑模式，非常实用，它为用户提供了一种便捷的编辑操作途径。如使用夹点可以进行对象的拉伸、移动、旋转、缩放及镜像等操作。

利用夹点编辑对象的步骤：将靶框光标移至要编辑的对象上并单击，显示该对象上的夹点，然后拾取其中的一个夹点作为操作点（此时该夹点会以高亮度显示，即成为热点），然后按<Enter>键或空格键，或者在命令行输入相应命令，或者在绘图区域中右击，从快捷菜单中进行切换，以实现在编辑对象操作之间的循环切换。

要从显示夹点的选择对象集合中清除某个特定对象，可在选择对象时按住<Shift>键，则被选中的对象不再显示夹点，从选择集合中被清除，但此时它们的夹点仍然存在。要退出夹点模式并返回命令提示，可输入 X（退出）或按<Esc>键。

将光标对准夹点并左击，则夹点被选中并变成红色。要选中多个夹点时，按住<Shift>键，则多个夹点被选中并变成红色。

1. 使用夹点拉伸对象

在不执行任何命令的情况下选择对象，并单击对象上的夹点时，系统便直接进入"拉伸"模式，此时可直接对对象进行拉伸。该夹点将被作为拉伸的基点，此时命令行将显示如下提示信息：

＊＊ 拉伸 ＊＊

指定拉伸点或[基点(B)/复制(C)/放弃(U)/退出(X)]：

1）"＊＊ 拉伸 ＊＊"信息。表明当前的编辑状态为拉伸模式。

2）"指定拉伸点"选项。此为默认项，要求给定对象拉伸操作的目的点，可以通过输入点的坐标或直接用鼠标拾取点，AutoCAD 将把对象拉伸或移动到新的位置。对于某些夹点，只能移动对象而不能拉伸对象，如直线中点、圆心、椭圆中心、文字、块和点对象上的夹点。

3）"基点（B）"选项。重新确定拉伸基点。默认情况下，系统将操作点（对其单击的夹点称为操作点）作为拉伸基点，并按操作点与指定的新位置点之间的位移矢量拉伸图形。

4）"复制（C）"选项。允许用户连续进行多次拉伸复制操作。此时用户可连续确定一系列的拉伸点新位置，以实现多次拉伸复制。

5）"放弃（U）"选项。取消上一次操作。

6）"退出（X）"选项。退出当前的操作。

如图 3-14a 所示，要使直线右上方的端点与圆心重合，而直线左下方的端点位置不变，使用夹点操作最方便。具体操作步骤如下：

1）移动光标至直线任意位置处，单击选取直线，直线呈"亮显"状态，同时直线上出现 3 个蓝色的夹点。

2）单击直线右上方的夹点，该夹点变为红色，同时直线随着光标的移动而改变端点变成了一条橡皮线，如图 3-14b 所示，命令行提示：

指定拉伸点或［基点（B）/复制（C）/放弃（U）/退出（X）］：

3）移动光标至圆的圆心处，即给定了拉伸的目的点，左击。

4）按<Esc>键结束夹点的操作，执行结果如图 3-14c 所示。

若动态坐标（输入）显示启动，夹点拉伸时将显示直线被拉伸的长度值、拉伸后总长度值、夹点的被拉伸的长度和角度等，如图 3-14d 所示。

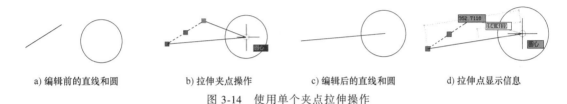

a) 编辑前的直线和圆　　b) 拉伸夹点操作　　c) 编辑后的直线和圆　　d) 拉伸点显示信息

图 3-14　使用单个夹点拉伸操作

当对多个夹点同时拉伸时，如图 3-15 所示，具体操作步骤如下：

1）选择两条直线以显示它们的夹点，如图 3-15a 所示。

2）按住<Shift>键并选择"3"和"4"两个夹点，它们将被亮显。

3）释放<Shift>键并选择两个夹点中的任一个（如夹点"3"），如图 3-15b 所示

4）用鼠标拖动夹点"3"到新的位置，两条直线被拉伸的结果如图 3-15c 所示。

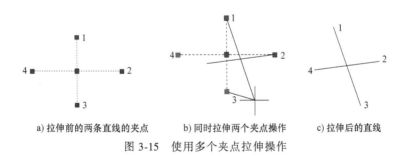

a) 拉伸前的两条直线的夹点　　b) 同时拉伸两个夹点操作　　c) 拉伸后的直线

图 3-15　使用多个夹点拉伸操作

2. 使用夹点移动对象

在不执行任何命令的情况下选择对象，单击对象上的夹点时，直接按<Enter>键或输入 mo 后按<Enter>键，系统便直接进入"移动"模式。此时命令行将显示如下提示信息：

＊＊移动＊＊

指定移动点或［基点（B）/复制（C）/放弃（U）/退出（X）］：

1）"＊＊移动＊＊"信息。表明当前的编辑状态为移动模式。

2）"指定移动点"选项。此为默认项，要求给定对象移动操作的目的点。

3）"基点（B）"选项。重新确定移动基点。默认情况下，系统将操作点作为移动基点，并按操作点与指定的新位置点之间的位移矢量移动对象。如果指定了基点，则按基点与

新位置点之间的位移矢量移动对象。执行此选项后,系统提示"指定基点",确定一点,即可将该点作为基点进行移动操作。

4)"复制(C)"选项。允许用户进行多次移动复制操作。此时可确定一系列的移动新位置,以实现多次移动复制。

5)"放弃(U)"选项。取消上一次操作。

6)"退出(X)"选项。退出当前的操作。

如图 3-16a 所示,对直线进行移动,使直线右上方的端点与圆心重合,具体操作步骤如下:

1)移动光标至直线任意位置处,单击选取直线,直线呈"亮显"状态,同时直线上出现 3 个蓝色的夹点。

2)单击直线右上方的夹点,该夹点变为红色,直接按<Enter>键,系统进入"移动"模式,如图 3-16b 所示,命令行将显示如下提示信息:

＊＊ 移动 ＊＊

指定移动点或［基点(B)/复制(C)/放弃(U)/退出(X)］:

3)移动光标至圆的圆心处,即给定了拉伸的目的点,左击。

4)按<Esc>键结束夹点的操作,执行结果如图 3-16c 所示。

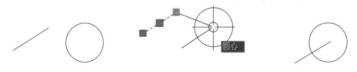

| a) 移动前的直线和圆 | b) 移动夹点操作 | c) 移动后的直线和圆 |

图 3-16 使用夹点移动操作

若在上列操作过程中,在命令行提示:

＊＊ 移动(多重) ＊＊

指定移动点或［基点(B)/复制(C)/放弃(U)/退出(X)］

输入 C,即直线复制移动,执行结果如图 3-17 所示。

图 3-17 使用夹点复制移动操作

3. 使用夹点旋转对象

在不执行任何命令的情况下选择对象,单击对象上的夹点时,连续按两次<Enter>键或输入 ro 后按<Enter>键,便进入"旋转"模式。此时命令行将显示如下提示信息:

＊＊ 旋转 ＊＊

指定旋转角度或［基点(B)/复制(C)/放弃(U)/参照(R)/退出(X)］:

1)"指定旋转角度"选项。确定旋转的角度,此项为默认项。用户可直接输入角度值,也可采用"拖动"方式确定角度。确定角度后,对象绕操作点或基点旋转指定的角度。

2)"参照(R)"选项。以参考方式旋转对象,与执行 rotate 命令后的参照(R)选项的功能相同。

如图 3-18a 所示,对该三角形进行旋转操作,具体操作步骤如下:

1)单击选取图中三角形,三角形呈"亮显"状态,即出现 3 个蓝色的夹点。

2)单击三角形右下方的夹点,该夹点变为红色,直接按两次<Enter>键,系统进入"旋转"模式,命令行将显示如下提示信息:

＊＊ 旋转 ＊＊

指定旋转角度或［基点（B）/复制（C）/放弃（U）/参照（R）/退出（X）］:（输入 45 ↙或空格键,如图 3-18b 所示)

3）按<Esc>键结束夹点的操作,执行结果如图 3-18c 所示。

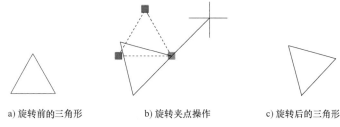

a) 旋转前的三角形　　　　　b) 旋转夹点操作　　　　c) 旋转后的三角形

图 3-18　使用夹点旋转操作

4. 使用夹点缩放对象

在不执行任何命令的情况下选择对象,并单击对象上的夹点时,连续按三次<Enter>键或输入 sc 后按<Enter>键,便进入"缩放"模式,可对对象进行缩放。此时命令行将显示如下提示信息:

＊＊ 比例缩放 ＊＊

指定比例因子或［基点（B）/复制（C）/放弃（U）/参照（R）/退出（X）］:

如图 3-19a 所示,对该圆进行缩放操作,使其圆心位置不变,具体操作步骤如下:

1）单击选取图中圆,圆呈"亮显"状态,即出现 4 个蓝色的夹点。

2）单击圆任意一个夹点,该夹点变为红色,直接按三次<Enter>键,系统进入"缩放"模式,命令行将显示如下提示信息:

＊＊ 比例缩放 ＊＊

指定比例因子或［基点（B）/复制（C）/放弃（U）/参照（R）/退出（X）］:（输入 B ↙,捕捉圆心)

指定比例因子或［基点（B）/复制（C）/放弃（U）/参照（R）/退出（X）］:2

3）按<Esc>键结束夹点的操作,执行结果如图 3-19c 所示。

a) 缩放前的三角形和圆　　　　　b) 缩放夹点操作　　　　　c) 缩放后的直线和圆

图 3-19　使用夹点缩放操作

5. 使用夹点镜像对象

在不执行任何命令的情况下选择对象,并单击对象上的夹点时,连续按四次<Enter>键或输入 mi 后按<Enter>键,便进入"镜像"模式。此时命令行将显示如下提示信息:

＊＊ 镜像 ＊＊

指定第二点或［基点（B）/复制（C）/放弃（U）/退出（X）］:

如图 3-20a 所示,对直线"13"进行镜像操作,使其镜像后仍保留该直线,具体操作步骤如下:

1)单击选取图中直线"13",直线呈"亮显"状态,即出现 3 个蓝色的夹点。

2)单击直线"13"中的"3"夹点,该夹点变为红色,直接按四次<Enter>键,系统进入"镜像"模式,命令行将显示如下提示信息:

＊＊镜像＊＊

指定第二点或[基点(B)/复制(C)/放弃(U)/退出(X)](输入 C ↵或空格键)

3)指定第二点或[基点(B)/复制(C)/放弃(U)/退出(X)]:打开正交,向上移动光标,并左击,如图 3-20b 所示。

4)按<Esc>键结束夹点的操作,执行结果如图 3-20c 所示。

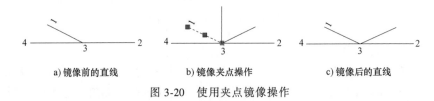

a) 镜像前的直线　　　　　b) 镜像夹点操作　　　　　c) 镜像后的直线

图 3-20　使用夹点镜像操作

3.3　图形修改命令

3.3.1　复制、偏移与镜像命令

1. 复制

功能:将图形中的选定实体按指定的方向和距离复制产生一个或多个副本。

(1)利用 AutoCAD 命令进行复制

启动方式:单击功能区"默认"→"修改"→"复制"按钮，或执行 Command:copy 或 co 命令。

Command:co ↵

选择对象:(选择要复制的图形实体,被选择实体呈"亮显"状态,如图 3-21a 所示,选中圆,按<Enter>或空格键)

选择对象:(继续选实体或直接按<Enter>或空格键结束选取,则出现以下提示)

指定基点或[位移(D)/模式(O)]〈位移〉:(圆的圆心↵或按空格键)

指定第二个点或[阵列(A)] <使用第一个点作为位移>:(<F8>键功能打开,水平向右输入 200 ↵或按空格键,此时所得图形如图 3-21b 所示)

在使用位移法复制对象时,要注意输入的位移值是用直角坐标或极坐标的方式来表示的,即由两个值组成,中间用逗号隔开(对于极坐标,中间需用小于号"<"隔开)。而不能将位移值输入为带@ 符号。

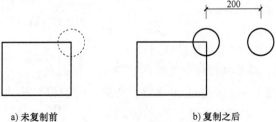

a) 未复制前　　　　　b) 复制之后

图 3-21　按位移复制对象的图形

如果再提示：

"指定基点或[位移(D)]〈位移〉:输入指定基点",如图3-22a所示的矩形的右上角点,则提示如下：

指定第二个点或[阵列(A)] <使用第一个点作为位移>:(输入目标点)

即输入矩形的右下角点,并提示如下：

指定第二个点或[阵列(A)/退出(E)/放弃(U)] <退出>:↵(或按空格键)

结束复制命令,即完成一次复制,如图3-22b所示;若不按<Enter>或空格键,而继续输入矩形的左上角点和左下角点,然后按<Enter>或空格键,则得到如图3-22c所示图形,即实行了多次复制。

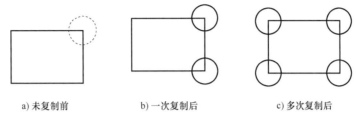

a) 未复制前   b) 一次复制后   c) 多次复制后

图3-22 按指定点复制对象的图形

如果在"指定第二个点或（使用第一个点作为位移）"语句提示下直接按<Enter>键,则AutoCAD会将基点坐标当作距离值复制图形一次,并结束复制命令。

（2）利用Windows剪切板进行复制 在AutoCAD绘图过程中,常常会遇到从一个图形到另一个图形、从图纸空间到模型空间（反之亦然）,在AutoCAD和其他应用程序之间复制对象,此时使用Windows剪切板进行复制对象较为方便。利用Windows剪切板进行复制,一次只能复制出一个相同的被选定对象。操作过程如下：

1）不指定基点复制。启动方式：功能区"默认"→"剪切板"→"复制剪裁"按钮▣,或按<Ctrl+C>键,或将光标移至图形中的空白处右击,从弹出的右键快捷菜单的剪切板选项中选择 ▣ 复制(C) 命令,或在命令行中输入copyclip后按<Enter>键。

粘贴对象的启动方式：功能区"默认"→"剪切板"→"粘贴"按钮▣,或按<Ctrl+V>键,或将光标移至图形中的空白处右击,从弹出的右键快捷菜单的剪切板选项中选择 ▣ 粘贴(P)命令,或在命令行中输入pasteclip后按<Enter>键。

2）指定基点复制。使用不指定基点复制方法将对象复制或剪切到剪切板后,很难把所复制的对象粘贴到图形中的准确位置上,为解决此问题,可采用指定基点复制方法。

执行命令的操作方法：将光标移至图形中的空白处右击,从弹出的右键快捷菜单中的剪切板选项中选择 ▣ 带基点复制(B)命令,或在命令行中输入copybase后按<Enter>键。

执行上述命令后将提示"CopyBase 指定基点:",指定复制的基点,如图3-23所示的圆的圆心,则提示"选择对象:",选择圆,执行粘贴命令,操作方法同不指定基点复制的粘贴对象的操作方法,则光标固定在圆心点处,可进行准确位置点的复制。

3）复制链接。"复制链接"命令是将当前视图复制到剪切板上,而不是复制选定对象。如果选定了一个视口,将复制该视口中的内容,否则,将复制绘图区域。

Command:copylink ↵(选择一个视口或在屏幕显示绘图

图3-23 指定基点复制图形

区域要复制的视图）

"复制链接"的内容如粘贴到 Word 等文档中，则它与 AutoCAD 中源视图具有关联性。如果源视图做了修改，则"复制链接"的所有内容都会更新。

2. 偏移

功能：对选定的实体（如线、圆、圆弧、椭圆等）进行同心复制。

对于线来说，其圆心在无穷远，故是平行复制。对于曲线（如圆、圆弧、椭圆、椭圆弧等）来说，偏移生成的新对象将变大或变小，这取决于将其放置在源对象的哪一边，如图 3-24 所示。

a) 偏移前　　　　　　　　　　　　　b) 偏移后

图 3-24　偏移前后图形

偏移方法：定距法偏移和过点法偏移。

启动方式：功能区"默认"→"修改"→"偏移"按钮 ⋐，或执行 Command：offset 或 o 命令。

Command：o ↵

指定偏移距离或 ［通过（T）/删除（E）/图层（L）］〈通过〉：

（1）定距法偏移　定距法偏移是输入一个距离值（也可通过鼠标给出两点来确定一个距离值），然后选定被偏移的对象和偏移的方向来进行偏移。

在指定偏移距离或［通过（T）/删除（E）/图层（L）］〈通过〉：（输入偏移距离，如图 3-25a 所示，输入 150，按〈Enter〉键或空格键，则提示：）

选择要偏移的对象，或［退出（E）/放弃（U）］〈退出〉：（选择要偏移的直线，按〈Enter〉键或空格键，则提示：）

指定点以确定偏移所在一侧，或［退出（E）/多个（M）/放弃（U）］〈退出〉：（在要偏移直线的上方一侧拾取一点，则提示：）

选择要偏移的对象，或［退出（E）/放弃（U）］〈退出〉：（按〈Enter〉键或空格键，则生成偏移距离为 150 后的对象图形，如图 3-25b 所示）

若在"选择要偏移的对象，或 ［退出（E）/放弃（U）］〈退出〉："提示下连续选择偏移的对象，则可生成多重偏移对象。

（2）过点法偏移　过点法偏移是通过指定的某个点创建 1 个新的对象，该新对象与初始对象保持等距离。若在"指定偏移距离或 ［通过（T）/删除（E）/图层（L）］〈通过〉："提示下输入"T"，则提示：

150

a) 未偏移前　　　　　　b) 偏移距离后

图 3-25　定距法偏移图形

选择要偏移的对象，或［退出（E）/放弃（U）］〈退出〉：（选择直线，如图 3-26a 所示，则提示：）

指定通过点或［退出（E）/多个（M）/放弃（U）］〈退出〉：（选择圆心，则生成如图 3-26b 所示的偏移图形。但命令行继续提示：)

选择要偏移的对象，或[退出(E)/放弃(U)]<退出>：(按<Enter>或按空格键,结束操作)

在上述语句中，如果输入 E，则提示：

要在偏移后删除源对象吗[是(Y)/否(N)]<否>：
(按<Enter>或空格键,表示不删除源偏移对象；输入 Y,
按<Enter>或空格键,表示删除源偏移对象)

在上述语句中，如果输入"L"，则提示：

a) 未偏移前　　　b) 偏移距离后

输入偏移对象的图层选项[当前(C)/源(S)]

图 3-26　过点法偏移图形

<源>：(指定偏移后对象所在的图层)

在偏移复制对象时，应注意以下几点：

1) 只能以单击选取的方式选择要偏移对象，并且只能选择一次。

2) 当提示"指定偏移距离或 [通过]<默认值>："时，可以通过输入两点来确定偏移距离。

3) 如果用给定偏移距离的方式偏移对象，距离值必须大于零。

4) 如果给定的偏移距离值或要通过的点的位置不合适，或指定的对象不能用偏移命令确认，系统会给出相应的提示。

实例：绘制格栅，如图 3-27 所示。

Command：rec ↵(绘制格栅外框 1)

指定第一角点或[倒角(C)/标高(E)/圆角(F)/厚度(T)/宽度(W)]：(指定 A 点)

指定另一个角点或[面积(A)/尺寸(D)/旋转(R)]：@ 50,30(指定角点 D)

Command：l ↵(绘制线段 2)

指定第一点：(捕捉 AB 线的中点)

指定下一点或[放弃(U)]：(捕捉 CD 线的垂足)

指定下一点或[退出(E)/放弃(U)]：(按<Enter>键或空格键)

Command：l ↵(绘制格栅线 3)

指定第一点：(打开临时追踪点功能,并选择 C 点为临时追踪点,垂直向上输入 6)

指定下一点或[放弃(U)]：(捕捉线 2 的垂足)

指定下一点或[退出(E)/放弃(U)]：(按<Enter>键或空格键)

Command：o ↵(偏移复制其余格栅线)

指定偏移距离或[通过(T)]<通过>：6(按<Enter>键或空格键)

选择要偏移的对象或<退出>：(选择线 3)

指定点以确定偏移所在一侧：(在线 3 上方左击,同理复制出其他线)

选择要偏移的对象或<退出>：(按<Enter>键或空格键,执行结果如图 3-27 所示)

3. 镜像

功能：利用指定的两点定义的镜像轴线来创建对象的对称图形。它可形象地理解成照镜子。

镜像对象一般常用于对称图形的绘制，可大大减少绘图的工作量。

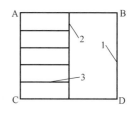

图 3-27　格栅示意

启动方式：功能区"默认"→"修改"→"镜像"按钮 ，或执行 Command：mirror（或 mi）命令。

Command：mi ↵

选择对象:(选择要镜像复制的图形实体,如图 3-28a 所示,选择直线和左侧的同心圆,按<Enter>键或空格键)

选择对象:(继续选择实体或直接按<Enter>键或空格键,结束选取)

指定镜像线的第一点:(用鼠标在垂直直线上拾取一点)

指定镜像线的第二点:(用鼠标在垂直直线上拾取第二点,正交打开,以保证垂直镜像或水平镜像)

要删除源对象吗?[是(Y)/否(N)](N):("N"即为保留源对象,按<Enter>键或空格键,执行结果如图 3-28b 所示。"Y"即为删除源对象,在此命令下输入 Y,执行结果如图 3-28c 所示)

a) 镜像前   b) 镜像保留源对象   c) 镜像删除源对象

图 3-28　一般对象镜像图形

在创建镜像对象时,如果被选中的对象含有文字,需特别注意。AutoCAD 2020 在默认状态下,创建含有文字的镜像对象时,包括文字在内的镜像对象仍然按照轴对称规则进行,但是文字不被按对称规则反转或倒置。如图 3-29a、b 所示。

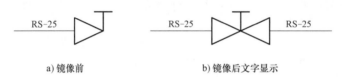

a) 镜像前   b) 镜像后文字显示

图 3-29　文字镜像图形

控制文字反转或倒置的系统变量为 MIRRTEXT。在 AutoCAD 2020 中,默认条件下,MIRRTEXT=0,则在镜像后文字不被反转或倒置,与原来的式样相同,文字相当于对称复制。如果设置 MIRRTEXT=1,则在镜像后文字被反转或倒置,如图 3-30 所示。

在大多数情况下,绘制图形时是不希望文字在镜像后被反转或倒置的,故设置 MIRRTEXT=0。

设置系统变量 MIRRTEXT 的方法是在命令行输入 MIRRTEXT,则提示:

图 3-30　MIRRTEXT=1 时,
文字镜像图形

输入 MIRRTEXT 的新值 <0>:(系统默认选项为 0,按<Enter>键或空格键,结束命令。若输入 1,按<Enter>键或空格键,则设置 MIRRTEXT=1,镜像后文字被反转或倒置)

3.3.2　删除与移动命令

1. 删除

功能:删除一个或多个不需要或画错的对象。

(1) 删除对象的方法

1) 启动方式:功能区"默认"→"修改"→"删除"按钮，或执行 Command:erase(或 e)命令。

2) 选择要删除的对象,按<Delete>键。

3）选择要删除的对象，右击，在弹出的右键快捷菜单中选择"删除"命令。

Command:e ↵

选择对象:(选择要删除的图形对象)

选择对象:(按<Enter>键或空格键,结束命令)

（2）撤销被删除对象的方法　用 erase 命令删除对象后，这些被删除的对象只是暂时被删除，只要不退出当前图形，均可以将其恢复。撤销被删除对象的方法如下：

1）紧接删除对象操作，执行 u 或（undo）命令。

2）紧接删除对象操作，单击"自定义快速访问"工具栏中的按钮 ↶。

3）在命令行中执行 oops 命令。

undo 命令和 oops 命令的主要区别：

1）在命令行中执行 undo 或 u 命令可取消前一次或前几次执行的命令（保存、打开、新建、打印等命令不能被撤销）。

2）oops 命令只能恢复前一次被删除的对象而不会影响前面进行的其他操作。

2. 移动

功能：将图形中的对象按指定的方向和距离移动位置，这种移动不改变移动对象的尺寸和方向。

移动对象的方法：一种是位移法，另一种是指定位置法。

启动方式：功能区"默认"→"修改"→"移动"按钮 ✛，或执行 Command：move（或 m）命令，或右击，在弹出的快捷菜单中选择"移动"命令。

Command:m ↵

选择对象:

（1）位移法　位移法是输入一个位移矢量，该位移矢量决定了被选择对象的移动距离和移动方向。一般情况下，位移矢量是通过给出直角坐标 X 方向和 Y 方向的值来确定，或者用极坐标的方式来确定。具体操作如下：

在命令行选择对象提示下，选择要移动的对象，如图 3-31a 所示，选中小圆，继续提示：

选择对象:(继续选择实体或直接按<Enter>键或空格键,结束选取实体,系统提示:)

指定基点或位移[(D)]〈位移〉:650,600(按<Enter>键或空格键)

指定第二个点或〈使用第一个点作为位移〉:(按<Enter>键或空格键,结束命令,执行结果为将小圆在 X 轴方向移动了 650 个单位,在 Y 轴方向移动了 600 个单位,如图 3-31b 所示)

a) 移动对象前   b) 移动对象后

图 3-31　位移法移动对象的图形

在使用位移法移动对象时，要注意输入的位移值可以用直角坐标、相对坐标或极坐标来表示，也可以用正交水平或垂直的距离来表示。

（2）指定位置法　指定位置法又称为特征点法，是通过指定的两个点来确定选取对象的移动方向和移动位移。通常将指定的第一个点称为基点，第二个点称为目标点。

在命令行选择对象提示下，选择要移动的对象，如图 3-32a 所示，选中圆，则提示：

选择对象：（按<Enter>键或空格键，结束移动对象的选取，系统提示：）

指定基点或位移[（D）]〈位移〉：（使用对象捕捉选择矩形的左下角点为基点）

指定第二个点或〈使用第一个点作为位移〉：（使用对象捕捉选择矩形的右上角点为目标点，结束命令，执行结果为将圆从矩形的左下角点移动到矩形的右上角点，如图 3-32b 所示）

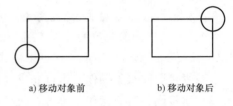

a) 移动对象前　　　　b) 移动对象后

图 3-32　位置法移动对象的图形

3.3.3　修剪与延伸命令

1. 修剪

功能：对要修剪的对象沿着由一个或多个对象定义的边界来删除要修剪对象的一部分。

启动方式：功能区"默认"→"修改"→"修剪"按钮 ，或执行 Command：trim（或 tr）命令。

修剪命令操作主要掌握修剪边的确定和被修剪的对象的选择。

（1）一般对象的修剪

Command：tr ↵

当前设置：投影＝UCS，边＝延伸

"选择剪切边 …"：（系统提示用户选取用作修剪边的实体）

"选择对象或 <全部选择>"：（选择用作修剪的实体，即选择修剪边，如图 3-33a 所示，选择直线 B）

"选择对象"：（继续选择实体或直接按<Enter>键或空格键，结束选取并提示：）

"选择要修剪的对象，或按住<Shift>键选择要延伸的对象，或[栏选（F）/窗交（C）/投影（P）/边（E）/删除（R）]"：（选择被修剪的实体，即选择修剪对象，如图 3-33a 所示，选择直线 A 的右端，执行结果如图 3-33b 所示，命令行继续提示：）

"选择要修剪的对象，或按住<shift>键选择要延伸的对象，或[栏选（F）/窗交（C）/投影（P）/边（E）/删除（R）/放弃（U）]"：（按<Enter>键或空格键，结束修剪命令，执行结果如图 3-33b 所示）

上述命令行各提示项的含义如下：

1）"选择要修剪的对象，或按住 <Shift>键选择要延伸的对象"选项。"选择要修剪的对象"是指定修剪对象，且会重复提示选择要修剪的对象，能实现选择多个修剪对象。完成修剪后，按<Enter>键或空格键，结束修剪的命令。"或按住<Shift>键选择要延伸的对象"是执行选定延伸对象而不是修剪对象，该选项提供了修剪和延伸之间命令切换的简便方法。

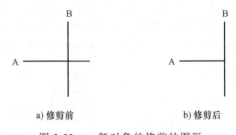

a) 修剪前　　　　b) 修剪后

图 3-33　一般对象的修剪的图形

2）"栏选（F）"选项。输入 F，将采用"栏选"方式选择需要修剪的对象，命令行将提示：

指定第一个栏选点：（指定选择栏的起点）

指定下一个栏选点或[放弃(U)]:(指定选择栏的下一个点,该点与指定选择栏的起点的连线必须压住被修剪的对象)

指定下一个栏选点或[放弃(U)]:(指定选择栏的下一个点或按<Enter>键或空格键,结束修剪的命令)

3)"窗交(C)"选项。采用"窗交"方式选择需要修剪的对象。输入 C 后,命令行将提示:

指定第一个角点:(指定点)

指定对角点:(指定第一个角点的对角点,这两点构成的矩形窗口必须压上被修剪的对象)

4)"投影(P)"选项。改变修剪投影方式,输入 P,命令行提示:

输入投影选项[无(N)/UCS(U)/视图(V)]<UCS>:

①"无(N)"选项。无投影,该命令只修剪与三维空间中的修剪边相交的对象。

②"UCS(U)"选项。指定当前用户坐标系 XOY 平面上的投影,该命令将修剪不与三维空间中的修剪边相交的对象。

③"视图(V)"选项。指定沿当前视图方向的投影,此时将修剪与当前视图中的边界相交的对象。

5)"边(E)"选项。设置修剪边界的属性,即确定对象是在另一对象的延长边处进行修剪,还是仅在三维空间中与该对象相交的对象处进行修剪。输入 E,命令行提示:

输入隐含边延伸模式[延伸(E)/不延伸(N)]<不延伸>:

①"延伸(E)"选项。按延伸方式进行修剪,如果修剪边界太短,没有与被修剪对象相交,即修剪边界与被修剪对象没有相交,但 AutoCAD 会假想将修剪边界延长,然后修剪。

②"不延伸(N)"选项。按在三维空间中与实际对象相交的情况修剪,即修剪边界不能假想被延长。

6)删除(R)。将删除选定的对象,它提供了一种用来删除不需要的对象的简便方法,而无须退出"修剪"命令,输入 R,命令行提示:

选择要删除的对象或 <退出>:(选择对象按<Enter>键或空格键,则删除所选对象并返回上一提示)

7)"放弃(U)"选项。取消前一次的修改。

对两个对象在图面上不相交,但将其中的一个或两个对象延伸可以相交的对象的修剪,以图 3-34 为例,操作如下:

Command:tr ↵

当前设置:投影=UCS,边=延伸

选择剪切边 ...

选择对象或 <全部选择>:(选择图 3-34a 所示中的直线 B,按<Enter>键或空格键)

选择要修剪的对象,或按住<Shift>键选择要延伸的对象,或[栏选(F)/窗交(C)/投影(P)/边(E)/删除(R)/放弃(U)]:(输入 E,按<Enter>键或空格键)

输入隐含边延伸模式[延伸(E)/不延伸(N)]<不延伸>:(输入 E,按<Enter>键或空格键)

选择要修剪的对象,或按住<Shift>键选择要延伸的对象,或[栏选(F)/窗交(C)/投影(P)/边(E)/删除(R)/放弃(U)]:(选择直线 A 的右端)

选择要修剪的对象,或按住<Shift>键选择要延伸的对象,或[栏选(F)/窗交(C)/投影(P)/边(E)/删除(R)/放弃(U)]:(按<Enter>键或空格键,结束修剪的命令,执行结果如图 3-34b 所示)

(2)复杂对象的修剪 在修剪复杂的对象时,可采用不同的方法选择对象,使对象既可以作为修剪边界,也可以作为被修剪的对象,达到正确选择修剪边界和修剪对象,实行复杂对象的修剪命令。对图 3-35a 进行修剪,该图由两条水平线和两条垂直线共 4 个对象组成。对其修剪，将位于水平线和垂直线之间的部分进行修剪，使得修剪后的图形如图 3-35b 所示，修剪的操作步骤如下：

Command：tr ↵

选择对象：(按<Enter>键或空格键，表示将图形中的全部对象都作为修剪的剪切边界而被选中)

选择要修剪的对象，或按住<Shift>键选择要延伸的对象，或[栏选(F)/窗交(C)/投影(P)/边(E)/删除(R)]：(单击图 3-35a 中 1、2、3、4 点处)

选择要修剪的对象，或按住<Shift>键选择要延伸的对象，或[栏选(F)/窗交(C)/投影(P)/边(E)/删除(R)/放弃(U)]：(按<Enter>键或空格键，结束修剪的命令，执行结果如图 3-35b 所示)

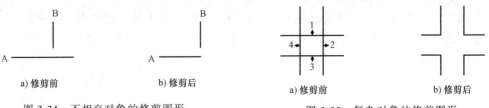

图 3-34 不相交对象的修剪图形　　　　图 3-35 复杂对象的修剪图形

注意：修剪与删除命令有所不同，修剪是只去除对象的一部分，而删除是对整个对象的全部去除。

当被修剪的对象是由无数个对象组成时，可使用"栏选"方法选择修剪对象更为快捷，如图 3-36a 所示，将直线 A 右侧的水平直线修剪掉，经修剪命令后，执行结果如图 3-36c 所示，操作步骤如下：

Command：tr ↵

选择对象：(选择图 3-36a 所示中直线 A，按<Enter>键或空格键)

选择要修剪的对象，或按住<Shift>键选择要延伸的对象，或[栏选(F)/窗交(C)/投影(P)/边(E)/删除(R)]：(输入 F，按<Enter>键或空格键)

指定第一个栏选点或拾取/拖动光标：(选择该组水平线右侧最上面的点)

指定下一个栏选点或[放弃(U)]：(选择该组水平线右侧最下面的点，此时的栅栏线均压到直线 A 右侧的水平线，执行结果如图 3-36b 所示)

指定下一个栏选点或[放弃(U)]：(按<Enter>键或空格键)

选择要修剪的对象，或按住<Shift>键选择要延伸的对象，或[栏选(F)/窗交(C)/投影(P)/边(E)/删除(R)/放弃(U)]：(按<Enter>键或空格键，结束修剪的命令，执行结果如图 3-36c 所示)

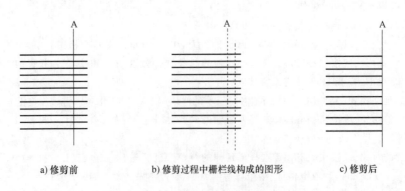

a) 修剪前　　　　b) 修剪过程中栅栏线构成的图形　　　　c) 修剪后

图 3-36 多条修剪对象的图形

AutoCAD 初学者最容易犯的一个错误是在确定剪切边界时，当选择完作为剪切边界的对象后忘记按<Enter>键或空格键来结束剪切边界的定义。

2. 延伸

功能：指将指定的延伸对象的终点落到指定的某个对象的边界上。被延伸的对象可以是圆弧、椭圆弧、直线、非闭合的多段线、射线等。有效的边界对象包括圆弧、块、圆、椭圆、椭圆弧、浮动的视口边界、直线、非闭合的多段线、射线、面域、样条曲线、文本及构造线等。

启动方式：下拉菜单栏"修改"→"延伸"按钮 ，或执行 Command：extend（或 ex）命令。

操作方法：延伸命令操作主要掌握延伸边界的确定和被延伸对象的选择。

（1）一般对象的延伸

Command：extend（或 ex）↵

当前设置：投影=UCS,边=延伸(该行提示与修剪命令的含义相同)

选择边界的边…(提示用户现在选择的是延伸边界)

选择对象或 <全部选择>：(选取延伸边界,如图 3-37a 所示的圆,执行结果如图 3-37b 所示)

选择对象：(继续选择延伸边界或直接按<Enter>键或空格键,结束选取)

选择要延伸的对象,或按住<Shift>键选择要修剪的对象,或[栏选(F)/窗交(C)/投影(P)/边(E)]：(选取要延伸的对象,即图 3-37b 中的直线,按<Enter>键或空格键,并继续提示)

选择要延伸的对象,或按住<Shift>键选择要修剪的对象,或[栏选(F)/窗交(C)/投影(P)/边(E)/放弃(U)]：(按<Enter>键或空格键,结束该命令,执行结果如图 3-37c 所示)

a) 延伸前　　　　　　b) 延伸边界对象的选择图形　　　　　c) 延伸后

图 3-37 一般对象的延伸的图形

在上述命令行各提示项的含义如下：

1）"选择要延伸的对象,或按住<Shift>键选择要修剪的对象"选项。"选择要延伸的对象"是指定延伸对象,且会重复提示选择要延伸的对象,能实现选择多个延伸对象,完成延伸后,按<Enter>键或空格键,结束延伸命令。"或按住<Shift>键选择要修剪的对象"是执行选定修剪对象而不是延伸对象,该选项提供了延伸和修剪之间命令切换的简便方法。

2）"栏选（F）"选项。输入 F,采用"栏选"方式选择需要延伸的对象,命令行将提示：

指定第一个栏选点：(指定选择栏的起点)

指定下一个栏选点或[放弃(U)]：(指定选择栏的下一个点,该点与指定选择栏的起点的连线必须压住被延伸的对象)

指定下一个栏选点或[放弃(U)]：(指定选择栏的下一个点或按<Enter>键或空格键,结束延伸的命令)

3）"窗交（C）"选项。采用"窗交"方式选择需要延伸的对象。输入 C,命令行将提示：

指定第一个角点：(指定点)

指定对角点：(指定第一个角点的对角点,这两点构成的矩形窗口必须压上被延伸的对象)

4)"投影（P）"选项。改变延伸投影方式,输入 P,命令行提示：

输入投影选项[无(N)/UCS(U)/视图(V)]<UCS>：

①"无（N）"选项。无投影,该命令只延伸与三维空间中的延伸边相交的对象。

②"UCS（U）"选项。指定当前用户坐标系 XOY 平面上的投影,该命令将延伸不与三维空间中的延伸边相交的对象。

③"视图（V）"选项。指定沿当前视图方向的投影,此时将延伸与当前视图中的边界相交的对象。

5)"边（E）"选项。设置延伸边界的属性,即确定对象是在另一对象的延长边处进行延伸,还是仅在三维空间中与该对象相交的对象处进行延伸。输入 E,命令行提示：

输入隐含边延伸模式[延伸(E)/不延伸(N)]<不延伸>：

①"延伸（E）"选项。按延伸方式进行延伸,如果延伸边界太短,没有与被延伸对象相交,即延伸边界与被延伸对象没有相交,但 AutoCAD 会假想将延伸边界延长,然后延伸。

②"不延伸（N）"选项。按在三维空间中与实际对象相交的情况延伸,即延伸边界不能假想被延长。

6)"删除（R）"选项。将删除选定的对象,它提供了一种用来删除不需要的对象的简便方法,而无须退出"延伸"命令,输入 R,命令行提示：

"选择要删除的对象或 <退出>"选项：(选择对象并按<Enter>键或空格键,则删除所选对象并返回上一提示)

7)"放弃（U）"选项。取消前一次的修改。

对两个对象在图面上不相交,但将其中的一个或两个以上对象延伸可以相交的对象的延伸,以图 3-38 为例,操作如下：

Command：ex ↵

当前设置：投影=UCS,边=无

选择边界的边...

选择对象：(选择图 3-38 中直线 A,按<Enter>键或空格键)

选择要延伸的对象,或按住<Shift>键选择要修剪的对象,或[栏选（F）/窗交（C）/投影（P）/边（E）/放弃（U）]：(输入 E,按<Enter>键或空格键)

输入隐含边延伸模式[延伸(E)/不延伸(N)] <不延伸>：(输入 E,按<Enter>键或空格键)

选择要延伸的对象,或按住<Shift>键选择要修剪的对象,或[栏选（F）/窗交（C）/投影（P）/边（E）/放弃（U）]：(选取要延伸的对象,即图 3-38 中的所有水平直线)

选择要延伸的对象,或按住<Shift>键选择要修剪的对象,或[栏选（F）/窗交（C）/投影（P）/边（E）/放弃（U）]：(按<Enter>键或空格键,结束该命令,执行结果如图 3-39 所示)

图 3-38 不相交对象延伸前的图形   图 3-39 不相交对象延伸后的图形

（2）复杂对象的延伸 当延伸边界较为复杂或延伸对象较多时,可选择灵活的方法选择延伸边界或延伸对象，如在"选择对象:"提示下按<Enter>键或空格键，表示将图形中的所有对象都当作了延伸边界。如在"选择要延伸的对象，或按住<Shift>键选择要修剪的对象，或［栏选（F）/窗交（C）/投影（P）/边（E）/放弃（U）］:"提示下输入 F 或 C，则以栅栏或窗交的方式选择延伸对象，该法可简化多条延伸对象的选择。

（3）多段线的延伸 对于非闭合的多段线（即未合并第一条和最后一条直线或圆弧的多段线线段），可以延伸第一条边或最后一条边，就像它是一条直线或圆弧，延伸操作方法如前所述。

注意: 如果延伸有宽度的宽多段线使中心线与边界相交，因为宽多段线的末端位于 90°角上，如果边界不与延伸线段垂直，则末端的一部分延伸时将越过边界，如图 3-40a、b 所示。如果用宽度线作为延伸边界时，其中心线为实际的延伸边界。如果延伸一段锥形的多段线线段，则延伸末端的宽度将被修改至原锥形延长到新的端点时的宽度。如果延长后，其末端的宽度出现负值，则 AutoCAD 会将其在该端点的宽度变为 0。如图 3-41a、b 所示为锥形多段线在延伸前后的情况。

a) 延伸宽多段线前　　　　b) 延伸宽多段线后　　　　a) 延伸锥形多段线前　　　　b) 延伸锥形多段线后

图 3-40 宽多段线延伸的图形　　　　　　图 3-41 锥形多段线延伸的图形

延伸命令和修剪命令实际上可互相转换使用，其方法是:在使用延伸命令的过程中同时按住<Shift>键和左键，则可对选择的对象进行修剪;而在使用修剪命令的过程中同时按住<Shift>键和左键，则可对选择的对象进行延伸。如果能灵活运用这两个命令的转换功能，则可以在实际的绘图工作中节约大量的时间。

实例:绘制曝气池

Command:rec ↵(绘制曝气池壁 1)

指定第一个角点或［倒角（C）/标高（E）/圆角（F）/厚度（T）/宽度（W）］:(指定角点 A)

指定另一个角点或［面积（A）/尺寸（D）/旋转（R）］:(指定角点 C)

Command:pl ↵(绘制线段 6)

指定起点:(捕捉矩形 1 的 I 点)

指定下一点或［圆弧（A）/半宽（H）/长度（L）/放弃（U）/宽度（W）］:(捕捉矩形 1 右边垂足)

指定下一点或［圆弧（A）/闭合（C）/半宽（H）/长度（L）/放弃（U）/宽度（W）］:↵(结束)

用 pl 命令绘制出多段线 2、3、4、8。

Command:mi ↵(镜像复制线 5、7)

选择对象:(选择线 2、3)

指定镜像线的第一点:(捕捉线 4 的中点)

指定镜像线的第二点:(打开正交,在垂直方向按左键)

是否删除源对象?［是（Y）/否（N）］<N>:↵

Command:o ↵

指定偏移距离或［通过（T）/删除（E）/图层（L）］<2>:(指定线 5、6 的间距)

选择要偏移的对象,或［退出（E）/放弃（U）］<退出>:(选择线 8)

指定要偏移的那一侧上的点,或[退出(E)/多个(M)/放弃(U)]<退出>:(在线8下方点左键)

选择要偏移的对象,或[退出(E)/放弃(U)]<退出>:↵

Command:l↵(绘制线10及其他线段)

Command:tr↵(修剪多余线段)

(选择剪切边)

选择对象:(选择线8、10为剪切边界)

选择对象:↵(结束边界选择)

选择要修剪的对象,或[投影(P)/边(E)/放弃(U)]:(选择需修剪掉的线段)

选择要修剪的对象,或[投影(P)/边(E)/放弃(U)]:↵(结束命令)

(同理修剪掉其他多余线段,如图3-42所示)

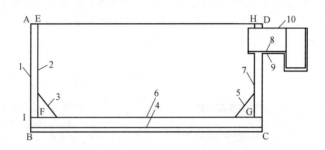

图3-42 曝气池截面

3.3.4 旋转与阵列命令

1. 旋转

功能:使一个或多个对象以一个指定点为基点,按指定的旋转角度或一个相对于基础参考角的角度来旋转。

启动方式:功能区"默认"→"修改"→"旋转"按钮，或执行Command:rotate(或ro)命令。

操作方法:常用的旋转方法有角度法旋转和参照法旋转。

(1) 角度法旋转

Command:ro↵

UCS当前的正角方向:AngDir=逆时针 AngBase=0

"选择对象"选项:(选择要旋转的对象,如图3-43a所示,选中矩形按<Enter>键或空格键)

"选择对象"选项:(继续选择对象或直接按<Enter>键或空格键,结束选择命令)

"指定基点"选项:(选择要旋转对象的旋转基点,如图3-43a所示,选中矩形的左下角点为旋转基点)

"指定旋转角度,或[复制(C)/参照(R)]<0>"选项:(输入数值60,表示矩形将以左下角点为基点,按逆时针方向旋转60°,执行结果如图3-43b所示)

注意:在AutoCAD的图形单位设置对话框中,角度的默认选项是以逆时针为正、顺时针为负。该选项可根据用户的需求自行设置。指定旋转角度的输入方法是角度数值,该数值的范围为0~360,如60表示旋转60°角,而不是输入60°。同时还可以按弧度、百分度或勘测方向输入值。另外,指定旋转角度的

a)旋转前　　b)旋转后

图3-43 "角度法"旋转图形

输入也可以用光标按照需要进行拖动。为了更加精确,最好能使用"正交"模式、极轴追踪或对象捕捉等绘图辅助工具。

（2）参照法旋转　参照法旋转一般是用来对齐两个不同的对象,如图 3-44a 所示,操作过程如下:

Command:ro ↵(或按空格键)

UCS 当前的正角方向: AngDir＝逆时针　AngBase＝0

选择对象:(选择矩形)

选择对象:(按<Enter>键或空格键,结束对象选取)

指定基点:(选择图 3-44a 中的 A 点)

指定旋转角度,或[复制(C)/参照(R)] <0>:(输入 r,即按参照的方式旋转对象矩形,按<Enter>键或空格键)

指定参照角:(输入参照方向角度值后按<Enter>键或空格键,或用捕捉的方式,单击两点来确定参照方向的角度,按<Enter>键或空格键)。本例题将用捕捉的方式选中 A 点,按<Enter>键或空格键)

指定第二点:(用捕捉的方式选中 B 点,按<Enter>键或空格键)

指定新角度或[点(P)]:(输入新的角度值后按<Enter>键或按空格键。本例题将用捕捉的方式选中 C 点以确定新角度,完成矩形的旋转,矩形实际的旋转角度为新角度减去参照角度的差,执行结果如图 3-44b 所示)

在旋转命令执行过程中,若输入 C,表示在旋转的同时,还对旋转对象进行复制。如上例中图 3-45a 中的矩形,在"指定旋转角度,或[复制(C)/参照(R)] <0>:"提示下输入 C,即进行复制旋转,其他操作过程同上,执行结果如图 3-45b 所示。

　　a) 旋转前　　　　　　b) 旋转后

　　a) 旋转前　　　　b) 复制旋转后

图 3-44　参照法旋转图形　　　　　　　图 3-45　参照法旋转复制图形

2. 阵列

功能:以矩形路径或极轴等方式多重复制对象。

启动方式:功能区"默认"→"修改"→"矩形阵列"按钮▦,或执行 Command:array (或 ar) 命令。

对于矩形阵列,可通过指定行和列的数目及它们之间的距离来控制阵列后的效果;对于路径阵列,可通过指定路径及复制对象的数量控制阵列后的效果;对于极轴阵列,需要确定组成阵列的待复制数量及是否旋转复制等。

操作方法:命令行输入命令后,提示选择对象,选择操作对象后按<Enter>键或空格键。

选择对象后输入阵列类型,如图 3-46 所示。

选择阵列类型后,标题栏出现"阵列创建"选项,可编辑阵列的行、列、层级和特性,如图 3-47 所示。

输入阵列类型
● 矩形(R)
路径(PA)
极轴(PO)

图 3-46　阵列类型

图 3-47 阵列创建

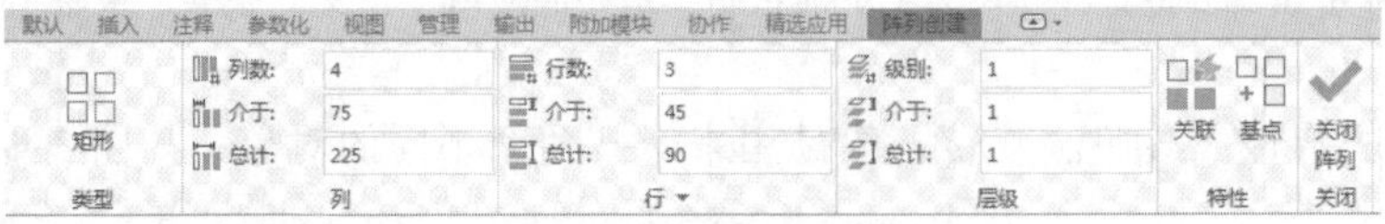

右击弹出右键菜单，提示"关联（AS）""基点（B）""计数（COU）""间距（S）""列数（COL）""行数（R）"、"层数（L）"和"退出（X）"，对阵列进行编辑，如图 3-48 所示。

（1）矩形阵列 矩形阵列是指阵列对象按行、列或层级的方式进行多重复制并均匀分布。"矩形阵列"对话框中各区域的选项功能说明如下：

1）"行数 行数:"。指定阵列后的复制行数。

2）"列数 列数:"。指定阵列后的复制列数。

3）"介于 介于:"。确定矩形阵列的行间距、列间距等，指定从

图 3-48 阵列选项

每个对象的相同位置测量的行或列之间的距离。用户可分别在行列的"介于"文本框中输入具体的数值，也可单击相应的按钮，然后在绘图屏幕上选取两点作为间距值。"行介于"可取正值或负值，正值表示阵列后的行在原对象的上方，负值表示阵列后的行在原对象的下方。"列介于"可取正值或负值，正值表示阵列后的列在原对象的右面，负值表示阵列后的列在原对象的左面。"旋转角度"也可取正值或负值，正值表示阵列后的行按逆时针方向旋转，负值表示阵列后的行按顺时针方向旋转。

4）"总计 总计:"。包括"列总计"和"行总计"，"列总计"是列的总距离，即指定第一列到最后一列的总距离；"行总计"是行的总距离，即指定第一行到最后一行的总距离。

5）"级别 级别:"。即层级数或指定层级数；级别"介于"即层级间距或指定层级间距；级别"总计"即层级的总距离，即指定第一个到最后一个层级之间的总距离。

6）"关联"。控制是否创建关联阵列，关联后阵列是一个整体，点击关联阵列中任意对象就能选中整个阵列。每个对象之间都具有关联性，编辑任意阵列后对象，整个阵列也随之改变。可通过对阵列中一个对象的修改实现对整个阵列的修改。

7）"基点"。指定在阵列中放置项目的基点，可定义阵列基点和基点夹点的位置。

执行阵列命令，打开"矩形阵列"对话框，选中单选按钮 ○环形阵列(P)，此时系统切换到绘图区用鼠标拾取图 3-49a 所示的阀门，并按<Enter>键或空格键，系统又返回"矩形阵列"对话框。在行数 行数:文本框中输入 4，在列数 列数:文本框中输入 4，在行介于 介于: 文本框中输入 100，在列介于 介于:文本框中输入 200。在绘图区中显示矩形阵列后的结果，如果矩形阵列后的结果不符合要求，在矩形阵列选项卡再进行修改，完成矩形阵列相关参数的设置后，结束矩形阵列操作，执行结果如图 3-49b 所示。若在上述矩形阵列过程中旋转角度设成 45°，则执行结果如图 3-49c 所示。

（2）路径阵列 路径阵列是指项目在阵列中均匀地沿路径或部分路径分布。路径可以是直线、多段线、三维多段线、样条曲线、螺旋、圆弧、圆或椭圆。图 3-50b、c 所示默认

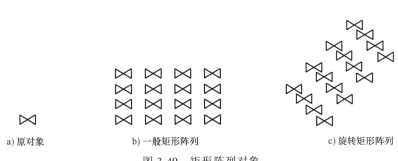

a) 原对象　　　　　　b) 一般矩形阵列　　　　　　　c) 旋转矩形阵列

图 3-49　矩形阵列对象

得到路径阵列是沿样条曲线均匀分布，可根据命令行的提示输入命令达到要得到的路径阵列效果；也可通过菜单栏弹出的"阵列创建"的面板中的项目、行、层级和特性等选项内容编辑路径阵列，如图 3-50a 所示。

操作步骤：第一步，执行阵列命令，在打开的"阵列"对话框中，单选"路径阵列"按钮，选择操作对象，按<Enter>键或空格键，显示已有 1 个对象被选中，在选择的"阵列"对话框中，单选"路径阵列"选项；第二步，选择路径曲线，按<Enter>键或空格键；第三步，设置项目数，参数如图 3-50d 所示。

a) 路径阵列创建　　　　　　　　　　　　　　　d) 路径阵列选项

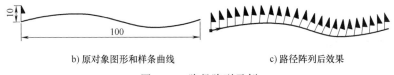

b) 原对象图形和样条曲线　　　　　　　　c) 路径阵列后效果

图 3-50　路径阵列示例

1）"关联（AS）"。指关联阵列，任何一个单元之间都是关联着的，修改其中任何一个单元，其他的也跟着变化。

2）"方法（M）"。包括定数等分（D）和定距等分（M），默认为定距等分（M）。定数等分是将路径等分为输入的块数，在每个等分点上输入对象；定距等分是将路径以输入的数值进行等分，若路径的总长不能整除输入的数值，则多出的长度上将不会分布对象。

3）"基点（B）"。路径阵列默认基点是在路径的起点上。

4）"切向（T）"。指阵列中的项目如何相对于路径的起始方向对齐。

5）"项目（I）"。指选中对象阵列后的数目。

6）"行（R）"。表示阵列的行数、行间距以及行与行之间的标高增量。标高增量指相邻行与行之间在 Z 轴方向上的增量。

7）"层（L）"。表示在 Z 轴上叠加的层数以及层间距的数值。

8）"对齐项目（A）"。指是否对齐每个项目以与路径的方向相切，对齐相对于第一个项目的方向。

9）"z 方向（Z）"。指是否保持项目的原始 Z 方向或沿三维路径自然倾斜项目。

（3）极轴阵列　极轴阵列是指将所选的对象绕某个中心点进行旋转多重复制，然后生成一个环行结构的图形。执行阵列命令，在"阵列"对话框中选中单选"极轴阵列"按钮，选择操作对象，用鼠标拾取图 3-52a 中的矩形，并按<Enter>键或空格键，显示已有 1 个对象被选中，并对图 3-52a 进行极轴阵列操作，生成图 3-52b 所示图形。

在"基点"选项中输入圆心点的坐标或用在绘图区中直接用捕捉方式选取，在"项目"选项的"项目数"中输入 6，在"填充"选项中输入 360，如图 3-51a 所示。在绘图区中预览环行阵列后的结果，如果阵列后的结果不符合要求，也可以直接在"极轴阵列"对话框中进行修改，完成极轴阵列相关参数的设置后，结束极轴阵列操作，执行结果如图 3-52b 所示。

"极轴阵列"对话框中各区域的选项功能说明如下：

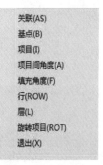

a) 极轴阵列创建　　　　　　　　　　　b) 极轴阵列选项

图 3-51　极轴阵列的创建和设置

1）"关联（AS）"。指关联阵列，任何一个单元之间都是关联着的，修改其中任何一个单元，其他的也跟着变化。

2）"基点（B）"。指定环行阵列参照的中心点。可以在绘图区中以拾取点的方式指定中心点。

3）"旋转项目（ROT）"。指对象在旋转过程中是否跟着旋转。默认为"是（Y）"，即对象跟着旋转。

a) 环形阵列原对象　　　　　b) 一般极轴阵列

图 3-52　环行阵列对象

4）"项目（I）"。指选中对象阵列后的数目。

5）"项目间角度（A）"。确定极轴阵列的项目间距，使用值或表达式指定项目之间的角度。

6）"填充角度（F）"。指极轴阵列的夹角范围，使用值或表达式指定阵列中第一个和最后一个项目之间的角度，默认填充角度为360°。

7）"行（ROW）"。指定极轴阵列向外辐射的圈数。

8）"行介于"。确定极轴阵列的行间距，指定从每个对象的相同位置测量的每行之间的距离。

9）"行总计"。指行间的总和，指定从开始和结束对象上的相同位置测量的起点和终点行之间的距离。

10）"增量"。指定行之间的增量标高。

11）"层（L）"。表示在Z轴方向的层数，包括层数与层间距两个参数。

12）"级别"。指层级数或指定层级数。

13）"层介于"。确定极轴阵列层级之间的距离。

14）"层总计"。指层级之间距离的总和，指定第一层和最后一层之间的总距离。

环行阵列主要掌握在操作过程中阵列中心点、阵列数目、填充角度及被阵列对象的输入或选择。

3.3.5 拉伸和拉长命令

1. 拉伸

功能：用来改变对象的形状及大小。

启动方式：功能区"默认"→"修改"→"拉伸"按钮，或执行Command：stretch（或s）命令。

在拉伸对象时，必须使用一个交叉窗口或交叉多边形来选取对象，再指定一个放置距离，或者选择一个基点和放置点。

由直线、圆弧、区域填充（solid命令）和多段线等命令绘制的对象，可通过拉伸命令改变其形状和大小。在选择对象时，若整个对象均在选择窗口内，则对其进行移动；若其一端在选择窗口内，另一端在选择窗口外，则根据对象的类型，按以下规则进行拉伸。

1）直线对象。位于窗口外的端点不动，而位于窗口内的端点移动，直线由此而改变。

2）圆弧对象。与直线类似，但在圆弧改变的过程中，其弦高保持不变，同时由此来调整圆心的位置和圆弧起始角、终止角的值。

3）区域填充对象。位于窗口外的端点不动，位于窗口内的端点移动，由此改变图形。

4）多段线对象。与直线和圆弧类似，但多段线两端的宽度、切线方向及曲线拟合信息均不改变。

对于其他不可以通过拉伸命令改变其形状和大小的对象，如果在选取时其定义点位于选择窗口内，则对象发生移动，否则不发生移动。其中，圆对象的定义点为圆心，形和块对象的定义点为插入点，文字和属性定义点为字符串基线的左端点。

操作方法：输入命令后，绘制图3-53a所示的图形，执行拉伸命令，将墙体上的门，从左端拉到右端。执行拉伸命令后AutoCAD提示：

以交叉窗口或交叉多边形选择要拉伸的对象...

选择对象:(选择要拉伸的对象,即从右下方墙线向左上方构造交叉窗口,该窗口包含门和压住下方墙体,故门下方墙体被选中,如图3-53b和3-53c所示)

选择对象:(继续选择实体或直接按<Enter>键或空格键,结束选取)

指定基点或[位移(D)]〈位移〉:(指定拉伸基点,用对象捕捉方法选中门与墙体的交点处,并将正交打开,以保证水平移动门,如图 3-53d 和 3-53e 所示)

指定第二个点或〈使用第一个点作为位移〉:(指定拉伸终点,选中门移动的终止位置,执行结果如图 3-53f 所示)

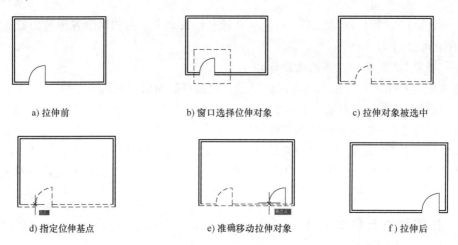

a) 拉伸前   b) 窗口选择位伸对象   c) 拉伸对象被选中

d) 指定位伸基点   e) 准确移动拉伸对象   f) 拉伸后

图 3-53 拉伸对象操作图形

在上述操作过程中,由于门被包含在窗口内,故执行了移动功能;左侧下墙体被窗口选中,执行了拉长功能;右侧下墙体被窗口选中,执行了压缩功能。

拉伸命令执行时的注意事项:

1)拉伸命令只能用交叉窗口方式选取对象。若使用 W 窗口或单击形式选择对象,不能拉伸。

2)选择对象时,若某些图形(直线、圆弧)的整体都在选择窗口内,则该图形是平移而不是拉伸;只有一端在窗口内,一端在窗口外,才能被拉伸。

3)圆、椭圆、块、文本等没有端点的图形元素不能被拉伸,根据其特征点是否在选取框内而决定是否移动。

4)拉伸圆弧时,弦高保持不变,只改变圆心和半径。

5)拉伸宽度渐变的多段线时,多段线的端点宽度保持不变。

2. 拉长

启动方式:功能区"默认"→"修改"→"拉长"按钮，或执行 Command:lengthen(或 len)命令,或选择对象后,直接拖动对象端点。

功能:改变对象的长度,改变圆弧的角度,改变非闭合的圆弧、多段线、椭圆弧和样条曲线的长度。拉长对象的结果与延伸或修剪操作类似。其实拉长对象既可以使对象的长度变长,也可以使对象的长度变短。

操作方法:拉长命令一般有按增量、按百分数、按总长度值和按动态 4 种方法来改变对象的长度。

(1)按增量拉长对象

Command:len ↵(执行如图 3-54a 所示直线的修改)

选择对象或[增量(DE)/百分数(P)/全部(T)/动态(DY)]:(输入 DE 按<Enter>键或空格键,表示以拉长或缩短的长度方式调整对象的长度)

输入长度增量或[角度(A)] <0.0000>:(指定对象拉长的长度,如果输入正值,所选对象被增长;如果输入负值,则所选对象被缩短。本题中输入 400 后按<Enter>键或空格键)

选择要修改的对象或[放弃(U)]:(选择对象被拉长或缩短的一端,系统将对象从选择点最近的端点拉长到指定值。如在直线的右端选取直线,执行结果如图 3-54b 所示,原直线向右拉长 400 个单位)

如果在“输入长度增量或［角度（A）］<0.0000>”的提示下输入 A，则表示角度增量值修改选定圆弧的圆心角，如图 3-55a 所示，输入 60 后按<Enter>键或空格键。

选择要修改的对象或[放弃(U)]:(选择圆弧右上端,则圆弧在该侧圆心角增加 60°,即圆弧在此处被拉长,执行结果如图 3-55b 所示)

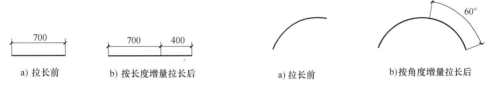

a) 拉长前　　b) 按长度增量拉长后

图 3-54　按增量拉长直线

a) 拉长前　　b)按角度增量拉长后

图 3-55　按增量拉长圆弧

（2）按百分数拉长对象

Command:len ↵(如图 3-56a 所示,对该圆弧用百分数方法进行修改,命令行提示:)

选择对象或[增量(DE)/百分数(P)/全部(T)/动态(DY)]:[输入 P,按<Enter>键或空格键,表示指定总长度或总角度的百分比来改变对象的长度。如果指定的百分比大于 100,则对象从距离选择点最近的端点开始拉长,拉长后的长度(角度)为原长度(角度)乘以指定的百分比;如果指定的百分比小于 100,则对象从距离选择点,最近的端点开始修剪,修剪后的长度(角度)为原长度(角度)乘以指定的百分比]

输入长度百分数 <0>:(输入 50,按<Enter>键或空格键)

选择要修改的对象或[放弃(U)]:(选择圆弧的右上部分)

选择要修改的对象或[放弃(U)]:(按<Enter>键或空格键,执行结果如图 3-56b 所示,即圆弧被剪切一半)

（3）按总长度拉长对象

Command:len ↵(如图 3-57a 所示,对该直线用长度方法进行修改,命令行提示:)

选择对象或[增量(DE)/百分数(P)/全部(T)/动态(DY)]:(输入 T,按<Enter>键或空格键,表示按给定的总长度值来改变线段的长度)

指定总长度或[角度(A)] <1.0000)>:(输入 500,按<Enter>键或空格键)

选择要修改的对象或[放弃(U)]:(选取直线的下端点)

选择要修改的对象或[放弃(U)]:(按<Enter>键或空格键,执行结果如图 3-57b 所示,即直线被剪切一半)

a) 拉长前　　b) P=50拉长后

图 3-56　按百分数拉长对象

a) 拉长前　　b) T=500拉长后

图 3-57　按总长度拉长对象

（4）按动态方法

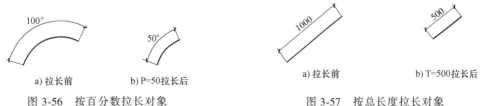

Command:len ↵

选择对象或[增量(DE)/百分数(P)/全部(T)/动态(DY)]:(输入 DY,按<Enter>键或空格键,表示打开动态拖动模式,用户可通过光标动态拖动距离选择点最近的端点,然后根据被拖动的端点的位置改变选定对象的长度)

选择要修改的对象或[放弃(U)]:(选择要拉长的对象,按<Enter>键或空格键)

指定新端点:(指定被拖动端点的新位置)

选择要修改的对象或[放弃(U)]:(继续选择要拉长的对象,按<Enter>键或空格键结束命令)

3.3.6 打断与合并命令

1. 打断

功能:打断对象或删除对象的一部分。

打断的对象可以是直线线段、多段线、圆弧、圆、椭圆、样条曲线、射线或构造线等,标注的尺寸线不能被打断。

启动方式:功能区"默认"→"修改"→"打断"按钮 或 ,或执行 Command:break(或 br)命令。

Command:br ↵

选择对象:(选择要断开的对象)

(1)打断对象

选择对象:(选择要断开的对象)

指定第二个打断点或[第一点(F)]:

有以下3种打断方式输入。

1)模糊打断。直接单击所选对象上另一点,则 AutoCAD 自动将选择对象的位置作为第一点,该输入点作为第二点,在这两点间打断所选对象,由于选择对象的位置的点具有不准确性,故称为此种方法为模糊打断。

2)精确打断。语句中输入 F,即表示重新定义第一点,并提示:

指定第一个打断点:(用对象捕捉方法选择打断的第一点)

指定第二个打断点:(用对象捕捉方法选择打断的第二点,则在第一点和第二点间准确断开对象,如图 3-58 所示)

图 3-58 精确打断操作过程

3)以"点"打断。语句中输入 F,并提示:

指定第一个打断点:(精确给定一点)

指定第二个打断点:(输入"@"后,按<Enter>键或空格键,则 AutoCAD 将在选取对象的第一个打断点处断开)

此法也称为原对象"一分为二"法。如图 3-59a、b 所示,以夹点的方式显示直线以点方式打断前后的变化。

以点打断对象的操作还可使用"修改工具栏"中的 按钮,执行该命令,则提示

a) 打断前　　　　　　　　　　　b) 打断后

图 3-59　直线以点方式打断前后的变化

如下：

选择对象：(选择要打断的对象)

指定第二个打断点或[第一点(F)]：f↵

指定第一个打断点：(给定一点)，

指定第二个打断点：(@语句并结束命令，完成以点方式打断对象)

（2）删除功能　当命令提示"指定第二个打断点或［第一点（F）］："时，如果指定的第二个打断点在选取的对象外，则 AutoCAD 将删除从第一点和对象外选取点之间的所有对象。

说明：

1）若断开对象为圆，则 AutoCAD 删除第一点与第二点之间沿逆时针方向的圆弧。

2）若输入第二点与直线类打断对象不在一条直线上，则 AutoCAD 由该点向直线作垂线，删除第一点和垂足之间的线段；若输入第二点不在圆弧上，则 AutoCAD 连接该点与圆心，与圆弧有一个交点，删除第一点和交点之间的线圆弧。

3）在命令行提示"选择对象"时，不管用何种方式选择打断对象每次只能选择一个对象。

2. 合并

功能：将相似的对象合并为一个对象。

启动方式：功能区"默认"→"修改"→"合并"按钮 ⇥ ，或执行 Command：join（或 j）命令。

AutoCAD 中可以合并的对象包括直线、圆弧、椭圆弧、多段线、样条曲线等。同时要合并的对象必须在一个平面上，常把要合并的对象称为源对象。在合并两条或多条圆弧（或椭圆弧）时，将从源对象开始沿逆时针方向合并圆弧（或椭圆弧）。

Command：j↵

选择源对象或要一次合并的多个对象：(选择图 3-60a 所示的任一直线或圆弧，并提示)

选择要合并的对象：(选择图 3-60a 所示其他两条直线或两段圆弧，按<Enter>键或空格键，并提示"已将 2 条直线合并到源或已将 2 个圆弧合并到源"，执行结果如图 3-60b 所示)

a) 合并前　　　　　　　　　　　b) 合并后

图 3-60　合并前后效果

3.3.7　缩放命令

功能：按照指定的基点将所选对象真实地放大或缩小。

启动方式：功能区"默认"→"修改"→"缩放"按钮，或快捷菜单，选择要缩放的对象，在绘图区右击，选择缩放，或执行 Command：scale（或 sc）命令。

Command：sc ↵

选择对象：

（1）按指定的比例因子缩放　在命令行提示"选择对象："后选择要缩放的对象，如图3-61a所示，选择整个图形。

选择对象：↵（或按空格键）

指定基点：（选择 A 点）

指定比例因子或［复制（C）/参照（R）］：（输入比例因子，系统将按照该值相对于指定的基点缩放对象。当"比例因子"在 0~1 时，将缩小对象；当"比例因子"大于 1 时，则放大对象。此时输入 0.5 按<Enter>键或空格键，执行结果如图 3-61b 所示）

（2）按指定参照缩放　　如果在命令行提示"指定比例因子或［复制（C）/参照（R）］："下输入 R，则按照参照缩放对象，即按照现有对象的尺寸作为新尺寸的参照，如图3-62a 所示矩形的原来尺寸未知，但要求缩放后的尺寸为 1500，在这种情况下，用指定参照缩放操作更方便，具体操作步骤如下：

Command：sc ↵（或按空格键）

选择对象：（选择图 3-62a 所示整个图形）

选择对象：↵（或按空格键）

指定基点：（选择 A 点）

指定比例因子或［复制（C）/参照（R）］：r↵（或按空格键）

指定参照长度：（选择 A 点，按<Enter>键或空格键）

指定第二点：（选择 B 点，按<Enter>键或空格键）

指定新的长度或［点（P）］：（输入 1500，按<Enter>键或空格键，执行结果如图 3-62b 所示）

若指定新的长度或［点（P）］：（输入 P）

指定第一点：（按缩放后的直线大小选择直线的一端点）

指定第二点：（按缩放后的直线大小选择直线的另一端点，则根据指定点的距离缩放图形）

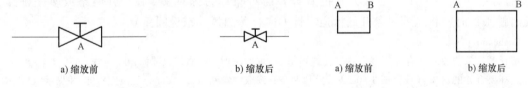

a) 缩放前　　　　　　　　　b) 缩放后　　　　　a) 缩放前　　　　　　　　b) 缩放后

　　图 3-61　按指定的比例因子缩放对象　　　　图 3-62　按指定参照缩放对象

在命令行"指定比例因子或［复制（C）/参照（R）］："提示下输入 c 后按<Enter>键或空格键，表示可复制一个缩放后的图形，而原图形不变。

3.3.8　分解与对齐命令

1. 分解

当填充图案、标注尺寸画多段线及插入块时，这些图形都是作为一个整体存在的。有时为了编辑这些整体图形，必须将其分解。

功能：把单个的整体对象转换为它们的组成部分。

启动方式：功能区"默认"→"修改"→"分解"按钮，或执行 Command：explode 或x 命令。

Command：x ↵

选择对象：（选取分解的对象）

选择对象：（继续选取对象或直接按<Enter>键后结束该命令，AutoCAD 则将所选对象进行分解）

说明：

1）多段线分解后，相关的宽度信息将消失，所有的直线和弧线都沿中心放置。

2）带有属性的图块分解后，其属性值将被还原成为属性定义的标志。

3）阵列插入的带有不同 X、Y 插入比例的图块不能分解。

4）在对封闭多段线倒圆角时，采用不同方法画出的封闭多段线，倒圆角的结果不同，具体情况与倒角相似。

5）在分解对象后，原来配置成 ByBlock（随块）的颜色和线型的显示将可能发生改变。

6）如果分解面域，则面域转换成单独的线、圆等对象。

7）某些对象如文字、外部参照及用 minsert 命令插入的块不能分解。

8）若要分解对象并同时更改其特性，则使用 xplode 或 xp 命令。

Command：xp ↵

选择对象：（找到 1 个对象）

选择对象：↵

输入选项［全部(A)/颜色(C)/图层(LA)/线型(LT)/线宽(LW)/从父块继承(I)/分解(E)］<分解>：（即可按照需要进行分解）

2. 对齐

功能：通过移动、旋转或操作来使一个对象与另一个对象对齐，可以只做一个或两个操作，也可以三个操作都做。此命令既适用于二维对象，也适用于三维对象。

启动方式：功能区"默认"→"修改"→"对齐"按钮 ，或执行 Command：align（或 al）命令。

Command：al ↵（或按空格键）

选择对象：（选择图 3-63a 中的污泥块图形）

选择对象：↵（或按空格键）

指定第一个源点：（选择污泥块的左下角点）

指定第一个目标点：（指定左侧第一个圆与直线的交点）

指定第二个源点：（选择污泥块的右下角点）

指定第二个目标点：（指定左侧第二个圆与直线的交点）

指定第三个源点或 <继续>：↵（或按空格键）

是否基于对齐点缩放对象？［是(Y)/否(N)］<否>：↵（或按空格键，执行结果将污泥块移动到滚筒上，如图 3-63b 所示）

a) 对齐前

b) 对齐而不缩放

c) 对齐并缩放

图 3-63　对齐对象

若在命令行"指定第二个目标点:"提示下,指定左侧第六个圆与直线的交点,则命令行提示:

指定第三个源点或 <继续>:(按<Enter>键或按空格键)

是否基于对齐点缩放对象?[是(Y)/否(N)] <否>:Y↙(或按空格键,执行结果将污泥块放大并移动到滚筒上,如图 3-63c 所示)

3.3.9 倒角与倒圆角命令

1. 倒角

功能:连接两个非平行的对象,通过延伸或修剪使它们相交或利用斜线连接。

启动方式:功能区"默认"→"修改"→"圆角" 下拉菜单里的"倒角"按钮,或执行 Command:chamfer(或 cha)命令。

Command:cha ↙(AutoCAD 提示:状态语句)

(1)按指定距离倒角 按指定距离倒角就是指定每一条直线被修剪的距离。输入命令后提示:

("修剪"模式) 当前倒角距离 1 = 0.0000,距离 2 = 0.0000

选择第一条直线或[放弃(U)/多段线(P)/距离(D)/角度(A)/修剪(T)/方式(E)/多个(M)]:

各选项的含义如下:

1)("修剪"模式) 当前倒角距离 1 = 0.0000,距离 2 = 0.0000。状态语句,显示系统当前的"修剪"模式。

2)"放弃(U)"选项。放弃最近由倒角命令所做的修改。

3)"多段线(P)"选项。在二维多段线的所有顶点处产生倒角。

4)"距离(D)"选项。设置倒角距离。

5)"角度(A)"选项。以指定一个角度和一段距离的方法来设置倒角距离。

6)"修剪(T)"选项。设置在对对象倒角后,是否仍然保留被倒角对象原有的形状。

7)"方式(E)"选项。在"距离"和"角度"两个选项之间选择验证方法。

8)"多个(M)"选项。给多个对象集倒角。命令行将重复显示主提示和"选择第二个对象"提示,直到用户按<Enter>键或空格键结束命令。

如图 3-64a 所示,执行倒角命令,生成图 3-64b 所示图形,执行过程如下:

Command:cha ↙

("修剪"模式) 当前倒角距离 1 = 0.0000,距离 2 = 0.0000

选择第一条直线或[放弃(U)/多段线(P)/距离(D)/角度(A)/修剪(T)/方式(E)/多个(M)]:(选择水平直线)

选择第二条直线,或按住 Shift 键选择要应用角点的直线或[距离(D)/角度(A)/方法(M)]:(选择垂直直线,执行结果如图 3-64b 所示)

若在选择第一条直线或[放弃(U)/多段线(P)/距离(D)/角度(A)/修剪(T)/方式(E)/多个(M)]:(输入 d 按<Enter>键或空格键)

指定第一个倒角距离 <0.0000>:40↙(或按空格键)

指定第二个倒角距离 <0.0000>:80↙(或按空格键)

选择第一条直线或[放弃(U)/多段线(P)/距离(D)/角度(A)/修剪(T)/方式(E)/多个(M)]:(选择图 3-64b 中的水平直线)

选择第二条直线,或按住<Shift>键选择要应用角点的直线或[距离(D)/角度(A)/方法(M)]:(选择图 3-62b 中的垂直直线,执行结果如图 3-64c 所示)

a) 倒角前　　　　　　　　　　b) 倒角距离=0　　　　　　　　　c) 指定不同倒角距离

图 3-64　直线倒角对象

若采用多段线倒角,命令行提示

Command:cha ↵

("修剪"模式)当前倒角距离 1 = 40.0000,距离 2 = 80.0000

选择第一条直线或[放弃(U)/多段线(P)/距离(D)/角度(A)/修剪(T)/方式(E)/多个(M)]:p↵(或按空格键)

选择二维多段线:(选择图 3-65a 中的二维多段线,提示 4 条直线已被倒角,执行结果如图 3-65b 所示)

若二维多段线封闭时用闭合方法,即输入 C,则执行倒角命令后结果如图 3-66a 所示。如果二维多段线封闭时用捕捉点的方法,则执行倒角命令后结果如图 3-66b 所示。

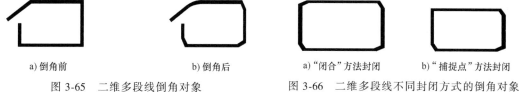

a) 倒角前　　　　　　　　　b) 倒角后　　　　　　　a)"闭合"方法封闭　　b)"捕捉点"方法封闭

图 3-65　二维多段线倒角对象　　　　　图 3-66　二维多段线不同封闭方式的倒角对象

（2）按指定距离和角度倒角

选择第一条直线或[放弃(U)/多段线(P)/距离(D)/角度(A)/修剪(T)/方式(E)/多个(M)]:a↵(或按空格键)

指定第一条直线的倒角长度 <0.0000>:100 ↵(或按空格键)

指定第一条直线的倒角角度 <0>:60 ↵(或按空格键)

选择第一条直线或[放弃(U)/多段线(P)/距离(D)/角度(A)/修剪(T)/方式(E)/多个(M)]:(选择图 3-67a 所示的右上角水平线)

选择第二条直线,或按住<Shift>键选择要应用角点的直线或[距离(D)/角度(A)/方法(M)]:(选择图 3-67a 所示的右上角垂直线,执行结果如图 3-67b 所示)

设置在倒角时是否对相应的倒角边进行修剪,即是否保留被倒角对象原有的形状,可以在"选择第一条直线或 [放弃（U）/多段线（P）/距离（D）/角度（A）/修剪（T）/方式（E）/多个（M）]:"提示下选择 T,命令行提示:

输入修剪模式选项[修剪(T)/不修剪(N)]<默认值>:

1）修剪（T）。倒角时修剪倒角边。

2）不修剪（N）。倒角时不对倒角边进行修剪。执行倒角命令的对比如图 3-68 所示。

在"选择第一条直线或 [放弃（U）/多段线（P）/距离（D）/角度（A）/修剪（T）/方式（E）/多个（M）]:"提示下选择 E,命令行提示:

输入修剪方法[距离(D)/角度(A)] <距离>:

1）距离（D）。按已确定的一条边的倒角距离进行倒角。

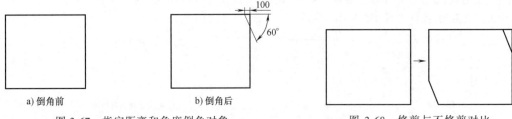

a) 倒角前　　　　　　　　　　b) 倒角后

图 3-67　指定距离和角度倒角对象　　　　　图 3-68　修剪与不修剪对比

2）角度（A）。按已确定的一条边的倒角距离以及倒角与这条边的角度进行倒角。

选择第一条直线或［放弃（U）/多段线（P）/距离（D）/角度（A）/修剪（T）/方式（E）/多个（M）］:（输入 M 按<Enter>键或空格键,可对多个对象集进行倒角）

选择第一条直线或［放弃（U）/多段线（P）/距离（D）/角度（A）/修剪（T）/方式（E）/多个（M）］;

选择第二条直线,或按住<Shift>键选择要应用角点的直线或［距离（D）/角度（A）/方法（M）］;

选择第一条直线或［放弃（U）/多段线（P）/距离（D）/角度（A）/修剪（T）/方式（E）/多个（M）］;

选择第二条直线,或按住<Shift>键选择要应用角点的直线或［距离（D）/角度（A）/方法（M）］;（可多次进行倒角的操作）

注意:

1）当设置的倒角距离太大或倒角角度无效时，AutoCAD会提示"距离太大"。

2）当选择的两倒角边平行且不能做出倒角时，AutoCAD会提示"直线平行"。

3）倒角命令不但能对相交的两条边进行倒角，还可对不相交的两条边进行倒角。如果把倒角距离设置为0后对两条不相交的边进行倒角，则相当于将两条边延长至一点；利用倒角命令的这个功能，可以使两条并不相连的线段连接起来。

4）在对封闭多段线进行倒角时，采用不同方法画出的封闭的多段线，倒角的结果不同。若画多段线时用close封闭，AutoCAD在每一个顶点处倒角；若使用点的目标捕捉功能画封闭多段线，AutoCAD则认为该处多段线为断点，不进行倒角操作。

2. 倒圆角

功能：用一个指定半径的圆角来光滑地连接两个对象。

启动方式：功能区"默认"→"修改"→"圆角"按钮 ，或执行 Command：fillet（或f）命令。

可以进行圆角处理的对象有直线段、多线段的直线段（非圆弧）、样条曲线、构造线、圆、圆弧和椭圆。

Command:f↵

当前设置:模式=修剪,半径=0. 0000

选择第一个对象或［放弃（U）/多段线（P）/半径（R）/修剪（T）/多个（M）］:

各选项的含义如下:

1）当前设置。模式=修剪,半径=0. 0000。状态语句,显示系统当前的"修剪"模式。

2）选择第一个对象。选择用于二维圆角的两个对象之一，也可选择三维实体的边。

3）放弃（U）。放弃最近由倒圆角命令所做的修改。

4）多段线（P）。在二维多段线中两条线段相交的所有顶点处产生倒圆角。

5）半径（R）。设置倒圆角的半径。

6）修剪（T）。设置是否在倒圆角对象后，仍然保留被倒圆角对象原有的形状。

7）多个（M）。多个对象集倒圆角。命令行将重复显示主提示和"选择第二个对象"提示，直到用户按<Enter>键或空格键结束命令。

（1）为两条不平行直线倒圆角　如图3-69a所示，执行倒圆角命令生成图3-69b的操作过程如下：

Command:f↵

当前设置:模式=修剪,半径=0.0000

选择第一个对象或[放弃(U)/多段线(P)/半径(R)/修剪(T)/多个(M)]:(选择图3-69a水平直线)

选择第二个对象,或按住<Shift>键选择要应用角点的对象或[半径(R)]:(选择图3-69a垂直直线,执行结果如图3-69b所示,即将不相交的两条直线以直角方式连接)

若在"选择第一个对象或［放弃（U）/多段线（P）/半径（R）/修剪（T）/多个（M）］:"提示下选择T，命令行提示：

修剪模式选项[修剪(T)/不修剪(N)]<修剪>:n↵(或按空格键)

选择第一个对象或[放弃(U)/多段线(P)/半径(R)/修剪(T)/多个(M)]:(选择图3-69a中水平直线)

选择第二个对象,或按住<Shift>键选择要应用角点的对象或[半径(R)]:(选择图3-69a中垂直直线,执行结果如图3-69c所示,即倒角后保留原直线)

若在"选择第一个对象或［放弃（U）/多段线（P）/半径（R）/修剪（T）/多个（M）］:"提示下选择R，命令行提示：

指定圆角半径 <0.0000>:80↵(或按空格键)

选择第一个对象或[放弃(U)/多段线(P)/半径(R)/修剪(T)/多个(M)]:(选择图3-69a中水平直线)

选择第二个对象,或按住<Shift>键选择要应用角点的对象或[半径(R)]:(选择图3-69a中垂直直线,执行结果如图3-69d所示,即将不相交的两条直线以r=80的圆弧连接)

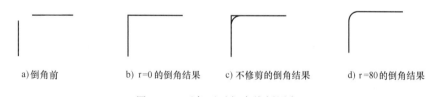

a)倒角前　　　　　b) r=0的倒角结果　　　c)不修剪的倒角结果　　　d) r=80的倒角结果

图3-69　两条不平行直线倒圆角

（2）为两条平行直线倒圆角　可以为平行直线和构造线倒圆角，但第一个选定对象必须是直线或单向构造线，第二个对象可以是直线、双向构造线或单向构造线。圆角弧的连接如图3-70所示。

图3-70　两条平行直线倒圆角

（3）为圆和圆弧倒圆角　执行倒圆角命令且r=0时，执行结果如图3-71所示；执行倒圆角命令且r=10时，执行结果如图3-72所示。

（4）为直线和多段线的组合倒圆角　如图3-73所示是由直线与多段线相交组成的图形，直线倒圆角命令后，倒圆角和圆角弧线合并形成单独的新多段线。

（5）为整个多段线倒圆角

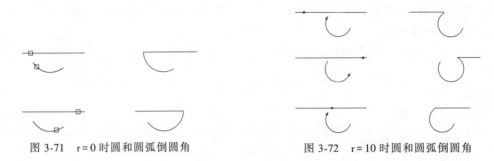

图 3-71　r=0 时圆和圆弧倒圆角　　　　图 3-72　r=10 时圆和圆弧倒圆角

Command:f ↵

当前设置:模式=修剪,半径=0.0000

选择第一个对象或[放弃(U)/多段线(P)/半径(R)/修剪(T)/多个(M)]:r↵(或按空格键)

指定圆角半径 <0.0000>:300 ↵(或按空格键)

选择第一个对象或[放弃(U)/多段线(P)/半径(R)/修剪(T)/多个(M)]:p↵(或按空格键)

选择二维多段线:(选择图 3-74a)

选择二维多段线:↵(或按空格键)

　三条直线已被圆角,执行结果如图 3-74b 所示。

图 3-73　直线和多段线的组合倒圆角　　　　图 3-74　为整个多段线倒圆角

注意:

① 要倒圆角的对象可以是直线、圆弧,也可以是圆,但倒圆角的结果与所选择点的位置有关,Auto-CAD 总是使离选择点近的地方用圆弧光滑地连接起来。

② 若圆角的半径太大,AutoCAD 则提示"半径太大"。

③ AutoCAD R14 以后的版本允许对两条平行线倒圆角,此时,AutoCAD 自动将圆角半径定为两条平行线之间距离的一半。

④ 在对封闭多段线进行倒圆角时,采用不同方法画出的封闭的多段线,倒圆角的结果不同,具体情况与倒角相似。

⑤ 如果要进行倒圆角的两个对象都位于同一图层,那么圆角线将位于该图层。否则,圆角线将位于当前图层中,此规则同样适用于圆角线的颜色、线型和线宽。

3.4　编辑对象属性

　在 AutoCAD 中,可以设置对象的特性,也可以修改和查看对象的特性。具体方法如下:

3.4.1　使用特性窗口

　功能:可以修改任何对象的任一特性。选择的对象不同,特性窗口中显示的内容和项目也不同。特性窗口在绘图过程中可以处于打开状态,如图 3-75 所示。

　启动方式:双击待编辑的对象,或功能区"视图"→"选项板"→"特性"按钮▦,或按

<Ctrl+L>键，或执行 Command：properties（或 ch）命令。

当没有选择对象时，特性窗口将显示当前状态的特性，包括当前的图层、颜色、线型、线宽和打印样式等设置。

当选择一个对象时，特性窗口将显示选定对象的特性。

当选择多个对象时，特性窗口将只显示这些对象的共有特性，此时可以在特性窗口顶部的下拉列表选择一个特定类型的对象，在这个列表中还显示当前选择的每一种类型的对象的数量。

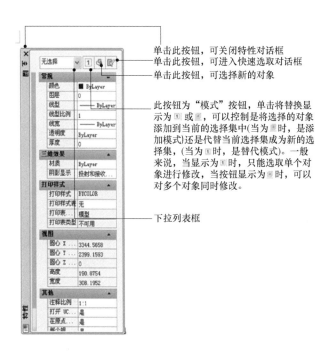

图 3-75 "特性"窗口

在特性窗口中，修改某个特性的方法取决于要修改的特性的类型。归纳起来，可以使用以下方法：

1）直接输入新值。对于带有数值的特性，如厚度、坐标值、半径、面积等，可以通过输入一个新的值来修改对象的相应特性。

2）从下拉列表中选择一个新值。对于可以从列表中选择的特性，如图层、线型、打印样式等，可从该特性对应的下拉列表中选择一个新值来修改对象的特性。

3）用对话框修改特性值。对于通常需要用对话框设置和编辑的特性，如超级链接、填充图案的名称或文本字符串的内容，可选择该特性并单击后部出现的省略号按钮，在弹出的"对象编辑"对话框中修改对象的特性。

4）使用拾取点按钮修改坐标值。对于表示位置的特性（如起点坐标），可选择该特性并单击后部出现的使用"特性"窗口中的快捷键。可以在"特性"窗口中使用快捷键，如箭头键和 PgUp 或 PgDn 键可以在窗口中垂直移动，<Ctrl+Z>键放弃操作，<Ctrl+X>键、<Ctrl+C>键和 <Ctrl+V>键分别用于剪切、复制和粘贴。其他的快捷键有：<Ctrl+L>键（显示或关闭"特性"窗口)、<Home>键(移动到列表的第一个特性)、<End>键(移动到列表的最后一个特性)、<Ctrl+Shift+[字母字符]>键(移动到以该字母开始的下一个特性)、<Esc>(取消特性的修改)、<Alt+↓>键(打开设置列表)、<Alt+↑>键(关闭设置列表)。

3.4.2 使用 change 和 chprop 命令修改对象的特性

用 chprop 命令可修改一个或多个对象的颜色、图层、线型、线型比例、线宽或厚度;用 change 命令还可以修改对象的标高、文字和属性定义(包括文字样式、高度、旋转角度和文本字符串),以及块的插入点和旋转角度、直线的端点和圆的半径等。

3.4.3 使用特性匹配对象

功能:将图形中某对象的特性和另外的对象匹配,即将一个对象的某些或所有特性复制到一个或多个对象上,使他们在特性上保持一致。

启动方式:功能区"默认"→"特性"→"特性匹配"按钮,或执行 Command:matchrop(或 ma)命令。

Command:ma ↵
选择源对象:(图 3-76a 中的具有一定宽度的圆)
当前活动设置:(颜色、图层、线型、线型比例、线宽、厚度、打印样式、文字、标注、填充图案、多段线、视口、表格)
选择目标对象或[设置(S)]:(选择图 3-76a 中的直线)
选择目标对象或[设置(S)]:↵(或按空格键,绘制结果如图 3-76b 所示)

a) 特性匹配前   b) 特性匹配后

图 3-76 特性匹配对象

若在"选择目标对象或[设置(S)]:"提示下选择 S,则弹出图 3-77 所示"特性设置"对话框,选择想要匹配的特性并消除不想修改的特性,单击"确定"按钮。

3.4.4 控制显示重叠对象

启动方式:下拉菜单栏中"工具"→"绘图次序"下拉列表,重叠对象(如文字、宽多段线和实体填充多边形)通常按其创建次序显示(新创建的对象显示在现有对象前面)。使用"绘图次序"下拉列表里面的按钮改变所有对象的绘图次序(显示和打印次序)。

1)"前置"按钮 将选定对象移动到图形中所有对象的顶部。

2)"后置"按钮 将选定对象移动到图形中所有对象的底部。

图 3-77 "特性设置"对话框

3）"至于对象之上"按钮 将选定对象移动到指定参照对象的上面。

4）"至于对象之下"按钮 将选定对象移动到指定参照对象的下面。

5）"注释前置"按钮将文字、标注、引线或所有选中对象置于图形中的其他对象之前。

6）"将图案填充项后置"按钮 将全部图案填充项显示在其他对象后面。

注意：不能在模型空间和图纸空间之间控制重叠的对象，只能在同一空间内控制重叠的对象。

3.4.5 ByLayer 设置

启动方式：功能区"默认"→"修改"→"设置为 ByLayer（B）"按钮 ，或执行 Command：setbylayer 命令，此命令可以将非锁定图层上选定对象和插入块的颜色、线型、线宽、材质、打印样式和透明度的特性更改为 ByLayer。

Command：setbylayer ↵

当前活动设置：（颜色、线型、线宽、透明度、材质）

选择对象或［设置（S）］：（输入 S 按<Enter>键或空格键，则弹出图 3-78 所示"SetByLayer 设置"对话框，选择合适的 ByLayer 特性并取消不想修改的特性，单击"确定"按钮）

3.4.6 更改空间

启动方式：功能区"默认"→"修改"→"更改空间（S）"按钮 ，或执行 Command：chspace 命令。此命令可以在模型空间和图纸空间之间移动对象。将对象传输到图纸空间时，用户单击的源视口将确定传输对象在图纸空间中的位置。将对象传输到模型空间时，用户单击的目标视口将确定传输对象在模型空间中的位置。

图 3-78 "SetByLayer 设置"对话框

3.5 综合实例

绘制二次沉淀池平面图，如图 3-79 所示。

新建并保存"二沉池平面图"图形文件，并设置绘制图层，如图 3-80 所示。

（1）绘制外轮廓线 设置"外墙"图层为当前层，颜色、线型随层。

Command：rec ↵

指定第一个角点或［倒角（C）/标高（E）/圆角（F）/厚度（T）/宽度（W）］：（用鼠标任意拾取一点）

指定另一个角点或［面积（A）/尺寸（D）/旋转（R）］：@ 16900,8800 ↵

Command：o ↵（依次从上至下偏移 200、7800、300、400、100，从左向右和从右向左分别偏移 300）

Command：tr ↵（剪切相应的多余线条）

Command：s ↵（将最下端的小矩形分别向左和向右拉伸 150，上述绘制结果如图 3-81 所示）

（2）平面图中竖线绘制

（设置"内墙"图层为当前层，颜色、线型随层）

Command：l ↵

指定第一点：（打开临时追踪点功能，捕捉矩形的右上点为临时追踪点，水平向左输入 5168，按<Enter>键或空格键）

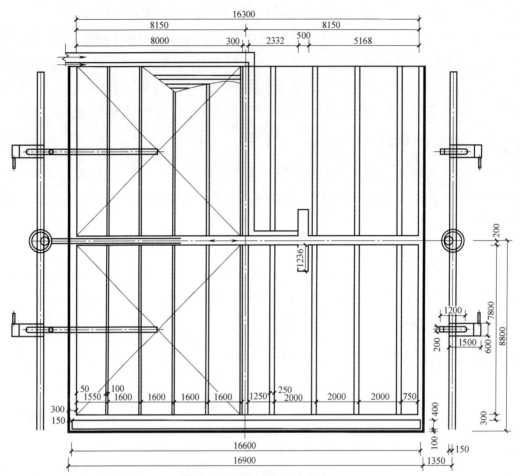

图 3-79　二次沉淀池平面图

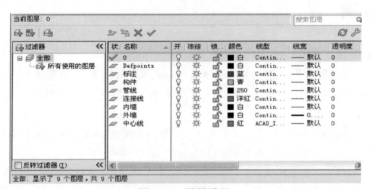

图 3-80　图层设置

指定下一点或[放弃(U)]:(垂直向下输入 1236 按<Enter>键或空格键)

指定下一点或[退出(E)/放弃(U)]:(水平向左输入 500 按<Enter>键或空格键)

指定下一点或[关闭(C)/退出(X)/放弃(U)]:(垂直向上输入 1236 按<Enter>键或空格键)

指定下一点或[关闭(C)/退出(X)/放弃(U)]:(按<Enter>键或空格键)

(设置"中心线"图层为当前层,颜色、线型随层)

Command:l↙(捕捉直线的中点绘制中心线)

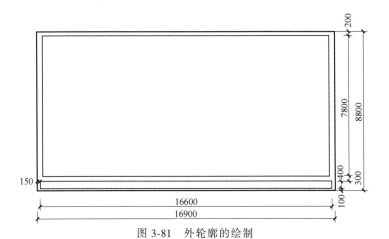

图 3-81　外轮廓的绘制

Command:lsc ↵(设置中心线的线性比例系数为 20)

Command:o ↵

当前设置:删除源 = 否　图层 = 源　OFFSETGAPTYPE = 0

指定偏移距离或[通过(T)/删除(E)/图层(L)]<100.0000>:150 ↵(或按空格键)

选择要偏移的对象,或[退出(E)/放弃(U)]<退出>:(中心线)

指定要偏移的那一侧上的点,或[退出(E)/多个(M)/放弃(U)]<退出>:(左侧)

选择要偏移的对象,或[退出(E)/放弃(U)]<退出>:(中心线)

指定要偏移的那一侧上的点,或[退出(E)/多个(M)/放弃(U)]<退出>:(右侧)

选择要偏移的对象,或[退出(E)/放弃(U)]<退出>:↵(或按空格键)

(将偏移生成的两根中心线调至内墙图层上,并执行剪切命令使其直线的起始点和末端点在内轮廓矩形上)

(绘制平面图中右侧的竖线)

Command:o ↵

当前设置:删除源 = 否　图层 = 源　OFFSETGAPTYPE = 0

指定偏移距离或[通过(T)/删除(E)/图层(L)]<100.0000>:1000

选择要偏移的对象,或[退出(E)/放弃(U)]<退出>:(选择中心线右侧的垂直线)

指定要偏移的那一侧上的点,或[退出(E)/多个(M)/放弃(U)]<退出>:(右侧)

选择要偏移的对象,或[退出(E)/放弃(U)]<退出>:↵(或按空格键)

Command:o ↵

当前设置:删除源 = 否　图层 = 源　OFFSETGAPTYPE = 0

指定偏移距离或[通过(T)/删除(E)/图层(L)]<100.0000>:250 ↵(或按空格键)

选择要偏移的对象,或[退出(E)/放弃(U)]<退出>:(选择上步偏移生成的垂直线)

指定要偏移的那一侧上的点,或[退出(E)/多个(M)/放弃(U)]<退出>:(右侧)

选择要偏移的对象,或[退出(E)/放弃(U)]<退出>:↵(或按空格键)

Command:co ↵

选择对象:指定对角点:找到 2 个

选择对象:↵(或按空格键)

当前设置:　复制模式 = 多个

指定基点或[位移(D)/模式(O)]<位移>:(复制对象的左下角点)

指定第二个点或[阵列(A)]<使用第一个点作为位移>:(光标水平右侧放置并输入 2000)

指定第二个点或[阵列(A)/退出(E)/放弃(U)]<退出>:(光标水平右侧放置并输入 4000)

指定第二个点或[阵列(A)/退出(E)/放弃(U)] <退出>:(光标水平右侧放置并输入 6000)

指定第二个点或[阵列(A)/退出(E)/放弃(U)] <退出>:↵(或按空格键)

(同理,绘制平面图中左侧的竖线)

Command:o ↵

当前设置:删除源 = 否　图层 = 源　OFFSETGAPTYPE = 0

指定偏移距离或[通过(T)/删除(E)/图层(L)] <100.0000>:100

选择要偏移的对象,或[退出(E)/放弃(U)] <退出>:(选择中心线左侧的垂直线)

指定要偏移的那一侧上的点,或[退出(E)/多个(M)/放弃(U)] <退出>:(左侧)

选择要偏移的对象,或[退出(E)/放弃(U)] <退出>:↵(或按空格键)

Command:co ↵

选择对象:指定对角点:找到 2 个

选择对象:↵(或按空格键)

当前设置:复制模式 = 多个

指定基点或[位移(D)/模式(O)] <位移>:(复制对象的右下角点)

指定第二个点或[阵列(A)] <使用第一个点作为位移>:(光标水平右侧放置并输入 1600)

指定第二个点或[阵列(A)/退出(E)/放弃(U)] <退出>:(光标水平右侧放置并输入 3200)

指定第二个点或[阵列(A)/退出(E)/放弃(U)] <退出>:(光标水平右侧放置并输入 4800)

指定第二个点或[阵列(A)/退出(E)/放弃(U)] <退出>:(光标水平右侧放置并输入 6400)

指定第二个点或[阵列(A)/退出(E)/放弃(U)] <退出>:↵(或按空格键)

Command:o ↵

当前设置:删除源 = 否　图层 = 源　OFFSETGAPTYPE = 0

指定偏移距离或[通过(T)/删除(E)/图层(L)] <100.0000>:50 ↵(或按空格键)

选择要偏移的对象,或[退出(E)/放弃(U)] <退出>:(选择内轮廓线左侧的垂直线)

指定要偏移的那一侧上的点,或[退出(E)/多个(M)/放弃(U)] <退出>:(右侧)

选择要偏移的对象,或[退出(E)/放弃(U)] <退出>:(按<Enter>键或空格键,上述绘制结果如图 3-82 所示)

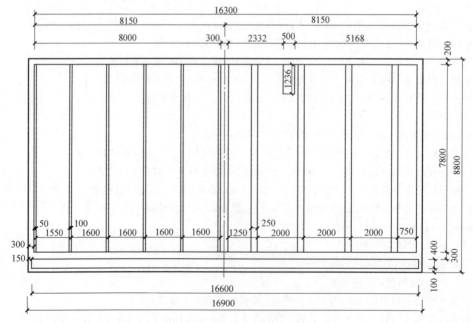

图 3-82　平面图竖线绘制

（3）管线绘制

（设置"中心线"图层为当前层,颜色、线型随层）

Command:l↵（捕捉外轮廓线矩形的右下角点,在水平距离为 1350 处绘制垂直中心线）

Command:o↵（左右偏移中心线,偏移距离为 150,并将生成的垂直线调至管线图层）

Command:l↵（捕捉内轮廓线矩形的右侧竖线的中点,在距中点水平距离为 500 处绘制水平中心线,长度为 1700）

（设置"管线"图层为当前层,颜色、线型随层）

Command:rec↵（绘制长为 1200、宽为 200 的矩形,并将其中心点与绘制的中心线交点重合）

Command:a↵（采用起点、圆心、端点的方法绘制矩形的右侧半弧）

Command:c↵（采用相切、相切、相切的方法绘制矩形内的圆）

（设置"管件"图层为当前层,颜色、线型随层）

Command:rec↵（绘制长为 1500、宽为 600 的矩形,并将其左边的中心点与绘制的中心线交点重合）

Command:pl↵（绘制矩形内距右侧边向左 300、宽度为 10 的直线）

（同理,绘制矩形上的短管线）

Command:c↵（以外轮廓线右上顶点与右侧中心线的交点为圆心,分别绘制半径为 400、450、500 的圆）

Command:mi↵（利用镜像命令将上述绘制的管线组合以轮廓线水平直线中点的连线为镜像线向左侧镜像,生成左侧的管线组合）。（上述绘图结果如图 3-83 所示）

（设置"连接线"图层为当前层,颜色、线型随层）

Command:l↵（连接左侧矩形的对角点）

Command:s↵（拉伸管线至上述对角点处）

Command:co↵（复制拉伸后的管线至上部管线的位置,并将最上面的水平外轮廓线调至中心线图层）

上述绘图结果如图 3-84 所示。

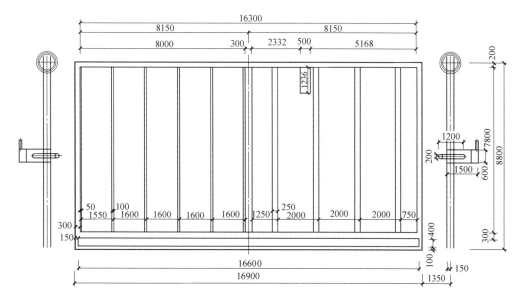

图 3-83 管线的绘制（一）

（4）对称图形的绘制

Command:mi↵（以最上面的中心线为镜像线,选择图 3-84 绘制的实体进行镜像,镜像结果如图 3-85 所示）

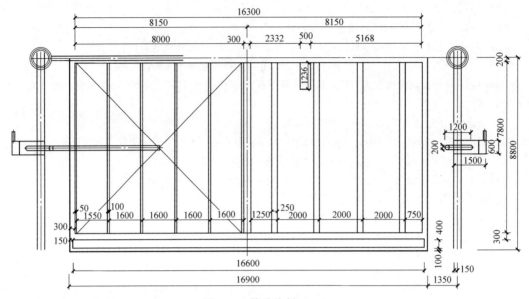

图 3-84 管线绘制（二）

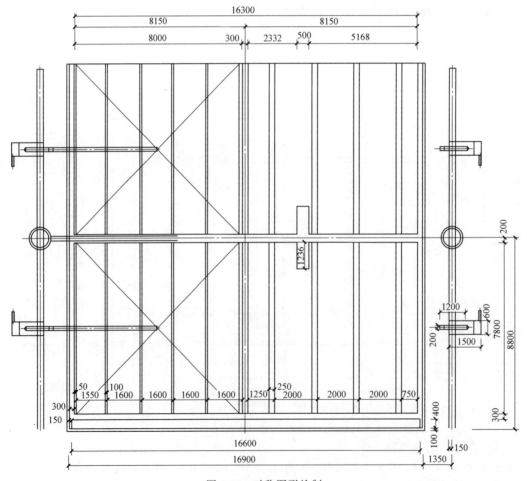

图 3-85 对称图形绘制

（5）文字和水面线绘制

Command：mt ↵（绘制文字）

Command：o ↵

Command：tr ↵（绘制水面线）

Command：pl ↵（绘制箭头）

标注图形尺寸，绘制结果如图 3-79 所示。

3.6 文字注释

文字是图形中极为重要的组成部分，常用于表达一些与图形相关的重要信息。文字常用于标题、标记图形、提供说明或进行注释等。

3.6.1 创建文字样式

在创建标注文本之前，应新建文字样式，所有文字都有与之关联的文字样式，在创建文字注释和尺寸标注时，AutoCAD 通常使用当前的文字样式，也可以根据具体要求重新设置文字样式或创建新的样式。使用"文字样式"命令可选择字体，设置字体样式、字体大小及字体显示效果等，还可以将特殊用途的设定以自定义的字型名称保存，在进行文字编辑时即可选择合适的字型。

新建文字样式的方法：下拉菜单栏中"格式"→"文字样式"按钮 ，或执行 Command：style 或 st 命令。

执行上述命令后，将打开图 3-86 所示的"文字样式"对话框，可通过该对话框建立新的文字样式，或对当前文字样式的参数进行修改。

1. 设置样式名

"文字样式"对话框中的第一行会显示当前使用的文字样式，"样式"列表框中显示图形中的样式列表。样式名前的 图标指示样式是注释性。"置为当前""新建""删除"按钮，可以执行将样式下选定的样式设为当前、创建新的文字样式、删除文字样式等操作。各选项的含义如下：

图 3-86 "文字样式"对话框

1)"样式"列表框。在该下拉列表框中列出了当前可以使用的文字样式，默认的样式为 standard。下拉列表框中可选择"所有样式"和"正在使用的样式"。预览框中左下角的文本框用于预览所选文字样式的注释效果。

2)"置为当前"按钮。用于将选中样式置为当前。

3)"新建"按钮。单击该按钮弹出"新建文字样式"对话框，如图 3-87 所示。在"样式名"文本框中输入新建文字样式名称后，单击"确定"按钮，新建文字样式将显示在

"样式"下拉列表框中。文字样式名称最长可以有 255 个字符。

4)"删除"按钮。单击该按钮可以删除一个已有的文
字样式，但无法删除已经被使用的文字样式和默认的
Standard 样式。

图 3-87　"新建文字
样式"对话框

2. 设置字体

在"文字样式"对话框的"字体"选项栏中，可以设
置文字样式使用的字体、字体样式、注释性和字体高度等
属性。

1)在"字体名"下拉列表框中可以选择字体，AutoCAD 可以使用两种不同类型的字体
文件：TrueType 字体和 AutoCAD 编译字体。TrueType 字体是大多数 Windows 应用程序使用
的标准字体，Windows 中自带了很多 TrueType 字体，并且在将其他的应用程序加载到计算机
后，还可以得到其他的 TrueType 字体，AutoCAD 也自带一组 TrueType 字体。TrueType 字体
允许修改其样式（如粗体和斜体），但在显示和打印时要花较长的时间。AutoCAD 编译字体
（扩展名为 .shx）是很有用的字体文件，该字体在显示和打印时比较快，但在外观上受到很
多限制。

"多行文本编辑器"仅显示 Windows 能识别的字体。由于 Windows 不能识别 AutoCAD 的
shx 字体，故在选择 shx 或其他非 TrueType 字体进行编辑时，AutoCAD 在多行文本编辑器中
提供等价的 TrueType 字体，如图 3-88 所示。汉字 TrueType 字体的两种形式：字体名称前面
不带@符号和带有@符号，两种文字的显示效果如图 3-89 所示。

图 3-88　汉字 TrueType 字体的两种形式

环境工程　　　　环境工程

不带@仿宋体　　　　带@仿宋体

图 3-89　汉字 TrueType 字体的两种形式效果

为了满足非英文版的 AutoCAD 可以使用更多字符的要求，如某些字母表文本文件（汉
字）包含 ASCII 字符，AutoCAD 提供了一种使用大字体（BigFonts）的特殊类型的字体，如
图 3-90 所示。

2)"字体样式"下拉列表框。用于选择字体格式，如斜体、粗体和常规字体等。该选
项在汉字 TrueType 字体下只有"常规"格式；
在 AutoCAD 的 shx 字体下没有格式选择；只有在
选中"使用大字体"下，复选框时才有效，如
图 3-91 所示。AutoCAD 2011 TrueType 提供了一
些要求的字体形文件：gbenor. shx、gbeitc. shx 和

图 3-90　大字体

gbcbig. shx 文件。其中 gbenor. shx 和 gbeitc. shx 文件分别用于标注直体和斜体字母与数字；gbcbig. shx 则用于标注中文。使用系统默认的文字样式标注文字时，标注出的汉字为长仿宋体，但字母和数字则是由文件 txt. shx 定义的字体，不完全满足制图的要求。为了使标注的字母和数字也满足要求，还需要将字体文件设成 gbenor. shx 或 gbeitc. shx。

图 3-91 字体样式

3）"大小"选项组。

"注释性"复选框用于激活"使文字方向与布局匹配"复选框。用户可以通过该复选框，指定图纸空间视口中的文字方向与布局匹配。

"高度"文本框用于设置字体高度。如果将文字的高度设为 0，在使用 text 命令标注文字时，命令行将显示"指定高度"提示，要求用户指定文字的高度。如果在"高度"文本框中输入了文字的高度，AutoCAD 将按此高度标注文字的高度，而不再提示指定高度。

国家标准《机械制图》专门对文字标注做出了规定，主要内容如下：字的高度有 3.5、5、7、10、14、和 20 等（单位为 mm），字的宽度约为字高度的 2/3；汉字应采用长仿宋体，由于笔画较多，其高度不应小于 3.5mm；字母分大、小型两种，可以用直体（正体）和斜体形式标注；斜体字的字头要向右倾斜，与水平线约成 75°；阿拉伯数字也有直体和斜体两种形式，斜体数字与水平线也成 75°。

3. 设置文字效果

在"文字样式"对话框的"效果"选项栏中，可以设置文字的显示效果，如图 3-92 所示。

1）"颠倒"选项。设置文字是否颠倒显示。

2）"反向"选项。设置文字是否反向显示。

3）"垂直"选项。设置文字是否垂直显示。

4）"宽度因子"选项。用于设置文字字符的高度和宽度之比。当宽度比例值为 1 时，将按系统设置的宽高比来设置文字；当宽度比例小于 1 时，字符会变窄；当宽度比例大于 1 时，字符会变宽。

5）"倾斜角度"选项。用于设置文字的倾斜角度。角度为 0 时不倾斜；角度为正时向右倾斜；角度为负时向左倾斜。

图 3-92 文字的各种效果

4. 应用按钮

用于确定用户的文字样式的设置。

3.6.2　创建与编辑单行文字

1. 创建单行文字

（1）创建单行文字　在 AutoCAD 中，启动下拉菜单："视图"→"工具栏"→文字，可以使用图 3-93 所示的"文字"工具栏中的工具按钮创建和编辑文字。对于单行文字来说，它的每一行都是一个文字对象，因此，可以用来创建文字内容比较简短的文字对象，并且可以进行单独编辑。

创建单行文字标注命令的方法：功能区"默认"→"注释"→"文字" 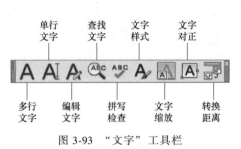 下拉菜单选择"单行文字"按钮 A，或执行 Command：dtext 或 text 或 dt 命令。

图 3-93　"文字"工具栏

Command：dt ↵

当前文字样式：Standard 当前文字高度：2.5000

指定文字的起点或［对正（J）/样式（S）］：（指定文字的起点，或指定一个选项）

1）"指定文字的起点"选项。在绘图区的适当位置左击，可指定单行文字起点的位置。如果当前文字样式的高度为 0，命令行提示：

①"指定高度<2.5>"选项。指定文字的高度。如果使用"文字样式"对话框中设置了文字的高度，则不显示该提示信息。

②"指定文字的旋转角度<0>"选项。文字旋转角度是指文字行排列方向与水平线的夹角，默认角度为 0。

③"输入文字"选项。用户可以切换到 Windows 的中文输入方式下，输入中文文字。

2）"对正（J）"选项。设置文字的对正方式。对正方式决定文本的哪一部分与所选的插入点对齐。输入"J"，按<Enter>键，命令行提示：

输入对正选项［左对齐（L）/对齐（A）/布满（F）/居中（C）/中间（M）/右对齐（R）/左上（TL）/中上（TC）/右上（TR）/左中（ML）/正中（MC）/右中（MR）/左下（BL）/中下（BC）/右下（BR）］<左对齐>：

在此提示下选择一个选项作为文字的对齐方式。当文字串水平排列时，AutoCAD 为标注文字串定义了图 3-94 所示的顶线、中线、基线和底线，各种对齐方式图 3-95 所示，图中大写字母对应上述提示中的各命令，用户可以根据自己的需要来自行选择。

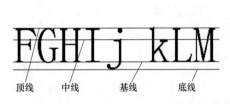

图 3-94　文字串的顶线、中线、基线和底线

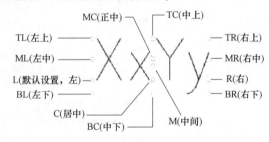

图 3-95　单行文字对齐方式

①"对齐（A）"。选择此选项，要求用户指定文字行基线的起始点与终止点的位置，AutoCAD 提示：

指定文字基线的第一个端点：(指定文字行基线的起点位置)

指定文字基线的第二个端点：(指定文字行基线的终点位置)

输入文字：(输入一行文字后按<Enter>键)

输入文字：(继续输入文字或直接按<Enter>键结束命令)

执行结果：输入的文字字符均匀地分布于指定的两点之间，如果两点间的连线不水平，则文字行倾斜放置，倾斜角度由两点间的连线与 X 轴的夹角确定；文字的宽度系数不变，文字的字高将根据两点间的距离、字符的多少自动确定。指定了文字基线两点之后，每行输入的字符越多，字高越小。

②"布满（F）"。操作方法同上，执行结果：输入的文字字符均匀地分布于指定的两点之间，如果两点间的连线不水平，则文字行倾斜放置，倾斜角度由两点间的连线与 X 轴的夹角确定；文字的字高根据要求定义，文字的宽度系数将根据两点间的距离、字符的多少自动确定。指定了文字基线两点之后，每行输入的字符越多，宽度系数越小。

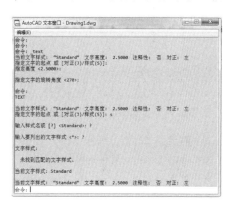

图 3-96　AutoCAD 文本窗口

3）"样式（S）"选项。设置当前使用的文字样式。输入"S"，按<Enter>键，命令行提示：

输入样式名或［?］<Standard>：

用户可以直接输入文字样式的名称，也可以输入"?"，在 AutoCAD 文本窗口中将显示当前图形已有的文字样式，如图 3-96 所示。

（2）特殊文字字符　用户在输入文字时可使用特殊文字字符，如直径符号"φ"、角度符号"°"、加减符号"±"等。这些特殊文字字符可用控制码来表示，所有的控制码用双百分号（%%）或"\u+"等起头，其后是要转换的特殊字符，用这些特殊字符就可以调用相应的符号，常用的控制码见表 3-2。

表 3-2　AutoCAD 常用控制码

符号	功能	符号	功能
%%O	上画线	\u+0278	电相位
%%U	下画线	\u+E101	流线
%%D	"度"符号	\u+2261	标识
%%P	正负符号	\u+E102	界碑线
%%C	直径符号	\u+2260	不相等
%%%	百分号%	\u+2126	欧姆
\u+2248	几乎相等	\u+03A9	欧米加
\u+2220	角度	\u+214A	低界线
\u+E100	边界线	\u+2082	下标 2
\u+2104	中心线	\u+00B2	上标 2
\u+0394	差值		

特殊文字字符的组合方式：使用控制码来打开或关闭特殊字符，如第一次使用"%%U"表示为下划线方式，再一次使用"%%U"则表示关闭下划线方式。

如创建图 3-97 所示的单行文字具体操作步骤如下：

Command：dt ↵

当前文字样式：Standard　当前文字高度：2.5000

指定文字的起点或［对正（J）/样式（S）］：（在绘图区需要输入文字的位置单击，确定文字的起点）

指定高度<2.5000>：10↙

指定文字的旋转角度<0>：↙

输入文字：%%O 欢迎使用%%O%%UAutoCAD%%U ↙

输入文字：↙（结束命令，绘制结果如图 3-95 所示）

2．编辑单行文字

对于图形中已有的文字对象，用户可使用各种编辑命令对其进行修改，包括文字内容、对正方式及缩放比例。启动"文字编辑"方式：

1）功能区。"注释"→"文字"→ 单行文字，弹出子菜单，如图 3-98 所示，可对文字进行缩放比例和对正方式的编辑。

图 3-97　显示图形中包含的文字样式

图 3-98　单行文字修改

① 单击"缩放"按钮。

选择对象：（单击需要编辑的单行文字）

选择对象：↙

输入缩放的基点选项［现有（E）/左对齐（L）/居中（C）/中间（M）/右对齐（R）/左上（TL）/中上（TC）/右上（TR）/左中（ML）/正中（MC）/右中（MR）/左下（BL）/中下（BC）/右下（BR）］<左对齐>：

指定新模型高度或［图纸高度（P）/匹配对象（M）/比例因子（S）］<300>：（修改文字高度值）

② 单击"对正"按钮。

选择对象：（单击需要编辑的单行文字）

选择对象：↙

输入对正选项［左对齐（L）/对齐（A）/布满（F）/居中（C）/中间（M）/右对齐（R）/左上（TL）/中上（TC）/右上（TR）/左中（ML）/正中（MC）/右中（MR）/左下（BL）/中下（BC）/右下（BR）］<左对齐>：

2）Command：ddedit 或 ed ↙，即可对选择的单行文字直接仅进行文字内容的修改。

3）在绘图区双击需要编辑的单行文字，也可仅对选择的单行文字进行文字内容的修改。

4）"特性"工具栏。可对选择的单行文字直接进行内容、高度、样式、宽度系数、倾斜角度等修改，如图 3-99 所示。

3.6.3　创建与编辑多行文字

1．创建多行文字

"多行文字"又称段落文字，是一种更易于管理的文字对象，可以由两行以上的文字组成，而且各行文字都是作为一个整体处理。

创建多行文字标注命令的方法：功能区"默认"→"注释"→"文字" 下拉菜单中选择

图 3-99　"特性"
工具栏

"多行文字"按钮 **A**，或执行 Command：mtext 或 mt 或 t 命令。

执行上述命令后，可在绘图窗口中指定一个用来放置多行文字的矩形区域，自动打开"文字编辑器"工具栏和文字输入窗口，利用它们可以进行多行文字的样式、格式、段落、插入、拼写检查、工具、选项和关闭等操作，如图 3-100 所示。

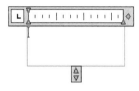

图 3-100　创建多行文字的"编辑器"工具栏和文字编辑器窗口

（1）"样式"选项卡　包括定义的文字所有样式、文字注释性和文字高度的设置。用户可选择设置的文字样式，当前样式保存在 TEXTSTYLE 系统变量中。如果将新样式应用到多行文字对象中，字体高度和字符格式将被替代，堆叠、下划线和颜色属性将保留在应用新样式的字符中。

（2）"格式"选项卡　包括文字的 **B**（加粗）、**I**（倾斜）、**U**（下画线）、**O**（上画线）、大小写转换、字体、颜色、倾斜角度、追踪、宽度系数、堆叠等设置，如图 3-101 所示。

① "**ab**（追踪）"按钮。用来设置选定文字的间距。

② "**b/a**（堆叠/非堆叠）"按钮。用来创建堆叠文字。堆叠文字可用来标记公差或测量单位的文字或分数。堆叠文字目前不支持中文字符。可使用三个特殊的符号（/、#、^）将选定文字标记为堆叠文字。"/"定义由水平线分隔的垂直堆叠，"#"定义斜分数堆叠，"^"定义公差堆叠，不用直线分隔。如 $1/2 \rightarrow \frac{1}{2}$，$1\#2 \rightarrow \frac{1}{2}$，$3.5+0.01^0.01 \rightarrow 3.5^{+0.01}_{-0.01}$。

图 3-101　文字"格式"选项卡

（3）"段落"选项卡　包括文字的对正、项目符号和编号、行距、对齐方式、合并段落和段落等设置，如图 3-102 所示。在"段落"对话框中可以设置缩进和制表位位置。在"缩进"选项组的"第一行"文本框和"段落"文本框中设置首行和段落的缩进位置；在"制表位"选项中设置制表符设置，包括添加和删除制表符。选项包括设置左对齐、居中、右对齐和小数点对齐制表符。在编辑器顶部显示标尺。拖动标尺末尾的箭头可更改多行文字对象的宽度。

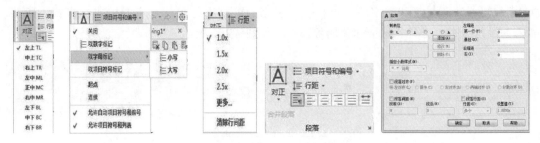

图 3-102　文字"段落"选项卡

（4）"插入"选项卡　包括列、符号及字段等设置，如图 3-103 所示。

1）"列"菜单。可以指定栏和栏间距的宽度、高度及栏数，使用夹点编辑栏宽和栏高。下拉菜单有以下选项：不分栏、动态栏、静态栏、插入分栏符、分栏设置。单击"分栏设置"命令显示"分栏设置"对话框。

2）"符号"菜单。子菜单中列出了常用符号及其控制代码或 Unicode 字符串，可根据需要选择插入特殊符号。选择"符号"菜单中的"其他"选项将弹出"字符映射表"对话框，可在表中选择特殊符号，再按复制按钮，即可粘贴到文本编辑器窗口中。

3）"字段"按钮。单击该按钮，弹出"字段"对话框，如图 3-104 所示，用户可根据需要选择插入的字段。

图 3-103　文字"插入"选项卡

（5）"拼写检查"选项卡　包括文字的拼写检查和词典等设置，如图 3-105 所示。用户可通过"拼写检查"命令来检查输入文本的正确性。

启动方式：执行 Command：spell 或 sp 命令。执行该命令后，系统弹出图 3-106 所示"拼写检查"对话框。单击"开始"按钮即可在绘制的整个图形中进行文字的拼写检查。spell 命令可以检查单行文字、多行文字、属性文字、块定义中的所有文本对象，当 Auto-CAD 怀疑单词出错时，将弹出"拼写检查"对话框。

如果要更正某个字，可以在"建议"列表框中选择替换一个字或直接输入一个字，然后单击"修改"或"全部修改"按钮；如果要保留某个字不变，可单击"忽略"或"全部忽略"按钮；如果要保留某个字不变并将其添加到自定义的词典中，可单击"添加到词典"按钮。用户可通过将某些单词名称添加到用户词典中来减少不必要的拼写错误提示。此外，用户还可以通过"词典"对话框更改用于拼写检查的词典。

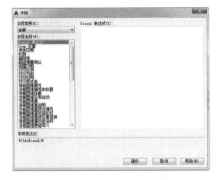

图 3-104 "字段"对话框

图 3-105 文字"拼写检查"选项卡

图 3-106 "拼写检查"对话框

如果要更改主词典，可在"当前主词典"下拉列表框中进行选择；如果要更改自定义词典，可在"当前自定义词典"下拉列表框中进行选择，或选择"管理自定义词典"，此时将弹出"管理自定义词典"对话框，如图 3-107 所示，选择扩展名为 .cus 的文件；如果要向自定义词典中添加单词，可在"内容"文本框中输入单词后，单击"添加"按钮；如果要删除自定义词典中的单词，可从"当前自定义词典"列表框中选定该单词，然后单击"删除"按钮。

图 3-107 "管理自定义词典"对话框

（6）"工具"选项卡 "工具"选项卡包括查找和替换、输入文字和全部大写等设置，如图 3-108 所示。

图 3-108 "工具"选项卡

图 3-109 "查找和替换"对话框

1）查找和替换。"查找和替换"功能可以查找、替换指定的文字。单击"查找和替换"按钮，弹出图 3-109 所示"查找和替换"对话框，即可对指定文字进行查找和替换；也可通过 find 命令进行查找与替换，执行命令后，系统将打开"查找和替换"对话框中的"搜索选项"和"文字类型"选项组，如图 3-110 所示。"查找和替换"对话框中的各项功能如下：

① "查找内容"文本框。用于输入要查找的字符串，也可以从下拉列表框中选择。

② "查找位置"下拉列表框。用于确定要查找的范围，可以通过下拉列表框在"整个图形"和"当前选择"之间选择，也可以通过单击右边的"选择"按钮从屏幕上直接拾取文字对象来确定搜索范围。

③ "替换为"文本框。用于输入替换的新字符对象，也可以通过下拉列表选择。单击 按钮，打开"搜索选项"和"文字类型"选项组，如图 3-110 所示，可以确定查找与替换的范围。

④ "查找"按钮。用于开始查找文字对象，并可连续在查找范围内查找。

⑤ "替换"按钮。用于替换当前查到的文字。

⑥ "全部替换"按钮。用于对查找范围内的所有符合条件的内容进行替换。

2）输入文字。在多行文字的文字编辑器中，可以直接输入多行文字，也可以在文字编辑器中右击，从弹出的右键快捷菜单中选择"输入文字"命令，将已经在其他文字编辑器中创建的文字内容直接导入到当前图形中。

图 3-110 "搜索选项"和
"文字类型"选项组

要在"多行文字编辑器"中输入文字，可以使用标准 Windows 控制键：<Ctrl+A>键（选择"多行文字编辑器"中的所有文字）、<Ctrl+B>键（选定文字应用或删除粗体格式）、<Ctrl+C>键（选定文字复制到剪贴板）、<Ctrl+I>键（选定文字应用或删除斜体格式）、<Ctrl+Shift+I>键（将选定文字转换为小写）、<Ctrl+U>键（选定文字应用或删除下划线格式）、<Ctrl+Shift+U>键（将选定文字转换为大写）、<Ctrl+V>键（将剪贴板的内容粘贴到光标处）、<Ctrl+X>键（将选定文字剪切到剪贴板）、<Ctrl+Spacebar>键（从选定文字中删除字符格式）、<Enter>键（结束当前段落并开始新行）。

（7）"选项"选项卡　包括更多、标尺、撤销和返回等设置，放弃重做包括对文字内容或文字格式的更改。

（8）"关闭"选项卡　关闭文字编辑器功能的设置，同时也是确定并保存用户设置的文字效果。

2. 文字编辑列表

执行 Command：mt ↵命令，弹出文字编辑器，在文字编辑器里右击，将弹出文字编辑列表，包括符号、输入文字等，如图 3-111 所示。

3. 编辑多行文字

启动"多行文字编辑"命令的方式：

1）按<Ctrl+L>键打开"特性"工具栏，单击文字修改。

2）执行 Command：ddedit 或 ed 命令，可对选择的多行文字进行修改。

3）在绘图区双击需要编辑的单行文字，可对选择的多行文字进行修改。

4）"标准"工具栏单击 按钮，可对选择的多行文字进行修改。

3.6.4　控制文字显示

在命令行中执行 qtext 命令可调整文本显示状态，将图形中的文本以二维线框的形式显示。

如果图形中文本内容较多，在对图形进行复制、移动等各种编辑操作时，命令的执行速度会变慢。在这种情况下，用户可以使用 qtext 命令将文本设置为快速显示方式，使图形中的文本以线框的形式显示，从而提高图形的显示速度。

图 3-111　文字编辑列表

执行 qtext 命令后，系统提示"输入模式［开（On）/关（Off）]<Off>:"，在该提示下指定文本的快显方式，输入 On 打开文本快显，输入 Off 关闭文本快显。双击文字，则文字显示为线框。当打开文本快显后，双击文字则文字由显示线框变为显示汉字。执行 regen 重生成命令重生成视图，才能观察到文本快显的视图效果，如图 3-112 所示。

如果要更正某个字，可以在"建议"列表框中选择一个替换字或直接输入一个字，然后单击"修改"或"全部修改"按钮；要保留某个字不变，可单击"忽略"或"全部忽略"按钮；要保留某个字不变并将其添加到自定义的词典中，可单击"添加"按钮。

文本快显为 Off 的效果　　　　　　　　文本快显为 On 的效果

图 3-112　文本快显效果显示

3.7 绘制标题栏实例

绘制如图 3-113 所示的 "A3 标题栏"。

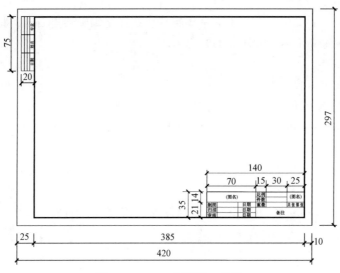

图 3-113 "A3 标题栏" 样图

（1）设置 新建和保存 "A3 标题栏" 图形文件，设置图层，如图 3-114 所示。

（2）绘制边框

（设置"外边框"图层为当前层，颜色、线型随层）

Command:rec ↙

指定第一个角点或［倒角（C）/标高（E）/圆角（F）/厚度（T）/宽度（W）］:（用鼠标任意拾取一点）

指定另一个角点或［面积（A）/尺寸（D）/旋转（R）］:@ 420,297 ↙

Command:o ↙

当前设置:删除源＝否 图层＝源 OFFSETGAP-TYPE＝0

图 3-114 "图层" 设置

指定偏移距离或［通过（T）/删除（E）/图层（L）］<100.0000>:10

选择要偏移的对象,或［退出（E）/放弃（U）］<退出>:↙（或按空格键）

指定要偏移的那一侧上的点,或［退出（E）/多个（M）/放弃（U）］<退出>:（外框内一点后按<Enter>键）

选择要偏移的对象,或［退出（E）/放弃（U）］<退出>:按<Enter>或空格键,并将偏移生成的内框调至"内边框"图层）

（选择内边框线左侧竖线的中心夹点,执行夹点的"拉伸"命令,向右侧拉伸15,上述绘制结果如图 3-115 所示）

（3）绘制标题栏

（设置"标题栏边框线"图层为当前层,颜色、线型随层）

Command:l ↙（绘制标题栏的外框线,即长度为 140 和 35 的直线）

Command:o ↙（按照图纸尺寸进行偏移,并将生成的对象调至"标题栏"图层上）

Command:tr↵(修剪多余的边线,上述绘制结果如图3-116所示)

（4）绘制标题栏文字

（设置"文字"图层为当前层,颜色、线型随层）

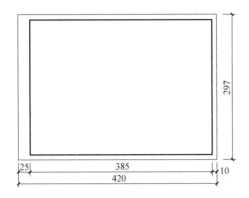

图3-115 "外边框"绘制

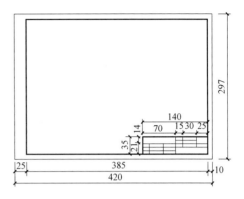

图3-116 "标题栏"绘制

Command:st↵(新建"样式1"和"样式2"文字样式,两者字体设置为仿宋体GB2312,宽度系数为0.7,"样式1"字高为7,"样式2"字高为3.5,如图3-117所示)

Command:mt↵[利用"样式1"进行文字"（图名）"和"备注"的标注]

Command:mt↵(利用"样式2"进行标题栏中其他文字的标注,上述绘制结果如图3-118所示)

图3-117 "文字样式"对话框

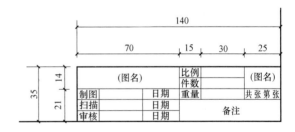

图3-118 "文字"标注

（5）绘制会签栏

（设置"外边框"图层为当前层,颜色、线型随层）

Command:rec↵

指定第一个角点或[倒角（C）/标高（E）/圆角（F）/厚度（T）/宽度（W）]:（用鼠标任意拾取一点）

指定另一个角点或[面积（A）/尺寸（D）/旋转（R）]:@75,20↵

Command:x↵（分解矩形）

Command:o↵（偏移矩形的长和宽,偏移距离分别为5和25）

Command:mt↵(利用"样式2"进行会签栏中文字的标注)

Command:ro↵（旋转会签栏为垂直,上述绘制结果如图3-119所示）

Command:m↵（拾取会签栏右上角点,将其移动到内框线的左上角点,绘制结果如图3-113所示）

图3-119 "会签栏"绘制

第4章

精确绘图工具的使用

AutoCAD 为用户提供了多种绘图的辅助工具，如栅格、捕捉、正交、极轴追踪和对象捕捉等，以帮助用户更容易、更准确地创建和修改图形对象。

4.1 AutoCAD 中的坐标系

4.1.1 坐标系的创建及设置

AutoCAD 为用户提供了一个三维的空间坐标系，各种输入方法（如绝对坐标、相对坐标、极坐标等）都依赖这个系统。

1. 坐标系的种类

（1）笛卡儿坐标系（直角坐标系）　笛卡儿坐标系有 X、Y 和 Z 三个坐标轴，坐标值的输入方式（X，Y，Z），坐标原点为（0，0，0）。二维是（X，Y），由坐标原点（0，0）和两个通过原点且相互垂直的坐标轴构成，其中 X 值表示水平距离，以向右为其正方向；Y 值表示垂直距离，以向上为其正方向，如图 4-1 所示。

（2）极坐标系　极坐标系由一个极点和一个极轴构成，极轴的方向为水平向右，常用于二维绘图，一般使用距离和角度来定位点，如图 4-2 所示。平面上任何一点 P 都可以由该点到极点的连线长度 L（>0）和连线与极轴的交角 α（极角，逆时针方向为正）来定义，即用一对坐标值（L<α）来定义一个点，如某点的极坐标为 5<30），其中 "<" 表示角度。

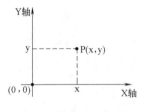

图 4-1　笛卡儿坐标系

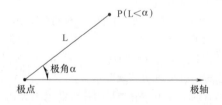

图 4-2　极坐标系

（3）世界坐标系　AutoCAD 系统为用户提供了世界坐标系（WCS，World Coordinate System）和用户坐标系（UCS，User Coordinate System）这两个内部坐标系，以帮助用户确定在绘图区的位置。通常，AutoCAD 构造新图形时将自动使用世界坐标系（WCS）。虽然 WCS 不可更改，但可以从任意角度、任意方向来观察或旋转。世界坐标系的 X 轴是水平的，

Y轴是垂直的，Z轴则垂直于XY平面。世界坐标系是AutoCAD默认的坐标系统，如图4-3所示。在世界坐标系（WCS）中，笛卡儿坐标系和极坐标系都可以使用，这取决于坐标值的输入形式。

（4）用户坐标系　相对于世界坐标系，用户可根据需要创建无限多的坐标系，这些坐标系称为用户坐标系。用户可使用UCS命令来对用户坐标系进行定义、保存、恢复和移动等一系列操作。

在默认情况下，当前UCS与WCS重合。图4-4a为模型空间下的UCS图标，通常放在绘图区左下角处。如果当前UCS和WCS重合，则出现一个W字，如图4-4b所示；也可以指定它放在当前UCS的实际坐标原点位置，此时出现一个"+"字，如图4-4c所示；图纸空间下的坐标系图标如图4-4d所示。

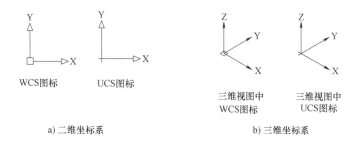

a) 二维坐标系　　　　　　　　　　　b) 三维坐标系

图 4-3　坐标系图标

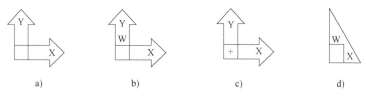

图 4-4　UCS与WCS处于不同位置时的坐标系图标

2. 创建用户坐标系

在AutoCAD中，用户可用UCS命令中的子命令来创建用户坐标系。

Command：ucs ↵

当前UCS名称：＊世界＊

指定UCS的原点或［面（F）/命名（NA）/对象（OB）/上一个（P）/视图（V）/世界（W）/X/Y/Z/Z轴（ZA）］<世界>：

1）原点。在保持X、Y和Z轴方向不变的情况下，相对于当前UCS的原点指定新原点，从而定义新的UCS。如果不指定原点的Z坐标值，将使用当前标高。

2）面（F）。将UCS与实体对象的选定面对齐。要选择一个面，可在此面的边界内或面的边上单击，被选中的面将亮显，UCS的X轴将与找到的第一个面上的最近边对齐。

3）命名（NA）。定义新的UCS的名称。

4）对象（OB）。根据选定三维对象定义新的坐标系。新建UCS的拉伸方向（Z轴正方向）与选定对象的拉伸方向相同。此选项不能用于以下对象：三维实体、三维多段线、三维网格、视口、多线、面域、样条曲线、椭圆、射线、构造线、引线和多行文字。对于非三维面的对象，新UCS的XY平面与绘制该对象时生效的XY平面平行，但X和Y轴可做不同的旋转。通过选择对象来定义 UCS 的方法见表 4-1。

表 4-1 对象的 UCS 定义方法

对象	确定 UCS 的方法
圆弧	圆弧的圆心成为新 UCS 的原点。X 轴通过距离选择点最近的圆弧端点
圆	圆的圆心成为新 UCS 的原点。X 轴通过选择点
标注	标注文字的中点成为新 UCS 的原点。新 X 轴的方向平行于绘制该标注时生效的 UCS 的 X 轴
直线	距选择点最近的端点成为新 UCS 的原点。设置新的 X 轴，使该直线位于新 UCS 的 XZ 平面上。在新 UCS 中，该直线的第二个端点的 Y 轴坐标为零
点	该点成为新 UCS 的原点
二维多段线	多段线的起点成为新 UCS 的原点。X 轴沿从起点到下一顶点的线段延伸
实体	二维实体的第一点确定新 UCS 的原点。新 X 轴沿前两点之间的连线方向
宽线	宽线的"起点"成为新 UCS 的原点，X 轴沿宽线的中心线方向
三维面	取第一点作为新 UCS 的原点，X 轴沿前两点的连线方向，Y 的正方向取自第一点和第四点。Z 轴由右手定则确定
形、文字、块参照、属性定义	该对象的插入点成为新 UCS 的原点，新 X 轴由对象绕其拉伸方向旋转定义。用于建立新 UCS 的对象在新 UCS 中的旋转角度为零

5）上一个（P）。恢复上一个用户坐标系统。

6）视图（V）。以垂直于观察方向（平行于屏幕）的平面为 XY 平面，建立新的坐标系。UCS 原点保持不变。

7）世界（W）。可以从当前的用户坐标系恢复到世界坐标系。

8）X、Y、Z。绕指定轴旋转当前 UCS。在命令提示中，n 代表 X、Y 或 Z。输入正或负的角度以旋转 UCS。根据右手定则判定绕轴旋转的正方向。通过指定原点和一个或多个绕 X、Y 或 Z 轴的旋转，可以定义任意的 UCS。

9）Z 轴（ZA）。用特定的 Z 轴正半轴定义 UCS。指定新原点和位于新建 Z 轴正半轴上的点。"Z 轴"选项使 XY 平面倾斜。

此外，用户可以通过下拉菜单栏中"工具"→"新建 UCS（W）"→"三点"按钮，即坐标原点、正 X 轴上的点和正 XY 平面上的点定义新的坐标系。

3. 使用正交用户坐标系

通过功能区选项卡"视图"→"坐标"→"命名 UCS 组合框控制"按钮中的子命令，可以设置相对于 WCS 的正交 UCS，如仰视、俯视、左视、右视、主视和后视等，如图 4-5 所示。需注意的是，"坐标"面板在"草图与注释"工作空间中处于隐藏状态，要显示"坐标"面板，首先单击"视图"选项卡，然后右击并选择"显示面板"，最后单击"坐标"，将"坐标"面板位于"视图"选项卡中。此外，也可以选择下拉菜单栏中"工具"→"命名 UCS（U）"按钮，打开 UCS 对话框，在"正交 UCS"选项卡中的"当前 UCS"列表中选择所需的正交坐标系后，单击"置为当前"按钮，来设置当前的正交用户坐标系，如图 4-6 所示。

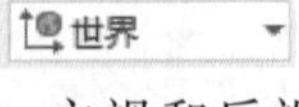

图 4-5 UCS 组合框控制选项

图 4-6 设置正交用户坐标系

4. 命名用户坐标系

在功能区中选择"视图"→"坐标"→"管理已定义的用户坐标系"按钮 ，打开 UCS 对话框，如图 4-7 所示。在"命名 UCS"选项卡的"当前 UCS"列表中，若当前新建的 UCS 尚未命名，则其名称为"未命名"，此时，用户可以右击该 UCS，从弹出的快捷菜单中选择"重命名"命令对其命名。若在"当前 UCS"列表框中选中"世界""上一个"或某一个 UCS 后单击"置为当前"按钮，则可恢复世界坐标系、恢复上一次设置的 UCS 或将某个 UCS 设置为当前 UCS。其中，当前 UCS 前面有一个箭头符号。

用户可以在选择坐标系后单击"详细信息"按钮，在"UCS 详细信息"对话框中查看坐标系的详细信息，如图 4-8 所示。

图 4-7 "命名 UCS"对话框

图 4-8 "UCS 详细信息"对话框

5. 移动用户坐标系

使用"视图"→"坐标"→"管理用户坐标系"按钮 ，用户可以通过修改当前 UCS 的原点或修改其 Z 轴深度来重新定义 UCS，而保留其 XY 平面的方向不变。修改 Z 轴深度将使 UCS 相对于当前原点沿自身 Z 轴的正方向或者负方向移动。

在绘制图形时，移动 UCS 可以简化作图过程，特别是在绘制三维图形时，灵活移动坐标系可以快速定位点的坐标。

6. 设置 UCS 的其他选项

用户可以通过功能区"视图"→"坐标"→"显示 UCS 图标"按钮 ，控制坐标系图标的可见性及显示方式，如图 4-9 所示。

用户可以通过功能区"视图"→"坐标"→"UCS 图标"按钮 ，设置 UCS 图标样式、大小、颜色以及布局选项卡图标颜色，如图 4-10 所示。

此外，也可以通过图 4-7"命名 UCS"对话框中的"设置"选项卡对 UCS 图标或 UCS 进行设置，如图 4-11 所示。

1）"视图"→"显示"→"UCS 图标"→"开"命令。该命令用于在当前视口中打开 UCS 图符显示。

2）"视图"→"显示"→"UCS 图标"→"原点"命令。该命令用于在当前坐标系的原点处显示 UCS 图符。

3）"视图"→"显示"→"UCS 图标"→"特性"命令。该命令用于打开"UCS 图标"对话框。使用该对话框，用户可以设置 UCS 图标样式、大小、颜色以及布局选项卡图标颜色，如图 4-10 所示。另外，用户还可以使用 UCS 对话框中的"设置"选项卡。

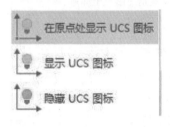

图 4-9 "UCS 显示"对话框图

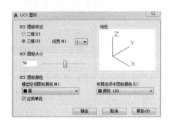

图 4-10 "UCS 图标"对话框

图 4-11 "UCS 设置"选项卡对话框

4.1.2 坐标值的输入与显示

1. 坐标值的输入方法

在 AutoCAD 中，点的坐标可以用直角坐标、极坐标、球面坐标和柱面坐标表示。直角坐标又有两种坐标输入方式，即绝对坐标和相对坐标。直角坐标和极坐标最为常用，下面主要介绍一下它们的输入方法。

（1）直角坐标

1）绝对直角坐标。直角坐标是从点（0，0）或（0，0，0）出发的位移，可以使用分数、小数或科学记数等形式表示 X 轴、Y 轴、Z 轴的坐标值，坐标间用逗号隔开。如在命令行中"输入点的坐标"提示下，输入"15，18"，则表示输入了一个 X 和 Y 的坐标值（相对于当前坐标原点）分别为 15 和 18 的点，此为绝对坐标输入方式，如图 4-12a 所示。

2）相对直角坐标。相对坐标是指相对于某一定的 X 轴和 Y 轴移位，或距离和角度。它的表示方式是在绝对坐标前加上"@"符号。如输入"@10，20"表示该点的坐标是相对于前一点的坐标值，如图 4-12b 所示。

（2）极坐标 用长度和角度表示的坐标，只能用来表示二维点的坐标。

1）绝对极坐标。在绝对坐标方式下，表示为"长度<角度"（如"25<50"），长度是该点到坐标原点的距离，角度为该点至原点的连线与 X 轴正向的夹角，如图 4-12c 所示。

2）相对极坐标。在相对坐标方式下，表示为"@长度<角度"（如"@25<45"），长度为该点到前一点的距离，角度为该点至前一点的连线与 X 轴正向的夹角，如图 4-12d 所示。

2. 动态数据输入

单击状态栏上的 DYN 按钮或按<F12>键，系统打开动态输入功能，可以在屏幕上动态地输入某些参数。如绘制直线时，在光标附近会动态地显示"指定第一点"，以及后面的坐

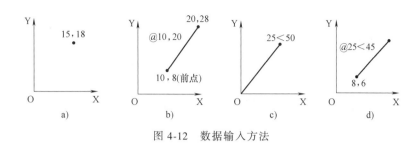

图 4-12 数据输入方法

标框，当前显示的是光标所在位置，可以输入数据，两个数据之间用逗号隔开，如图 4-13 所示。指定第一点后，系统动态显示直线的角度，同时要求输入线段长度值，如图 4-14 所示，其输入效果与"@长度<角度"方式相同。动态数据输入设置："状态栏"→"对象捕捉"按钮，右击，设置选项→"草图设置"对话框→"动态输入"选项卡，如图 4-15 所示。"动态输入"有三个组件：指针输入、标注输入和动态提示。

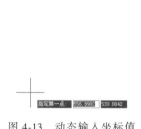

图 4-13 动态输入坐标值

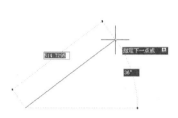

图 4-14 动态输入长度值

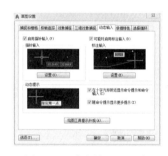

图 4-15 动态输入选项卡

（1）指针输入 当启用指针输入且有命令在执行时，十字光标的位置将在光标附近的工具栏提示中显示为坐标。可以在工具栏提示中输入坐标值，而不用在命令行中输入。第二个点和后续点的默认设置为相对极坐标，不需要输入"@"符号。如果需要使用绝对坐标，请使用"#"符号前缀。例如，要将对象移到原点，请在提示输入第二个点时，输入"#0，0"。使用指针输入设置可修改坐标的默认格式，以及控制指针输入工具栏提示何时显示。

（2）标注输入 启用标注输入时，当命令提示"输入第二点"时，工具栏提示将显示距离和角度值。在工具栏提示中的值将随着光标移动而改变。按<Tab>键可以移动到要更改的值。标注输入可用于 arc、circle、ellipse、line 和 pline 命令。对于标注输入，在输入字段中输入值并按<Tab>键后，该字段将显示一个锁定图标，并且光标会受输入的值约束。

使用夹点编辑对象时，标注输入工具栏提示可能会显示对象原来的长度、移动夹点时更新的长度、长度的改变、角度、移动夹点时角度的变化、圆弧的半径、夹点的添加和删除等信息，如图 4-16 所示。

（3）动态提示 启用动态提示时，提示会显示在光标附近的工具栏提示中。用户可以在工具栏提示（而不是在命令行）中输入响应。按下箭头键可以查看和选择选项，按上箭头键可以显示最近的输入。要在动态提示工具栏提示中使用 pasteclip 命令，可键入字母然后在粘贴输入之前用<Backspace>键将其删除。否则，输入将作为文字粘贴到图形中。

3. 坐标值的显示

在 AutoCAD 中，屏幕底部的状态栏中显示当前光标所处位置的坐标值，该坐标值有三

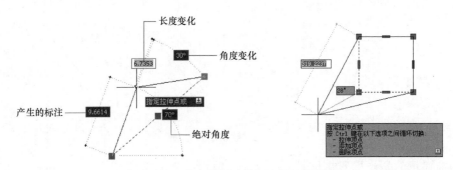

图 4-16 夹点编辑时的标注提示信息

种显示方式，如图 4-17 所示。

（1）静态显示　显示上一个拾取点的绝对坐标。此时，指针坐标不能动态更新，只有在拾取一个新点时，显示才会更新。但从键盘输入一个新点坐标时，不会改变该显示方式。

（2）动态显示　显示光标的绝对坐标，移动鼠标的同时更新坐标值，默认情况下，显示方式是打开的。

（3）距离和角度　显示一个相对极坐标。移动鼠标的同时更新坐标值，坐标值以"距离<角度"格式显示。这一方式只有在绘制直线或其他对象的过程中才可用。

坐标值有三种显示方式的控制方法：

1）把光标指向状态栏上的坐标显示处，右击，从快捷菜单中设置。

2）把光标指向状态栏上的坐标显示处，单击循环切换。

3）将系统变量 COORDS 设置为 0 表示静态显示，设置为 1 表示动态显示，设置为 2 表示距离和角度显示。

要查询对象上某个点的坐标（如中点或交点），可用 id 命令。要查询对象上所有关键点的坐标，可用 list 命令或使用夹点选择对象。夹点是对象关键位置的点（如端点或中点），一般以"小方框"显示。当光标捕捉到夹点时，状态栏会显示其坐标。

1398.7902, 394.2096, 0.0000	110.5665, 602.9684, 0.0000	305.2002< 170 , 0.0000
静态显示（绝对坐标）	动态显示（绝对坐标）	距离和角度（相对极坐标）

图 4-17　坐标值的三种显示方式

4.1.3　使用坐标输入绘图示例

1. 使用相对直角坐标绘图

使用相对直角坐标绘制图 4-18 所示的正五角星图形。

Command:l↵

指定第一点:(任意拾取一点,如 A 点)

指定下一点或[放弃(U)]:@-30.9,95.1↵(输入点 C 相对于点 A 直角坐标)

指定下一点或[退出(X)放弃(U)]:@-30.9,-95.1↵(输入点 E 相对于点 C 直角坐标)

指定下一点或[关闭(C)/退出(X)放弃(U)]:@80.9,58.8↵(输入点 B 相对于点 E 直角坐标)

指定下一点或[关闭(C)/退出(X)放弃(U)]:@-100,0↵(输入点 D 相对于点 B 直角坐标)

指定下一点或[关闭(C)/退出(X)放弃(U)]:c↵(完成封闭的正五角星)

2. 使用相对极坐标绘图

使用相对极坐标绘制图 4-18 所示的正五角星图形。

Command:l↵

指定第一点:(任意拾取一点,如 A 点)

指定下一点或[放弃(U)]:@ 100<108 ↵(输入点 C 相对于点 A 极坐标)

指定下一点或[退出(X)/放弃(U)]:@ 100<-108 ↵(输入点 E 相对于点 C 极坐标)

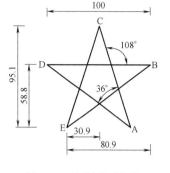

图 4-18 绘制正五角星

指定下一点或[关闭(C)/退出(X)/放弃(U)]:@ 100<36 ↵(输入点 B 相对于点 E 极坐标)

指定下一点或[关闭(C)/退出(X)/放弃(U)]:@ 100<180 ↵(输入点 D 相对于点 B 极坐标)

指定下一点或[关闭(C)/退出(X)/放弃(U)]:c ↵(完成封闭的正五角星)

4.2 使用栅格捕捉和正交

在 AutoCAD 中,系统提供了栅格、捕捉、正交等辅助绘图工具,以方便用户使用光标进行准确定位。

4.2.1 使用栅格和捕捉

在绘制图形时,尽管可以通过移动光标来指定点的位置,却很难精确指定某一位置。使用栅格和捕捉功能可以精确定位点,提高绘图效率。

1. 打开和关闭栅格和捕捉

"栅格"是一些标定位置的小点,即点的矩阵,遍布指定为图形栅格界限的整个区域。它可起到坐标纸的作用,可提供直观的距离和位置的参照。栅格是绘图的辅助工具,虽然打开的栅格可以显示在屏幕上,但它并不是图形对象,因此不能从打印机中输出。"捕捉"用于设定绘图光标移动的间距,以帮助用户直接使用鼠标快捷准确地确定目标点。

打开或关闭栅格和捕捉的方法:

1)单击状态栏中的 ⎓ 和 ⁙ 按钮。

2)使用功能键<F7>打开和关闭栅格;<F9>打开和关闭捕捉。

3)右击状态栏中的 ⎓ 和 ⁙ 按钮,在快捷菜单中选择"开"或"关"命令。

4)单击"草图设置"对话框中的"栅格和捕捉"选项卡中的内容进行设置。

5)执行 Command:grid(栅格)或 snap(捕捉)命令。

2. 设置栅格和捕捉参数

可利用"草图设置"对话框中的"捕捉和栅格"选项卡设置栅格和捕捉参数。"捕捉和栅格"选项卡如图 4-19 所示,部分选项功能如下:

1)"启用捕捉"和"启用栅格"复选框。打开默认捕捉和栅格,在屏幕上出现了一个点的阵列。当用户移动光标时会发现光标只能停在其附近的栅格点上,而且可以精确地选择这些栅格点，但却无法选择栅格点以外的地方，这个功能称为捕捉。这样，用户在绘制过程中无须在命令行中输入点的坐标，就可以直接利用鼠标准确地捕捉到目标点。

2）"捕捉 X 轴间距""捕捉 Y 轴间距"文本框。设定捕捉在 X 方向和 Y 方向的间距。

3）"栅格 X 轴间距""栅格 Y 轴间距"文本框。设定栅格在 X 方向和 Y 方向的间距。

4）"每条主线之间的栅格数"下拉列表框。设定主栅格相对于次栅格的频率。

5）"栅格样式"选项组。有三个选项可供选择，即"二维模型空间""块编辑器"和"图纸/布局"。对于所有视觉样式，栅格均显示为线；仅在当前栅格样式设置为"二维模型空间"时栅格才显示为点，如图 4-20 所示。在默认情况下，在二维和三维的环境中工作时均显示为线栅格。

图 4-19 "栅格和捕捉"选项卡显示

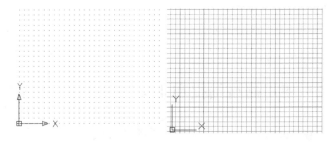

图 4-20 栅格显示的样式

6）"栅格行为"选项组。用于设置栅格线的显示样式。"自适应栅格"复选框用于限制缩放时栅格的密度，"允许以小于栅格间距的间距再拆分"复选框用于确定是否能够以小于栅格间距的间距来拆分栅格；"显示超出界限的栅格"复选框用于确定是否显示图形界限之外的栅格；"遵循动态 UCS"复选框用于确定是否跟随动态 UCS 的 XY 平面而改变栅格平面。

3. 使用 grid 和 snap 命令

在 AutoCAD 命令行中输入 grid 和 snap 可打开或关闭栅格和捕捉模式，设置栅格和捕捉间距等。

（1）使用 grid 命令

Command:grid ↵

指定栅格间距（X）或[开（ON）/关（OFF）/捕捉（S）/主（M）/自适应（D）/界限（L）/跟随（F）/纵横向间距（A）]<10.0000>:

各选项的功能如下：

1）"指定栅格间距（X）"选项。设置栅格间距。

2）"开（ON）/关（OFF）"选项。打开、关闭栅格显示。

3）"捕捉（S）"选项。设置显示栅格的间距等于捕捉间距。

4）"主（M）"选项。将移除二维线框之外的任意视觉样式显示栅格线而非栅格点。

5）"自适应（D）"选项。自适应行为，限制缩小栅格线或缩小栅格点的密度，允许以小于栅格间距的间距再拆分。如果打开，则放大时将生成其他间距更小的栅格线或栅格点。这些栅格线的频率由主栅格线的频率确定。

6）"界限（L）"选项。显示超出 limits 命令指定区域的栅格。

7）"跟随（F）"选项。更改栅格平面以跟随动态 UCS 的 XY 平面。

8）"纵横向间距（A）"选项。设置显示栅格的水平和垂直间距。

（2）使用 snap 命令

Command：snap ↵

指定捕捉间距或［开（ON）/关（OFF）/纵横向间距（A）/样式（S）/类型（T）］＜10.0000＞：

各选项的功能如下：

1）"指定捕捉间距"选项。设置捕捉间距（默认选项），默认值 10.0000。

2）"开（ON）/关（OFF）"选项。打开/关闭捕捉。

3）"纵横向间距（A）"选项。设置捕捉水平和垂直间距，如果当前捕捉模式为等轴测，则不能使用该选项。

4）"样式（S）"选项。选定捕捉栅格类型，可选择标准或等轴测类型。"标准"样式显示于当前 UCS 的 XY 平面平行的矩形栅格，X 间距和 Y 间距可不同；"等轴测"样式显示等轴测栅格，栅格点初始化为 30°和 150°角。

5）"类型（T）"选项。设置捕捉类型为极轴或栅格类型。

4. 栅格和捕捉的要点

（1）栅格的要点

1）栅格的间距不能太大，否则会导致图形模糊及屏幕重画太慢，甚至无法显示栅格。

2）栅格的纵横向比例可以不同，可根据需要设定。

3）如果设置了图形界限，则只能在图形界限内显示栅格。

（2）捕捉的要点　捕捉间距最好设为栅格的几分之一，这样有利于按栅格调整捕捉点。

4.2.2　使用正交模式

正交用于将光标限制在水平或垂直方向上移动，如果打开正交模式，则使用光标确定的相邻两点的连线必须垂直或平行于坐标轴。因此，如果要绘制的图形完全由水平或垂直的直线组成，那么使用这种模式是非常方便的。

打开或关闭正交模式的方法如下：

1）单击状态栏中的 ╚ 按钮。

2）使用功能键＜F8＞进行切换。

3）右击状态栏中的 ╚ 按钮，在快捷菜单中选择"启用"命令。

4）执行 Command：ortho 命令，选择开（ON）则打开正交，选择关（OFF）则关闭正交。

4.2.3　使用栅格捕捉和正交功能绘图示例

使用栅格捕捉和正交功能绘制如图 4-21 所示图形。

1）使用＜F7＞、＜F8＞和＜F9＞快捷键启动栅格、正交和捕捉命令。

2）设置栅格和捕捉间距为 60，并打开正交命令，利用直线命令绘制直线网格，如图 4-22 所示。

3）设置栅格和捕捉间距为 10，并打开正交命令，利用直线命令绘制长度为"10"直线，如图 4-23 所示。

4）利用直线命令连接各直线的端点，如图 4-24 所示。

5）利用标注命令标注尺寸。

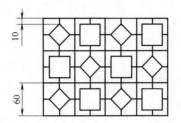

图 4-21 栅格捕捉和正交命令应用示例

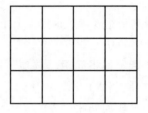

图 4-22 直线网格绘制

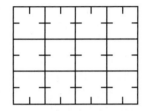

图 4-23 长度为"10"直线绘制

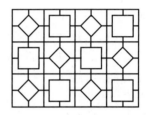

图 4-24 连接线绘制

4.3 使用对象捕捉

在 AutoCAD 中，使用对象捕捉可以将指定点快速、精确地限制在现有对象的确切位置上，而不必知道坐标或绘制辅助线。

4.3.1 对象捕捉的模式

1. 启动对象捕捉

启动对象捕捉的方法如下：

1）单击状态栏中的▣按钮。

2）使用功能键<F3>：打开和关闭对象捕捉功能。

3）右击状态栏中的按钮，在快捷菜单中选择"启用"命令。

4）在"草图设置"对话框中的"对象捕捉"选项卡进行设置，如图 4-25 所示。

5）执行 Command：osnap 命令。

6）按住<Shift>键，在绘图区域右击可显示"对象捕捉设置"快捷菜单，如图 4-26 所示。

2. 对象捕捉工具栏

使用"对象捕捉"工具栏中的工具可随时应用对象捕捉功能，"对象捕捉"工具栏如图 4-27 所示。

每种捕捉模式的特点：

1）"临时追踪点"（ ⚬⚬ ）。可在一次操作中创建多条追踪线，并根据这些追踪线确定要定位的点。

2）捕捉"自"（）。在使用相对坐标指定下一个应用点时，捕捉"自"工具可以提示

图 4-25 "对象捕捉"选项卡

图 4-26 "对象捕捉"快捷菜单

图 4-27 "对象捕捉"工具栏

输入基点，并将该点作为临时参照点，这与通过输入前缀@使用最后一个点作为参照点类似。它不是对象捕捉模式，但经常与"对象捕捉"和"坐标输入"配合起来使用。

3）"端点"（）。捕捉直线、圆弧、多段线等对象最近的端点，以及离拾取点最近的填充多边形或 3D 面的封闭角点。

4）"中点"（）。捕捉直线、圆弧、多段线等线段的中点。

5）"交点"（）。捕捉"交点"的对象包括圆弧、圆、椭圆、椭圆弧、直线、多线、多段线、射线、样条曲线、构造线或者面域和曲面的边，也可以捕捉延伸交点或外观交点。

6）"延伸交点或外观交点"（）。捕捉到不在同一平面但是可能看起来在当前视图中相交的两个对象的外观交点。"延伸外观交点"不能用于执行对象捕捉模式。"外观交点"和"延伸外观交点"不能和三维实体的边或角点一起使用。如果同时打开"交点"和"外观交点"执行对象捕捉，可能会得到不同的结果。一般先在第一个对象上单击，然后鼠标靠近第二个对象附近就会看到交点标记。如块以相同的 X、Y、Z 的比例插入，还可以捕捉块中包含对象的交点。"延伸交点"不能用于执行对象捕捉模式。"交点"和"延伸交点"不能和三维实体的边或角点一起使用。如果同时打开"交点"和"外观交点"执行对象捕捉，可能会得到不同的结果。

7）"范围（————）"。捕捉延伸点。使用"延伸"捕捉时，要在直线或圆弧端点上暂停。端点上将显示一个小的加号（+），表示直线或圆弧已经选定，可以用于延伸。沿着延伸方向移动光标将显示一个临时延伸路径。如同时使用"交点"或"外观交点"可以找出直线或圆弧与其他对象的交点。

8）"圆心（）"。捕捉圆弧、圆、椭圆或面域中圆的圆心。注意捕捉圆心时，要在圆、圆弧或椭圆的线条上移动光标才会显示"圆心"捕捉标记，不要在圆心位置移动鼠标。

9）"象限点（）"。捕捉圆弧、圆或椭圆的象限点（0°、90°、180°、270°点）。圆和

圆弧的象限点的捕捉位置取决于当前用户坐标系（UCS）方向，如果 UCS 旋转了一个角度，则圆和圆弧象限点的捕捉位置将以新的 UCS 的 X 轴方向为基准。如块中包含有圆或圆弧，而块插入的时候旋转了一个角度，那么象限点也随着块旋转。但是椭圆象限点的捕捉位置与 UCS 和旋转块没有关系，总是由椭圆的两个轴决定。

10）"切点（ ）"。可以捕捉与圆、圆弧或椭圆相切的切点。

11）"节点（ ）"。只捕捉用 point 命令绘制的点、用定数等分（divide）和定距等分（measure）命令放置的点。

12）"插入点（ ）"。捕捉块、形、文字或属性的插入点。如果块中含有属性文字，那么捕捉"插入点"时，光标靠近图形将捕捉块的插入点。如光标靠近属性文字，将捕捉属性文字的插入点而不是块的插入点。

13）"垂足（ ）"。捕捉圆弧、圆、构造线、椭圆、椭圆弧、直线、多线、多段线或样条曲线上的一点，该点与前一点或后一点的连线构成了过该点的法线。当正在绘制的对象需要捕捉多个垂足时，将自动打开"递延垂足"捕捉模式。可以用直线、圆弧、圆、多段线、射线、参照线、多线或三维实体的边作为绘制垂直线的基础对象。可以用"递延垂足"在这些对象之间绘制垂直线。当靶框经过"递延垂足"捕捉点时，将显示 AutoSnap 工具栏提示和标记。

14）"平行（ ）"。通常用来辅助画平行的直线段。使用平行捕捉时，先指定直线的"起点"，然后把光标移到基准直线上并停顿，这时基准直线上将显示一个小的加号（+），指示直线已被选定。可以选定多个基准直线，每个基准直线上都有小的加号（+）。移动光标与某个基准直线平行，在平行方向将显示出一条虚线，在该基准直线上将显示一个平行标志。"平行"捕捉如果与"交点"或"外观交点"一起使用，可以找出平行线与其他对象的交点。

15）"最近点（ ）"。保证捕捉到的点落在对象上面。

16）"无（ ）"。关闭下一点的执行对象捕捉。

17）"对象捕捉设置（ ）"。启动对象捕捉功能。

18）"点过滤器"。"点过滤器"子命令中的各命令用于捕捉满足指定坐标条件的点。它只在"对象捕捉"快捷菜单中存在。

3. 设置对象捕捉

要设置对象捕捉参数，可以选择"视图"→"界面"→ 按钮，打开"选项"对话框，在"绘图"选项卡的"自动捕捉设置"选项组中进行设置，如图 4-28 所示。

1）"标记"复选框。用于设置在自动捕捉到特征点时是否显示特征标记框。

2）"磁吸"复选框。用于设置在自动捕捉到特征点时是否像磁铁一样将光标吸到特征点上。

3）"显示自动捕捉工具提示"复选框。用于设置在自动捕捉到特征点时是否显示"对象捕捉"工具栏上相应按钮的提示文字。

4）"显示自动捕捉靶框"复选框。用于设置是否捕捉靶框。靶框是一个比捕捉标记大 2 倍的矩形框。

5）"颜色"按钮。用来设置自动捕捉标记的颜色。单击"颜色"按钮后，打开"图形窗口颜色"对话框，如图4-29所示，在"界面元素"列表框中选取"自动捕捉标记"项，在"颜色"下拉列表框中选取需要的颜色。

6）"自动捕捉标记大小"选项组。拖动滑块来设置自动捕捉标记的大小。

图4-28　自动捕捉设置

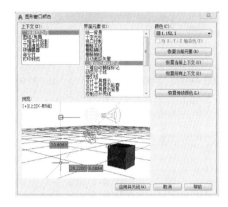

图4-29　"图形窗口颜色"对话框

4.3.2　运行和覆盖捕捉模式

在AutoCAD中，对象捕捉模式又分为运行捕捉模式和覆盖捕捉模式。

在"草图设置"对话框的"对象捕捉"选项卡中，设置的对象捕捉模式始终处于运行状态，直到关闭为止，称为运行捕捉模式。

如果在命令执行过程中，单击"对象捕捉"工具栏中的工具按钮或对象捕捉快捷菜单中选择相应命令，只临时打开捕捉模式，称为覆盖捕捉模式。覆盖捕捉模式仅对本次捕捉点有效，在命令行中显示一个"于"标记。设置覆盖捕捉模式后，系统将暂时覆盖运行捕捉模式。

4.3.3　使用对象捕捉绘图示例

使用"对象捕捉"功能绘制图4-30所示图形。

1）打开"草图设置"对话框中"对象捕捉"选项卡，在"对象捕捉模式"选项组中选中圆心、交点、切点三个复选框，单击"确定"按钮。

2）执行Command：l命令，绘制图4-31所示的辅助线，其中两条水平线的距离为75。

3）执行Command：c命令，将光标移到辅助线的上交点处，当显示交点捕捉标记时（图4-32），单击拾取该点，绘制直径为50和30的圆。

4）同理，在辅助线的下交点处分别绘制半径为18和10的圆，如图4-33所示。

5）执行Command：c命令，输入t后按<Enter>键将光标移至直径为50的圆的上半部分，当显示"递延切点"标记时（图

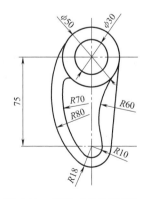

图4-30　使用"对象捕捉"功能绘图

4-34），单击拾取该点，再将光标移至半径为 18 的圆上拾取另一切点，绘制半径为 80 的圆，如图 4-35 所示。

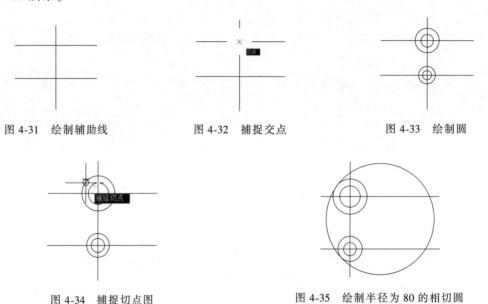

图 4-31 绘制辅助线　　　图 4-32 捕捉交点　　　图 4-33 绘制圆

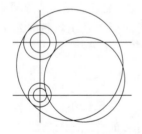

图 4-34 捕捉切点图

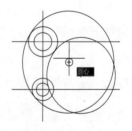

图 4-35 绘制半径为 80 的相切圆

6）使用相同的方法，绘制与直径 50 的圆、半径 10 的圆相切的圆，且半径为 60，如图 4-36 所示。

7）执行 Command：c 命令，将光标移至半径为 80 的圆心处，当显示圆心标记时（图 4-37），单击拾取该点，绘制半径为 70 的圆。

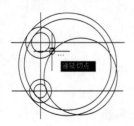

图 4-36 绘制半径为 60 的相切圆

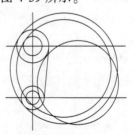

图 4-37 拾取圆心

8）执行 Command：l 命令，在"对象捕捉"快捷菜单中选择切点命令，然后将指针移至直径为 50 的圆的右半部分，当显示"递延切点"标记时（图 4-38），单击拾取该点，再将指针移至半径为 10 的圆上拾取另一切点，绘制直线，如图 4-39 所示。

图 4-38 捕捉切点

图 4-39 绘制切线

9）执行 Command：tr 命令，参照图 4-40 修剪图形。

10）执行 Command：f 命令，指定圆角半径为 5，依次选择半径为 70 的圆弧和直径为 50 的圆为修剪对象，修剪效果如图 4-41 所示。

图 4-40　修剪图形

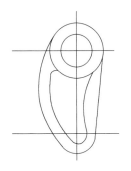

图 4-41　创建圆角

11）执行 Command：dimlinear 或 dli 命令，参照图 4-30 标注图形尺寸。

4.4　使用自动追踪

自动追踪的功能是沿指定方向（称为对齐路径）按指定角度或与其他对象的指定关系绘制对象。当"自动追踪"打开时，临时对齐路径有助于以精确的位置和角度创建对象。自动追踪功能分为极轴追踪与对象捕捉追踪，可以通过状态栏上的"极轴"或"对象追踪"按钮打开或关闭自动追踪。

"自动追踪"的设置如图 4-42 所示，各选项功能如下：

1）"显示极轴追踪矢量"复选框。控制对象捕捉追踪的对齐路径显示。清除该选项将不显示极轴追踪路径。

2）"显示全屏追踪矢量"复选框。控制对象捕捉追踪的对齐路径显示。清除此选项将仅显示对象捕捉点到光标之间的对齐路径。

3）"显示自动追踪工具提示"复选框。控制自动追踪工具栏提示的显示。工具栏提示显示对象捕捉的类型（针对对象捕捉追踪）、对齐角度以及与前一点的距离。

在"对齐点获取"选项组，可以选择一种对象捕捉追踪用以获取对象点的方法，点的获取方式默认设置为"自动"。当光标距要获取的点非常近时，按 <Shift> 键将临时不获取点。

1）自动。自动获取对象点。如果选择此选项，按 <Shift> 键将不获取对象点。

2）按 <Shift> 键获取。光标在对象捕捉点上时，只有按 <Shift> 键才可获取对象点。

4.4.1　极轴追踪和对象捕捉追踪

1. 极轴追踪

极轴追踪是指按事先给定的角度增量来追踪特征点。极轴追踪功能是在系统要求指定一个点时，按预先设置的角度增量显示一条无限延伸的辅助线（这是一条虚线），这时可以沿辅助线追踪得到光标点。

打开或关闭极轴追踪的方法如下：

1）单击状态栏中的"极轴追踪"按钮 。

2）使用功能键<F10>进行切换。

3）右击状态栏中的"极轴追踪"按钮 ，在快捷菜单中选择"开（O）"或"关（F）"命令。

4）单击"草图设置"对话框的"极轴追踪"选项卡进行设置。

注意：正交模式和极轴追踪模式不能同时打开，若一个打开，另一个将自动关闭。

"草图设置"对话框的"极轴追踪"选项卡如图 4-43 所示。

图 4-42 设置"自动追踪"

图 4-43 设置极轴追踪参数

1）"极轴角设置"选项组。极轴角指极轴与 X 轴或前面绘制对象的夹角，其设置包括增量角和附加角的设置。

① 增量角。在"增量角"下拉列表框中选择或输入某一增量角后，系统将沿与增量角成整倍数的方向指定点的位置。如增量角为 45°，系统将沿 0°、45°、90°、135°、180°、225°、270°和 315°方向指定目标点的位置。默认情况下增量角为 90°。

② 附加角。用户可以通过指定附加角来指定追踪方向。若用户需使用附加角，可单击"新建"按钮，在文本框中添加附加角；不需要的附加角可用"删除"按钮删除。

2）"极轴角测量"选项组。极轴角的测量方法有绝对和相对上一段两种。"绝对"是以当前坐标系为基准计算极轴追踪角。"相对上一段"是表示以最后的对象为基准计算极轴追踪角。如果一条直线以其他直线的端点、中点或最近点等为起点，极轴角将相对该直线进行计算。

2. 对象捕捉追踪

对象捕捉追踪是对象捕捉和极轴追踪功能的联合应用。用户先根据对象捕捉确定对象的某一特征点（只需将光标在该点上停留片刻，当自动捕捉标记中出现黄色的"+"标记即可），然后以该点为基准点进行追踪，得到准确的目标点，如图 4-44 所示。

打开或关闭对象捕捉追踪的方法如下：

1）单击状态栏中的 按钮。

2）使用功能键<F11>进行切换。

3）右击状态栏中的 按钮，在快捷菜单中选择"开（O）"或"关（F）"命令。

图 4-44 对象捕捉追踪示意图

4) 单击"草图设置"对话框的"极轴追踪"选项卡进行设置。

对象捕捉追踪功能有两种形式：

1)"仅正交追踪"选项。单击该单选按钮，只显示通过某点的水平和垂直方向上的追踪路径。

2)"用所有极轴角设置追踪"选项。单击该单选按钮，将极轴追踪设置应用到对象捕捉追踪，使用对象捕捉追踪时，光标将从获取的对象捕捉点起沿极轴对齐角度进行追踪。

3. 自动追踪使用技巧

使用自动追踪（极轴追踪和对象捕捉追踪）时有一些技巧，可以使指定设计任务变得更容易。

1) 与对象捕捉追踪一起使用"垂足""端点"和"中点"对象捕捉，以绘制垂直于对象端点或中点的点。

2) 与临时追踪点一起使用对象捕捉追踪。在提示"输入点"时输入"t"，然后指定一个临时追踪点，该点上将出现一个小的加号（+）。移动光标时，将相对于这个临时点显示自动追踪对齐路径。要将这点删除，请将光标移回到加号（+）上面。

3) 获取对象捕捉点之后，使用直接距离沿对齐路径（始于已获取的对象捕捉点）在精确距离处指定点。提示指定点时，请选择对象捕捉，移动光标以显示对齐路径，然后在命令提示下输入距离。

4.4.2 使用自动追踪功能绘图示例

使用自动追踪功能绘制图 4-45 所示的图形。

1) 使用"草图设置"命令，打开"草图设置"对话框中的"捕捉和栅格"选项卡，在"捕捉类型"选项组中选择"栅格捕捉"中的"矩形捕捉"按钮，并设置极轴捕捉间距为 1，如图 4-46 所示。

2) 在状态栏中启动"极轴""对象捕捉""极轴追踪"功能。

3) 执行 Command：1 命令，在绘图窗口中分别绘制相交的水平和垂直直线，作为绘图的辅助线。

4) 执行 Command：pol 命令，设置正多边形的边数为 8，并捕捉辅助线的交点作为正多边形的中心点。用"内接于圆"方式沿水平方向移动指针，追踪 11 个单位，屏幕上显示"极轴：11.0000<0°"，如图 4-47 所示，单击，绘制出一个内接于半径 11 的圆的正八边形。

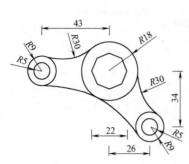

图 4-45 使用自动追踪功能绘制图形

图 4-46 开启"极轴捕捉"功能

 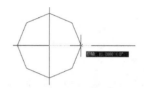

图 4-47 绘制正八边形

5）执行 Command：c 命令，以辅助线的交点作为圆心，绘制一个半径 18 的圆。

6）执行 Command：c 命令，以辅助线的交点为临时追踪点，向左追踪 43 个单位，绘制半径 5 的圆，如图 4-48 所示。

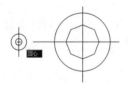 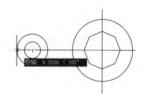

图 4-48 半径为 5 的圆绘制　　　　图 4-49 半径为 9 的同心圆绘制

7）执行 Command：c 命令，捕捉半径为 5 的圆的圆心，绘制一个半径为 9 的圆，如图 4-49 所示。

8）执行 Command：c 命令，启动对象捕捉"自"点提示：

指定圆的圆心或［三点（3P）/两点（2P）/切点、切点、半径（T）］:（from 基点:以辅助线的交点为"自"点，即基点<偏移>:@26，-34）

指定圆的半径或［直径（D）］<566.3129>:5（如图 4-50 所示）

9）执行 Command：c 命令，捕捉上部半径为 5 的圆的圆心，绘制半径为 9 的圆，如图 4-51 所示。

10）执行 Command：c 命令，利用"相切、相切、半径"绘制与半径为 9 的圆和半径为 18 的圆相切的半径为 30 的圆。使用相同的方法，绘制辅助线另一侧的半径

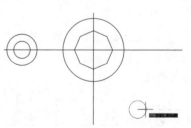

图 4-50 利用"自"捕捉点，绘制半径为 5 的圆

为 30 的相切圆。

11）下拉菜单"默认"→"绘图"→圆→"相切、相切、相切"命令，绘制一个与半径为 9、18 和 9 的 3 个圆外切的圆，如图 4-52 所示。

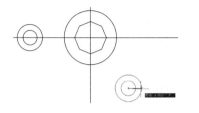

图 4-51　同心圆绘制

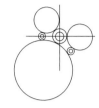

图 4-52　相切圆绘制

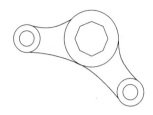

图 4-53　最终的图形效果

12）执行 Command：tr 命令，参照图 4-53 修剪图形。

13）执行 Command：dimlinear 或 dli 命令，参照图 4-45 标注图形尺寸。

第 5 章

图形设置与管理

5.1 基本图形设置

5.1.1 使用样板创建图形文件

样板文件是一种包含有特定图形设置的图形文件，图形样板文件包含标准设置。从提供的样板文件中选择一种，或者创建自定义样板文件。图形样板文件的扩展名为 .dwt。如果根据现有的样板文件创建新图形，则新图形中的修改不会影响样板文件。可以使用 AutoCAD 提供的一种样板文件，或者创建自定义样板文件。通常在样板文件中的设置包括：单位类型和精度、图形界限、捕捉、栅格和正交设置、图层组织、标题栏、边框和图标、标注和文字样式、线型和线宽等。

单击 按钮→"新建"，则会弹出"选择样板"对话框，如图 5-1 所示。

用户可以在对话框中选择合适的样本来创建图形，选择所需样本可在对话框的预览区内看到所选样本的图像缩略图。"acadISO-Named Plot Styles"和"acadiso"都是公制单位的样本文件，两者的区别在于打印样式的不同，前者的打印样式为"命名打印样式"，后者的打印样式为"颜色相关打印样式"。选择"acad-ISO-Named Plot Styles"或"acadiso"样本文件后单击"打开"按钮即可创建空白文件，进入 AutoCAD 默认设置的二维操作界面。

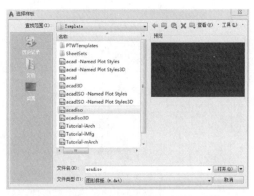

图 5-1 "选择样板"对话框

若用户要创建三维操作空间的公制单位绘图文件，则可执行"新建"命令，在"选择样板"对话框中选择"acadISO-Named Plot Styles 3D"或"acadiso 3D"样板文件作为基础样板，创建三维绘图文件，进入三维工作区间。

另外，AutoCAD 为用户提供了"无样板"方式创建绘图文件的功能，具体操作是在"选择样板"对话框中单击"打开"按钮右侧的下三角按钮，打开按钮菜单，在按钮菜单上选择"无样板打开-公制"选项，即可快速新建一个公制单位的绘图文件。

注意：AutoCAD 为用户提供了风格多样的各种样板文件，这些文件都保存在 AutoCAD 主文件夹的

"Template（样板）"子文件夹中。在图中还有部分未显示的预览图样，是因为所选的默认样板 acadiso. dwt 为空白样板。

如果使用样板来创建新图形，新图形将继承样板中的所有设置，这样就避免了大量的重复设置工作，也保证了同一项目中所有图形文件的统一。新的图形文件与所用的样板文件是相对独立的，因此在新图形中进行的修改不会影响样板文件。

5.1.2　设置绘图样板

一般来讲，使用 AutoCAD 的默认配置就可以绘图，但为了使用用户的定点设备或打印机，提高绘图的效率，AutoCAD 推荐用户在开始作图前先进行必要的设置。

在 AutoCAD 中，选择"视图"→"界面"→"选项"命令，打开图 5-2 所示的"选项"对话框。利用"选项"对话框中的各选项卡，可以设置文件、显示、打开和保存、打印和发布、系统、用户系统配置、绘图、三维建模、选择集、配置。

1）"显示"选项卡。用于设置窗口元素、布局元素、显示精度、显示性能、十字光标大小和淡入度控制等显示属性。如在"窗口元素"选项组中单击"颜色"按钮打开"图形窗口颜色"对话框，如图 5-3 所示。默认"图形窗口颜色"是"黑色"。在"颜色"下拉列表框中选择"白色"并单击"应用并关闭"按钮，绘图窗口背景颜色将由原来默认的黑色变为白色，如图 5-4 所示。

图 5-2　"选项"对话框

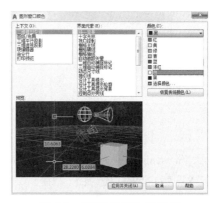

图 5-3　"颜色选项"对话框

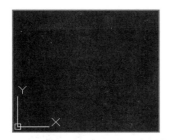
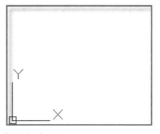

图 5-4　绘图窗口背景颜色设置

2）"打开和保存"选项卡。用于设置是否自动保存文件、自动保存时间间隔、是否保持日志、是否加载外部参照等。

3）"打印和发布"选项卡。用于控制与打印和发布相关的选项。在默认情况下，输出设备为 Windows 打印机。但在很多情况下，为了输出较大幅面的图形，用户也可能需要使用专门的绘图仪。

4）"系统"选项卡。用于设置当前三维图形的显示特性，设置定点设备，是否在显示 OLE 特性对话框、是否在用户输入内容错误时声音提醒、是否允许长符号名等。

5）"用户系统配置"选项卡。用于优化工作方式，可以设置是否在绘图区域使用快捷菜单、是否显示字段的背景、是否显示超链接、是否合并"缩放"和"平移"、左臂数据输入的优先选择、新标注是否与对象关联等。

6）"绘图"选项卡。用于设置自动捕捉、自动跟踪、自动捕捉标记框的颜色和大小、靶框大小、工具栏提示的颜色、大小、透明度等。如要更换绘图时工具栏提示的颜色，可单击"设计工具提示设置"按钮，打开"工具提示外观"对话框，单击"颜色"按钮，将绘图时"自动捕捉点"提示颜色设置为黄色，如图 5-5 所示。

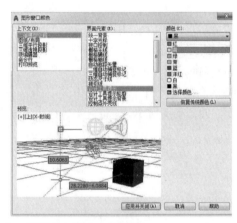

图 5-5 "工具提示外观"和"图形窗口颜色"对话框

7）"三维建模"选项卡。用于设置三维十字光标、三维对象要使用的视觉样式、是否显示 ViewCube、是否显示 UCS 图标等。

8）"选择集"选项卡。用于设置拾取框大小、选择集模式、夹点大小等。

9）"配置"选项卡。控制配置的使用。配置是由用户定义的。如果用户针对不同的需求在"选项"对话框中进行了设置，则可通过"配置"选项卡将其保存为不同的设置文件，以后要改变设置，只要调用不同的设置文件就可以了。

5.2 创建图层

5.2.1 图层的概念

图层相当于一张张大小相同的透明图纸，用户可在每一张透明图纸上分别绘制不同的图形对象，最后将这一张张透明的图纸整齐地叠放在一起，即可形成一幅完整的图形，如图 5-6 所示。

为了有效地组织和管理图形，AutoCAD 设计了图层这个强大的功能。对于大型的复杂图形，利用图层功能，可以很方便地进行绘制和

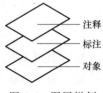

图 5-6 图层样例

管理。用户可将不同的图形对象放置于不同的图层，也可给不同的对象设置不同的线型、颜色和线宽等，用户在绘制图形时，可以在某图层上绘制某些图形对象，且这些对象具有一定的线型、线宽和颜色等特性，这就是所谓的 ByLayer（随层）特性，是绘图时最常采用的方式。

图层具体的特点如下：

1）在一幅图中可以创建任意数量的图层，且在每一图层上的对象数量没有任何限制。

2）每个图层都有一个名称。当开始绘制新图时，系统自动创建层名为 0 的图层，这是系统的默认图层，不可重命名，其余图层可由用户自己定义。

3）只能在当前图层上绘图。

4）各图层具有相同的坐标系、绘图界限及显示缩放比例。

5）可以对各图层进行不同的设置，以便对各图层上的对象同时进行编辑操作。

6）对于每一个图层，可以设置其对应的线型、颜色等特性。

7）可以对各图层进行打开、关闭、冻结、解冻、锁定与解锁等操作，以决定各图层的可见性与可操作性。

8）可以把图层指定为打印或不打印图层。

5.2.2 创建新图层

创建一个新的图形时，AutoCAD 将自动创建一个名为 0 的默认图层。默认情况下，图层 0 将被指定编号为 7 的颜色（白色或黑色，由背景色决定）、Continuous（连续）线型、"默认"线宽（默认值为 0.01in 或 0.26mm）及"普通"打印样式。图层 0 不能被删除和重命名。

可以根据需要创建新的图层并为该图层指定颜色、线型、线宽和打印样式等特性。

创建新图层的步骤如下：

1）执行"默认"→"图层"→"图层特性管理器"按钮 ，或执行 Command：layer 或 la 命令，打开"图层特性管理器"对话框，或在"图层"工具栏单击 按钮。

2）在"图层特性管理器"对话框中单击"新建图层"按钮 ，新图层将以临时默认名称"图层 1"显示在列表中，如图 5-7 所示。

3）要创建多个图层，再次选择"新建图层"按钮 ，默认情况下新创建的图层自动命名为图层 1、图层 2 等，也可以在创建图层之后重命名图层。新图层的默认特性与图层 0 的默认特性完全一样，可以根据需要指定其他颜色、线型、线宽和打印样式，如图 5-7 所示。

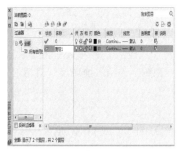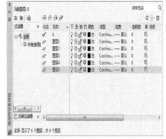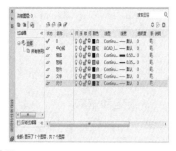

图 5-7 "图层特性管理器"对话框设置

如在创建新图层时选中了一个现有的图层，新建的图层将继承选定图层的特性。

在实际应用中，可以直接以某种对象的名称命名图层，如标注层、中心线层、轮廓线层、虚线层等。可以创建一个中心线层，专门用于绘制中心线，该图层指定中心线应具备的特性，如颜色为红色，线型为点画线，线宽为"默认"线宽。要绘制中心线时，切换到中心线层开始绘图，这样就不需要每次绘制中心线时设置线型、线宽和颜色，如图 5-7 所示。

5.2.3 设置图层特性

1. 状态

在 AutoCAD 的"图层特性管理器"对话框的图层列表中， 为"新建图层"标识， 为"在所有视口中都被冻结的新图层视口"标识， 为"删除图层"标识， 为"置为当前"标识。

2. 名称

名称即图层的名字，是图层的唯一标识。默认情况下，图层的名称按图层 0、图层 1、图层 2 的规律顺序编号，可以根据需要为图层定义能够表达用途的名称。

3. 开关状态

开关状态是对图层打开或关闭的控制，它是通过单击小灯泡使其颜色显示不同的状态来实现的。在"开"的状态下，灯泡的颜色为黄色 💡，图层上的图形可以显示，可以在输出设备上打印；在"关"的状态下，灯泡的颜色为灰色 💡，图层上的图形不能显示，也不能打印输出。

关闭当前图层时，系统将显示一个消息对话框，警告正在关闭当前图层，如图 5-8 所示。

4. 冻结和解冻

在"图层特性管理器"对话框中，单击"在所有视口冻结"列对应的太阳 ☀ 或雪花 ❄ 图标，可以冻结或解冻图层。如果图层被冻结，此时显示雪花 ❄ 图标，图层上的图形对象不能被显示出来，不能打印输出，也不能编辑或修改图层上的图形对象。被解冻的图层若显示太阳 ☀ 图标，此时的图层能够显示，能够打印输出，也能在图层上编辑图形对象。

不能冻结当前层，也不能将冻结层改为当前层，否则将会显示"警告信息"对话框，如图 5-9 所示。

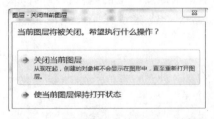

图 5-8 "图层-关闭当前图层"对话框

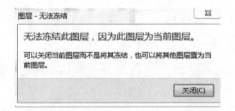

图 5-9 "图层-冻结当前图层"对话框

5. 锁定和解锁

在"图层特性管理器"对话框中，单击"锁定"列对应的关闭 🔒 或打开 🔓 图标可以锁定或解锁图层。图层锁定状态并不影响该图层图形对象的显示，但不能编辑锁定图层上的对象，可以在锁定的图层上绘制新图形对象。此外，可以在锁定的图层上使用查询命令和对象捕捉功能。

6. 图层颜色

可以使用"图层特性管理器"对话框为图层指定颜色。指定图层颜色的步骤如下：在"图层特性管理器"对话框中选择一个图层，单击"颜色"图标，弹出"选择颜色"对话框，即可对图层进行索引颜色、真彩色、配色设置，如图 5-10 所示。

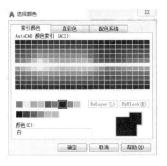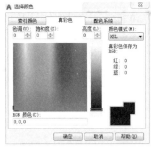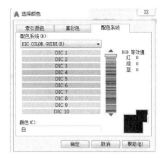

图 5-10 "选择颜色"对话框

7. 图层线型

线型可以是连续的直线，或者是由横线、点和空格按一定规律重复出现组成的图案。线型可用来区分各种直线的用途。

指定图层线型的步骤如下：在"图层特性管理器"对话框中选择一个图层，单击与该图层相关联的线型，打开"选择线型"对话框，默认条件下的线型为 Continuous 细实线，如图 5-11 所示。用户可根据绘图需要，利用"加载或重载线型"对话框加载所需线型。

8. 指定图层线宽

除了 TrueType 字体、光栅图像、点和实体填充外，所有对象都能以线宽显示和打印。为图层和对象指定线宽后，可以在屏幕和图纸上表现对象的宽度。系统提供了一系列的可用线宽，包括"默认"线宽。"默认"线宽的值可由系统变量 LWDEFAULT 设置，或在"线宽"对话框中设置。

指定图层线宽的步骤如下：在"图层特性管理器"对话框中选择一个图层，单击与该图层相关联的线宽，打开"线宽"对话框，如图 5-12 所示。若要显示图层线宽的设置效果，需启动状态栏中的"线宽"按钮 。

图 5-11 "选择线型"对话框　　　　　图 5-12 "线宽"对话框

9. 打印样式和打印

在"图层特性管理器"对话框中，可以通过"打印样式"确定各图层是否打印和打印设置。如果使用的是彩色绘图仪，则不能改变这些打印样式，单击"打印"按钮列出对应的打印机图标，设置图层是否能够被打印，可以在保持图形现实可见性不变的前提下控制图形的打印特性。

打印功能只对可见的图层起作用，即只对没有冻结和没有关闭的图层起作用。

10. 冻结新视口

控制在当前视口中图层的冻结和解冻。不解冻图形设置为"关"或"冻结"的图层，对于模型空间视口不可用。

11. 透明度

在"图层特新管理器"对话框中，透明度用于选择或输入要应用于当前图形中选定图层的透明度级别。

5.3　管理图层

在 AutoCAD 中，使用"图层特性管理器"对话框不仅可以创建图层，设置图层的颜色、线型和线宽，还可以通过"图层工具栏"对图层进行更多的设置与管理，如图层的切换、重命名、删除及图层的显示控制等。

5.3.1　图层工具栏

"图层"工具栏如图 5-13 所示。各按钮功能如下：

1）"图层特性"按钮 ⧉。单击该按钮将打开"图层特性管理器"对话框，显示图形中的图层列表及其特性。

2）"图层"列表 ⟨💡☀🔓■ 0　　　▾⟩。显示当前层和图形中已定义的所有图层。如当前层"0"层、图形的其他图层内容，如图 5-14 所示。通过该列表可以实现各图层的切换。

图 5-13　"图层"工具栏

图 5-14　"图层"切换框

3）"图层关闭"按钮 ⧉。关闭选定对象的图层可使该对象不可见。如果在处理图形时需要不被遮挡的视图，或者不想打印细节（如参考线），可将其所在的图层关闭，图形实体将不显示。

4）"图层隔离"按钮 ⧉。根据当前设置，选定对象所在图层外的所有图层均将关闭、在当前布局视口中冻结或锁定，即关闭或冻结选定对象所在图层外的所有图层；在布局中，仅冻结当前布局视口中选定图层外的所有图层，图形中的其他布局视口不变（如果不在布局中，则所有其他图层均将关闭）；关闭所有视口中选定图层外的所有图层；锁定选定对象所在的图层外的所有图层，并设置锁定图层的淡入度等。通常保持可见且未锁定的图层称为隔离。

5）"图层冻结"按钮 。冻结图层上的对象不可见。在大型图形中，冻结不需要的图层将加快显示和重生成的操作速度。在布局中，可以冻结各个布局视口中的图层。

6）"锁定选定对象的图层"按钮 。使用此命令，可以防止意外修改图层上的对象。

7）"将对象的图层设为当前图层"按钮 。可通过选择"当前图层"上的对象来更改该图层。这是"图层特性管理器"中置为"当前层"的一种简便方法。

8）"打开所有图层"按钮 。打开所有的图层，之前关闭的所有图层均被重新打开，在这些图层上创建的对象变成可见，除非这些图层也被冻结。

9）"图层取消隔离"按钮 。恢复使用隔离 layiso 命令隐藏或锁定的所有图层。

10）"解冻所有图层"按钮 。之前所有的冻结图层都将被解冻，在这些图层上创建的对象将变得可见，除非这些图层也被关闭或在各个布局视口中被冻结，必须逐个图层地解冻在各个布局视口中冻结的图层。

11）"解锁选定对象的图层"按钮 。用户可以选择锁定图层上的对象并解锁该图层，而无须指定该图层的名称，可以选择和修改已解锁图层上的对象。

12）"图层匹配"按钮 。显示选择为目标图层的图层列表，以创建新目标图层。单击该按钮（或执行 Command：laymch 命令），命令行将提示：

选择要更改的对象：(选择要更改所在图层的对象)

选择目标图层上的对象或[名称(N)]：(选择目标图层上的对象或输入 n 以打开"更改到图层"对话框，如图 5-15 所示)

13）"图层状态管理器"按钮或"图层状态"列表 未保存的图层状态 。该功能将显示图形中已保存的图层状态列表，即列出已保存在图形中的命名图层状态、保存它们的空间（模型空间、布局或外部参照）、图层列表是否与图形中的图层列表相同及可选说明。同时，该功能可以创建、重命名、编辑和删除图层状态。在"图层状态"列表中单击"新建图层状态"，弹出"要保存的新图层状态"对话框（图 5-16），命名新建图层和进行说明设置，如图 5-17 所示。单击"管理图层状态"，弹出"图层状态管理器"对话框，如图 5-18所示。

图 5-15　"更改到图层"对话框

图 5-16　"要保存的新图层状态"对话框

14）"上一个图层"按钮 。可以放弃使用"图层"控件或"图层特性管理器"所做的最新更改。用户对图层设置所做的每个更改都将被追踪，并且可以通过"上一个图层"放弃操作，如图层颜色或线型的更改。但是，"上一个图层"不能放弃以下更改：

图 5-17 "图层状态"列表

图 5-18 "图层状态管理器"对话框

① 重命名的图层。如果重命名图层并更改其特性，"上一个图层"将恢复原特性，但不恢复原名称。

② 删除的图层。如果对图层进行了删除或清理操作，则使用"上一个图层"将无法恢复该图层。

③ 添加的图层。如果将新图层添加到图形中，则使用"上一个图层"不能删除该图层。

15）"更改为当前图层"按钮 。

16）"将对象复制到新图层"按钮 。该功能将一个或多个对象复制到其他图层，既实现了对象的复制，也实现了图层的切换。

17）"图层漫游"按钮 。该功能将显示选定图层上的对象并隐藏所有其他图层上的对象。

18）"视口冻结当前视口以外的所有视口"按钮 。该功能将冻结当前视口外的所有布局视口中的选定图层。

19）"图层合并"按钮 。该功能将选定图层合并到目标图层中，并将以前的图层从图形中删除。

20）"删除"按钮 。

21）"锁定图层淡入"按钮 。该功能将控制锁定图层上对象的淡入程度。淡入锁定图层上的对象以将其与未锁定图层上的对象进行对比，并降低图形的视觉复杂程度。锁定图层上的对象仍对参照和对象捕捉可见。一般控制锁定图层上对象淡入度的范围为从−90 到90。当淡入度 = 0 时，锁定图层不淡入；当淡入度 > 0 时，将淡入度的百分比控制到最高淡入90%；当淡入度 < 0 时，不淡入锁定图层，但是将保存该值，以通过更改符号切换至该值。

5.3.2 转换图层

AutoCAD 中，使用"图层转换器"可以转换图层，实现图形的标准化和规范化。"图层转换器"能够转换当前图形中的图层，使之与其他图形的图层结构或 CAD 标准文件相匹配。

如打开一个与本公司图层结构不一致的图形时，可以使用"图层转换器"转换图层名称和属性，以符合本公司的图形标准。

功能区"管理"→"CAD 标准"→"图层转换器"按钮 ，打开"图层转换器"对话框，如图 5-19 所示，各选项功能如下：

1）"转换自"选项组。显示当前图形中即将被转换的图层结构，可以在列表框中选择，也可以通过"选择过滤器"来选择。

2）"转换为"选项组。显示可以将当前图形的图层转换成图层名称。单击"加载"按钮打开"选择图形文件"对话框，可以从中选择作为图层标准的图形文件，并将该图层结构显示在"转换为"列表框中。单击"新建"按钮打开"新图层"对话框，可以从中创建新的图层作为转换匹配图层，新建的图层也会显示在"转换为"列表框中。

图 5-19 "图层转换器"对话框

3）"映射"按钮。单击该按钮，可以将在"转换自"列表框中选中的图层映射到列表框中，并且当前层被映射后，将从"转换自"列表框中删除。只有在"转换自"选项组和"转换为"选项组中都选择了对应的转换图层后，"映射"按钮才可以使用。

4）"映射相同"按钮。将"转换自"列表框和"转换为"列表框中的名称相同的图层进行转换映射。

5）"图层转换映射"选项组。显示已经映射的图层名称和相关的特征值。当选中一个图层后，单击"编辑"按钮，将打开"新图层"对话框，可以从中修改转换后的图层特性，如图 5-20 所示。单击"删除"按钮，可以取消该图层的转换映射，该图层将重新显示在"转换自"选项组中。单击"保存"按钮，将打开"保存图层映射"对话框，可以将图层转换关系保存到一个标准配置文件 *.dws 中。

6）"设置"按钮。单击该按钮，打开"设置"对话框，可以设置图层的转换规则，如图 5-21 所示。

图 5-20 "新图层"对话框

图 5-21 "设置"对话框

7）"转换"按钮。单击该按钮将开始转换图层，并关闭"图层转换"对话框。

5.3.3　使用图层绘图示例

绘制图 5-22 所示的污水检查井剖面图时的图层设置如下：

1. 图层设置

1）选择"默认"→"图层"→"图层特性"按钮 🖳，打开"图层特性管理器"对话框。

2）单击"新建图层"按钮 🖳 创建新图层，创建名为"粗实线""细实线""中心线""标注""文字"和"图案填充"图层。

3）单击"粗实线"层对应的"线宽"项，打开"线宽"对话框，选择 0.13mm 线宽，单击"确定"按钮退出。

4）用相同方法分别设置"细实线""中心线""标注"和"图案填充"图层的特性。"细实线"层颜色设置为黑色，线型为 Con-

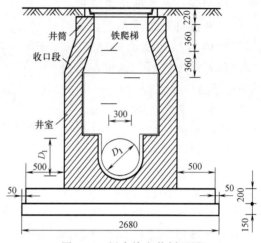

图 5-22　污水检查井剖面图

tinuous（实线），线宽为 0.09mm。　"中心线"层的颜色设置为红色，线型为 ACAD-ISOO4W100，线宽为默认。"标注"层的颜色设置为绿色，线型为 Continuous，线宽为默认。"文字标注"层的颜色设置为蓝色，线型为 Continuous，线宽为默认。"图案填充"的图层颜色也为黑色。同时让四个图层均处于打开、解冻和解锁状态。各项设置如图 5-23 所示。

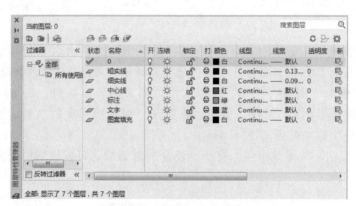

图 5-23　新建图层的各项设置

2. 绘制步骤

1）将当前图层设置为"中心线"图层，绘制中心线。

2）将当前图层设置为"粗实线"图层，绘制检查井的外、内部轮廓线。

3）将当前图层设置为"细实线"图层，绘制检查井内部剖面线。

4）将当前图层设置为"图案填充"，进行图案填充。

5）将当前图层设置为"标注"，绘制检查井的尺寸标注和文字标注。

6）将当前图层设置为"文字"，绘制检查井的文字标注。

5.4 设置线型比例

非连续线是由短横线、空格等重复构成的，如点画线、虚线等。这种非连续线的外观，如短横线的长短、空格的大小等，是可以由其线型的比例因子来控制的。当用户绘制的点画线、虚线等非连续线看上去与连续线一样时，可通过设置其线型的比例因子进行显示控制。

5.4.1 改变全局线型比例因子

改变全局线型的比例因子，AutoCAD 将重生成图形，它将影响图形文件中所有非连续线型的外观。改变全局线型比例因子有以下三种方法：

1）设置系统变量 LTSCALE。设置全局线型比例因子的命令为 lts 或 ltscale，当系统变量 LTSCALE 的值增加时，非连续线的短横线及空格加长；反之缩短。

Command:ltscale ↵

输入新线型比例因子<0.5000>:0.1

正在重生成模型

Command:ltscale ↵

输入新线型比例因子<0.1000>:0.3

正在重生成模型。

2）利用菜单命令。下拉菜单"默认"→"特性"→"线型"列表▦ ————ByLayer ▾→"其他"，弹出"线型管理器"对话框。在"线型管理器"对话框中，单击"显示/隐藏细节"按钮，在对话框的底部会出现"详细信息"选项组，如图 5-24 所示。在"全局比例因子"数值框内输入新的比例因子，单击"确定"按钮即可。

图 5-24 "线型管理器"对话框

5.4.2 改变特定对象线型比例因子

改变特定对象的线型比例因子，将改变选中对象中所有非连续线型的外观。改变特定对象线型比例因子有两种方法。

1）利用"线型管理器"对话框，单击"显示/隐藏细节"按钮，在对话框的底部会出现"详细信息"选项组，在"当前对象缩放比例"数值框内输入新的比例因子，单击"确定"按钮即可。

2）利用"对象特性工具栏"。功能区"视图"→"选项板"→"特性"按钮 ▦，或按<Ctrl+L>键打开"对象特性工具栏"对话框，如图 5-25 所示。选择需要改变线型比例对象，在"常规"选项组中单击"线型比例"选项，将其激活，输入新的比例因子，按<Enter>键确认，即可改变外观图形，此时其他

图 5-25 对象特性管理器

非连续线型的外观将不会改变。

5.5 使用设计中心

对于一个比较复杂的设计工程来说，图形数量大、类型复杂，而且往往由多个设计人员共同完成，那么对图形的管理就显得十分重要了，这时就可以使用 AutoCAD 设计中心来管理图形设计资源。

AutoCAD 设计中心（ADC, AutoCad DesignCenter）提供了一个直观且高效的工具，与 Windows 资源管理器类似。使用设计中心，不仅可以浏览、查找、预览和管理 AutoCAD 图形、块、外部参照及光栅图像等不同的资源文件，还可以通过简单的拖放操作，将位于本地计算机、局域网或 Interner 上的块、图层和外部参照等内容插入到当前图形。另外，在 Auto-CAD 中使用"图纸集管理器"可以管理多个图形文件。

5.5.1 打开设计中心

启动方式：下拉菜单栏中"工具"→"选项板"→"设计中心"按钮 ，或执行 Command：acenter 或 adc 命令。

执行上述命令，弹出"设计中心"窗口，如图 5-26 所示，在"设计中心"窗口中，包含"文件夹""打开的图形""历史纪录"和"联机设计中心"选项卡。

单击"文件夹"选项卡，显示本地磁盘和网上邻居的信息资源。

单击"打开的图形"选项卡，显示当前 AutoCAD 所有打开的图形文件。双击文件名或者单击文件名前面的 图标，则列出该图形文件包含的块、图层、文字样式等项目。

单击"历史纪录"选项卡，以完整的路径显示最近打开过的图形文件。

单击"联机设计中心"选项卡，访问联机设计中心网页内容，包括图块、符号库、制造商、联机目录等信息。默认状态下，"联机设计中心"选项处于禁用状态，可以通过"CAD 管理员控制实用程序"启用它。

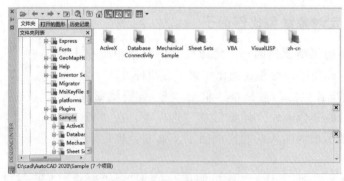

图 5-26 "设计中心"窗口

注意：在 AutoCAD 中，可以使用 AutoCAD 设计中心完成如下操作：

1) 创建对频繁访问的图形、文件夹和 Wed 站点的快捷方式。

2) 根据不同的查询条件在本地计算机和网络上查找图形文件，找到后可以将它们直接加载到绘图区或设计中心。

3）浏览不同的图形文件，包括当前打开的图形和 Web 站点上的图形库。

4）查看块、图层和其他图形文件的定义并将这些图形插入到当前图形文件中。

5）通过控制显示方式来控制设计中心控制面板的显示效果，还可在控制面板中显示与图形文件相关的描述信息和预览图像。

5.5.2　观察图形信息

在"设计中心"窗口中，可以使用"工具栏"和"选项卡"来选择和观察设计中心的图形，如图 5-27 所示，它们的功能说明如下：

图 5-27　"设计中心"窗口按钮选项

1）"加载"按钮 。打开"加载"对话框，利用该对话框可以从 Windows 的桌面、收藏夹或 Internet 加载图形文件。

2）"搜索"按钮 。单击该按钮，将打开"搜索"对话框快速查找对象。

3）"收藏夹"按钮 。打开"文件夹列表"中 Favorites/Autodesk 文件夹（在此称为收藏夹）中的内容，同时在树状视图中反白显示该文件夹。可以通过收藏夹来标记存放在本地硬盘、网络驱动器或 Internet 网页上常用的文件。

4）"主页"按钮 。快速定位到 DsignCenter 文件夹中（该文件夹位于 AutoCAD 2020/Sample 目录上）。

5）"树状图切换"按钮 。显示或隐藏树状视图。

6）"预览"按钮 。打开或关闭预览窗格，以确定是否显示预览图像。打开预览窗格后单击控制板中的图形文件，如果该图形文件中包含预览图像，则在预览窗格中 7 显示该图像；如果选择的图形中不包含预览图像，则预览窗格为空。可由通过拖动鼠标的方式改变预览格的大小。

7）"说明"按钮 。打开或关闭说明窗格，确定是否显示说明内容。打开说明窗格后单击控制板中的图形文件，如果该图形文件包含有文字信息，则说明窗格中显示出图形文件文字描述信息；如果图形文件没有文字描述信息，则说明窗格为空。可以通过拖动鼠标的方式来改变说明窗格的大小。

8）"视图"按钮 。确定控制板中显示内容的显示格式。单击该按钮将弹出一快捷菜单，使用"大图标""小图标""列表""详细信息"等命令，可以分别使窗口中的内容以大图标、小图标、列表、详细信息等格式显示。

5.6　使用外部参照

外部参照与块有相似的地方，它们的主要区别是：一旦插入了块，该块就永久性地插入到当前图形中，成为当前图形的一部分；而以外部参照方式将图形插入到某一图形（主图形）后，被插入图形文件的信息并不直接加到主图形中，主图形只是记录参照的关系（如参照图形文件的路径等信息），且对主图形的操作不会改变外部参照图形文件的内容。当打开具有外部参照的图形时，系统会自动把各外部参照图形文件重新调入内存并在当前图形中显示出来。

在 AutoCAD 的图形数据文件中，有用来记录块、图层、线型及文字样式等内容的表，表中的项目称为命名目标。位于外部参照文件中的这些组成项称为外部参照文件的依赖符。在插入外部参照时，系统会重新命名参照文件的依赖符，然后将它们添加到主图形中。如假设 AutoCAD 的图形文件 Drawing. dwg 中有一个名称为"图层 1"的图层，而 Drawing. dwg 被当作外部参照文件，那么在主图形文件中"图层 1"的图层被命名为"Drawing ｜图层 1"层，同时系统将这个新图层名字自动加入到主图形中的依赖符列表中。

AutoCAD 的自动更新外部参照依赖符名字的功能可以使用户非常方便地看出每一个命名目标来自于哪一个外部参照文件，而且主图形文件与外部参照文件中具有相同名字的依赖符，不会混淆。

在 AutoCAD 中，可以使用"参照"工具栏和"参照编辑"工具栏编辑和管理外部参照，如图 5-28 所示。

a)"参照"工具栏   b)"参照编辑"工具栏

图 5-28 "参照"和"参照编辑"工具栏

5.6.1 附着外部参照

启动方式：下拉菜单"视图"→"选项板"→"参照"按钮，或执行 Command：xattach 命令，都可以打开"选择参照文件"对话框。选择参照文件后，将打开"附着外部参照"对话框，利用该对话框可以将图形文件以外部参照的形式插入到当前的图形中，如图 5-29 所示。从"附着外部参照"对话框可以看出，在图形中插入外部参照的方法与插入块的方法相同，只是在"附着外部参照"对话框中多了几个特殊选项。

在"参照类型"选项组中，可以确定外部参照的类型，包括"附着型"和"覆盖型"两种类型。"附着型"表示外部参照是可以嵌套的；"覆盖型"表示外部参照不会嵌套，如图 5-30 和 5-31 所示，假设图形 B 附加于图形 A，图形 A 又附加或覆盖于图形 C，如果选择了"附着型"，则 B 图也会嵌套到 C 图中去；而选择了"覆盖型"，B 图就不会嵌套进 C 图。

在 AutoCAD 2020 中，可以使用相对路径附着外部参照，它包括"完整路径""相对路径"和"无路径"三类。

图 5-29 "附着外部参照"对话框

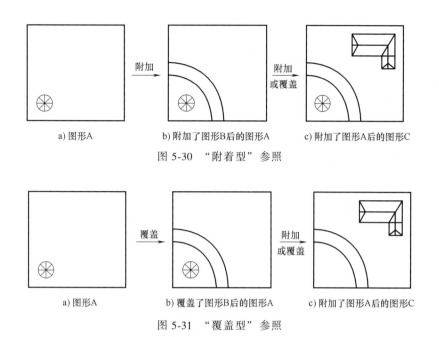

图 5-30 "附着型" 参照

图 5-31 "覆盖型" 参照

1）"完整路径"选项。选中此选项时，外部参照的精确位置将保存到宿主图形中。此选项的精确度要高，但灵活性最小。如果移动工程文件夹，AutoCAD 将无法融入任何使用完整路径附着的外部参照。

2）"相对路径"选项。选中此选项时，将保存外部参照相对于宿主图形的位置。此选项的灵活性最大。如果移动工程文件夹，AutoCAD 仍可以融入使用相对路径附着的外部参照，只要此外部参照相对宿主图形的位置未发生变化。

3）"无路径"选项。选中此选项时，AutoCAD 首先在宿主图形文件夹中查找外部参照。当外部参照文件与宿主图形位于同一个文件夹时，此选项非常有用。

5.6.2 剪裁外部参照

执行 Command：xclip 命令，可以定义外部参照或块的剪裁边界并设置前后剪裁面。

执行该命令，选择参照图形后，命令行将显示如下提示：

输入剪裁选项：

［开（ON）/关（OFF）/剪裁深度（C）/删除（D）/生成多段线（P）/新建边界（N）］<新建边界>：

各选项说明如下：

1）"开（ON）"选项。打开外部参照剪裁功能。为参照图形定义了剪裁边界及前后剪裁面后，在主图形中仅显示位于剪裁边界、前后剪裁面内的参照图形部分。

2）"关（OFF）"选项。关闭外部参照剪裁功能。选择该选项可显示全部参照图形，不受边界的限制。

3）"剪裁深度（C）"选项。为参照的图形设置前后剪裁面。

4）"删除（D）"选项。用于删除指定外部参照的剪裁边界。

5）"生成多段线（P）"选项。自动生成与剪裁边界一致的一条多段线。

6）"新建边界（N）"选项。设置新的剪裁边界。选择该选项后命令行将显示如下提示信息：

　　指定剪裁边界：

　　[选择多段线(S)/多边形(P)/矩形(R)]<矩形>：

　　① 选择"选择多段线（S）"选项。选择已有的多段线作为剪裁边界。

　　② "多边形（P）"选项。定义一条封闭的多段线作为剪裁边界。

　　③ "矩形（R）"选项。以矩形作为剪裁边界。裁剪后，外部参照在剪裁边界内的部分仍然可见，而剩余部分则变为不可见，外部参照附着和块插入的几何图形并未改变，只是改变了显示可见性，并且裁剪边界只对选择的外部参照起作用，对其他图形没有影响，如图 5-32 所示。

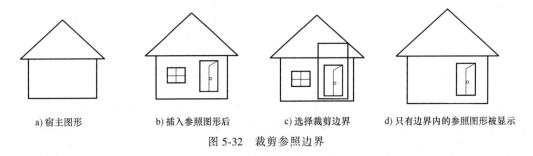

a) 宿主图形　　　　　　b) 插入参照图形后　　　　　c) 选择裁剪边界　　　d) 只有边界内的参照图形被显示

图 5-32　裁剪参照边界

　　注意：设置剪裁边界后，利用系统变量 XCLIPFRAME 可控制是否显示该剪裁边界。当 XCLIPFRAME 为 0 时不显示，为 1 时显示。

5.6.3　绑定外部参照

　　单击"参照"工具栏"外部参照绑定"按钮 或执行 Command：xbind 命令可以打开"外部参照绑定"对话框。在该对话框中可以把从外部参照文件中选出的一组依赖符永久地加入到主图形中，成为主图形中不可缺少的一部分，如图 5-33 所示。在"外部参照绑定"对话框中，用户可以将块、尺寸样式、图层、线型，以及文字样式中的依赖符添加到主图形中。当绑定依赖符后，它们将永久地加入到主图形中且原依赖符中的"｜"符号换成"＄0＄"符号。

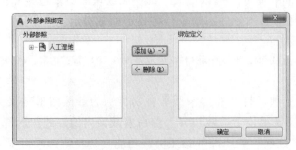

图 5-33　"外部参照绑定"对话框

5.6.4　编辑外部参照

　　启动方式：下拉菜单"插入"→"参照"→"编辑参照"按钮 ，或执行 Command：

refedit 命令，然后选择外部参照文件，打开"参照编辑"对话框，如图 5-34 所示。

（1）"标识参照"选项卡 为标识要编辑的参照提供形象化辅助工具并控制选择参照的方式，如图 5-35 所示。用户可以在该对话框中指定要编辑的参照。如果选择的对象是一个或多个嵌套参照的一部分，则此参照将显示在对话框中。

图 5-34 "参照编辑"对话框

图 5-35 "设置"选项卡

1）"自动选择所有嵌套的对象"单选按钮。用于控制嵌套对象是否自动包含在参照编辑任务中。

2）"提示选择嵌套的对象"单选按钮。用于控制是否逐个选择包含在参照编辑任务中的嵌套对象。如果选择该选项，则在关闭"参照编辑"对话框并进入参照编辑状态后，AutoCAD 将显示"选择嵌套的对象"提示信息，要求在要编辑的参照中选择特定的对象。

（2）"设置"选项卡 为编辑参照提供选项。

1）"创建唯一图层、样式和块名"复选框。控制从参照中提取的图层和其他命名对象是否是唯一可修改的。选中该复选框，外部参照中的命名对象将改变（名称加前缀 . $#$），与绑定外部参照时修改它们的方式类似：不选中该选项，图层和其他命名对象的名称与参照图形一致。未改变的命名对象将唯一继承当前宿主图形中有相同名称的对象属性。

2）"显示属性定义以供编辑"复选框。控制编辑参照期间是否提取和显示块参照中所有可变的属性定义。选中该选项，则属性（固定属性除外）将变得不可见，同时属性定义可与选定的参照几何图形一起被编辑。当修改被存回参照时，原始参照的属性将保持不变。新的或改动过的属性定义只对后来插入的块有效，而现有块引用中的属性不受影响。此选项对外部参照和没有定义的块参照不起作用。

3）"锁定不在工作集中的对象"复选框。锁定所有不在工作集中的对象，从而避免用户在参照编辑状态时意外地选择和编辑宿主图形中的对象。锁定对象的行为与锁定图层上的对象类似。如果试图编辑锁定对象，它们将从选择集中过滤。

（3）"参照编辑"工具栏 当外部参照图形处于编辑模式时，可以使用"参照编辑"工具栏的工具按钮，如图 5-36 所示。

1）"保存修改"命令。选择该命令，将弹出一个 AutoCAD 消息对话框，单击"确定"按钮可以保存对参照的所有修改，如图 5-37 所示。

2）"放弃参照"命令。选择该命令，将弹出消息对话框，单击"确定"按钮可以放弃对参照的所有修改，如图 5-38 所示。

图 5-36 "参照编辑"工具栏

3）"添加到工作集"命令。可将图形添加到当前工作集中。

4）"从工作集中删除"命令。从当前工作集中删除不需要编辑的图形。

图 5-37　"保存参照编辑"消息框

图 5-38　"放弃参照编辑"消息框

5.7　视图操作

5.7.1　重画与重新生成图形

1. 使用"重画"命令刷新屏幕显示

"重画"命令用于刷新屏幕显示。在编辑图形时，有时屏幕上会出现显示不正确或显示一些临时标记的现象，如删除同一位置的两条直线中的一条，但有时看起来好像是两条直线都被删除了。在这种情况下，可以使用"重画"命令把显示器的帧缓冲区刷新一次，以显示正确的图形。

启动方式：

1）执行 Command：redraw 或 r 命令，刷新当前视口的显示。

2）执行 Command：redrawall 或 ra 命令，刷新所有视口。

2. 使用"重生成"命令刷新屏幕显示

如果用"重画"命令刷新屏幕后仍不能正确显示图形，则可调用"重生成"命令。"重生成"命令不仅可以刷新显示，还可以把图形文件的原始数据全部重新计算一遍，形成显示文件后再显示出来，因此使用该命令通常可以准确地显示图形数据。当图形比较复杂时，使用"重生成"命令刷新屏幕显示所用的时间要比使用"重画"命令长得多。

启动方式：

1）执行 Command：regen 或 re 命令，重新生成图形并刷新当前视口。

2）执行 Command：regenall 或 rea 命令，重新生成图形并刷新所有视口。

3. 图形的自动重新生成

利用 regenauto 命令可以自动重新生成整个图形，以确保屏幕上的显示能反映图的实际状态，保持视觉真度。

启动方式：执行 Command：regenauto 命令。

输入模式［开(On)/关(Off)］〈开〉：

在初始状态下该命令处于 On 状态，但在某些情况下，不需要毫无价值地浪费时间时，可将其设置为 Off 状态。

4. 清除屏幕

利用清除屏幕功能，可将图形环境中一些基本的命令或菜单外的其他配置都从屏幕上清除掉，只保留绘图区，以便更有利于突出图形本身。

启动方式：执行 Command：purge 命令。

5.7.2 缩放视图

按一定比例、观察位置和角度显示的图形称为视图。在 AutoCAD 中，可以通过缩放视图来观察图形对象。缩放视图可以增加或减少图形对象的屏幕显示尺寸，但对象的真实尺寸保持不变。通过改变显示区域和图形对象的大小从而更准确、更详细地绘图。

1. "缩放"列表和"缩放"工具栏

"缩放"列表启动方式：下拉菜单"视图"→单击"缩放"列表，如图 5-39a 所示。

"缩放"工具栏启动方式：功能区"默认"→"修改"→"缩放"，如图 5-39b 所示。

a)

b)

图 5-39 "缩放"列表和"缩放"工具栏

通常，在绘制图形的局部细节时，需要使用缩放工具放大该绘图区域，当绘制完成后，再使用缩放工具缩小图形来观察图形的整体效果。

2. 缩放命令

Command：zoom 或 z ↵

指定窗口的角点，输入比例因子(nX 或 nXP)，或者［全部(A)/中心(C)/动态(D)/范围(E)/上一个(P)/比例(S)/窗口(W)/对象(O)］<实时>：

按<Esc>或<Enter>键退出，或右击显示快捷菜单。

1)"指定窗口的角点"(□ 窗口(W)) 选项。给出一个窗口来缩放视图。在图形中指定一点作为窗口的第一角点，命令行提示"指定对角点："，指定另一点作为窗口的对角点，此时系统便将这两个角点确定的矩形窗口中的图形放大，使其占满整个绘图区。

2)"输入比例因子 (nX 或 nXP)"(□ 比例(S)) 选项。输入一个比例值 (如 2) 并按<Enter>键，图形按该比例值进行绝对缩放，即相对于实际尺寸进行缩放；如果在比例值后面加 X (如 2X)，图形将进行相对缩放，即相对于当前显示图形的大小进行缩放；如果在比例值后面加 XP (如 2XP)，图形将相对于图纸空间进行缩放。

3)"全部 (A)"(□ 全部(A)) 选项。将绘图区中的全部图形显示在屏幕上，如果所有对象都在有 limits 命令设置的图形界限内，则显示图形界限内的所有内容；如果图形对象超出了该图形界限，则扩大显示范围以显示所有图形。

4)"中心（C）"（🔍 中心ⓒ）选项。重新设置图形的显示中心和缩放倍数，使得在改变视图缩放的比例后，位于显示中心的部分仍保留在中心位置。

5)"动态（D）"（🔍 动态ⓓ）选项。当进入动态缩放模式时，在屏幕中将显示一个中心带"X"号的矩形方框（此时的状态为平移）。将"X"号移至目标部位并单击鼠标左键，切换到缩放状态，此时选择窗口中心的"X"号消失，而在右边框显示一个方向箭头（→），拖动鼠标可调整方框的大小（即调整整个视口的大小），以确定选择区域大小，最后按 <Enter> 键即可缩放图形。另外动态缩放图形时，绘图窗口中还会出现另外两个虚线矩形方框，其中蓝色方框表示图纸的范围，该范围是用 limits 命令设置的绘图界限或者是图形实际占据的区域，绿色方框表示当前在屏幕上显示出的图形区域。

6)"范围（E）"（🔍 范围ⓔ）选项。可在屏幕上尽可能大地显示所有图形对象，是以图形的范围为显示界限，而不考虑 limits 命令设置的绘图界限。

7)"上一个（P）"（🔍 上一个ⓟ）选项。系统将恢复上一次显示的图形视图。

8)"对象（O）"（🔍 对象）选项。将尽可能大地显示一个或多个选定的对象，并使其位于绘图区的中心。

9)"实时"（🔍 实时ⓡ）选项。默认选项，按<Enter>键，绘图区出现类似放大镜的标记 🔍⁺，并且命令行显示"按<Esc>或<Enter >键退出，或右击显示快捷菜单"。此时向上拖动光标可放大整个图形；向下拖动光标可缩小整个图形；按 <Esc> 或 <Enter> 键可结束缩放操作。

在使用"实时"缩放工具时，当图形放大到最大程度，光标显示为🔍时，表示不能再进行放大；反之，当缩小到光标显示为🔍⁺时，表示不能再进行缩小。

用户也可在绘图区域中滑动鼠标的中心滚轮，或在绘图区右击，在弹出的快捷菜单中选择"缩放"命令，执行对图形的放大和缩小。

5.7.3　平移视图

使用平移视图命令，可以重新定位图形，以便看清图形的其他部分。此时不会改变图形中对象的位置或比例，只改变视图。

启动方式：下拉菜单"视图"→"平移"按钮，或执行 Command：pan 或 p 命令，或绘图区中按住鼠标的中心滚轮，或在绘图区右击，在弹出的快捷菜单中选择"平移"命令，如图 5-40 所示。

使用平移命令平移视图时，视图的显示比例不变。除了可以上、下、左、右平移视图，还可以使用"实时"平移和"定点"平移命令平移视图。

1. 实时平移

选择"实时平移"命令，此时光标指针变成一只小手，按住鼠标左键拖动，窗口内的图形就可按光标移动的方向移动。释放鼠标，可返回到平移等待状态，按<Esc>或<Enter>键退出实时平移模式。

图 5-40　"平移"快捷菜单

2. 定点平移

选择"定点平移"命令，可以通过指定基点和位移值来平移视图。

在 AutoCAD 中，"平移"功能通常又称为摇镜，它相当于将一个镜头对准视图，当镜头移动时，视口中的图形也跟着移动。

5.7.4 命名视图

用户可在一张工程图纸上创建多个视图。当要观看、修改图纸上的某一部分视图时，将该视图恢复出来即可。

当在模型空间中开始绘制一幅新图形时，通常可以使用充满整个绘图区域的单一视口。如果在多个视口状态下工作，将保存当前视口视图。如果是在图纸空间的布局中工作，则保存图纸中间布局视图。如果是在图纸空间的布局浮动视口中工作，则保存当前浮动视口视图。

启动方式：下拉菜单"视图"→"命名视图"按钮 ，或执行 Command：view 或 v 命令。

执行上述命令，打开"视图管理器"对话框，如图 5-41 所示。

1）"当前"选项。显示当前视图及"剪裁"和"查看特性"。

2）"模型视图"选项。显示命名视图和相机视图列表，并列出选定视图的"常规""查看"和"剪裁"特性。

3）"布局视图"选项。在定义视图的布局上显示视口列表，并列出选定视图的"常规"和"查看"特性。

4）"预设视图"选项。显示正交视图和等轴测视图列表，并列出选定视图的"常规"特性。

5）"视图"选项组。可设置当前图形和模型视图的视图相机的坐标及视图的高度、宽度等。

6）"置为当前"按钮。将选中的命名视图设置为当前视图。

7）"新建"按钮。创建新的命名视图。单击该按钮，打开"新建视图"对话框，如图 5-42 所示。可以在"视图名称"文本框中设置视图名称。在"视图类别"下拉列表框中

图 5-41 "视图管理器"对话框

图 5-42 "新建视图"对话框

为命名视图选择或输入一个类别。在"视图类型"下拉菜单中选择视图类型，有电影式、静止、录制式的漫游。"视图特性"选项卡：在"边界"选项组中通过选中"当前显示"或"定义窗口"单选按钮来创建视图的边界区域；在"设置"选项组中，可以设置是否"将图层快照与视图一起保存"，设置"UCS"以及设置"背景"。单击 按钮，返回绘图区中选择视图窗口。"快照特性"选项卡：用于使用 ShowMotion 回放的视图的转场和运动。"转场"选项可设置"转场类型"和"转场持续时间"，"运动"选项可设置"移动类型""持续时间""距离"等。

8）"更新图层"按钮。可以使用选中的命名视图中保存的图层信息更新当前模型空间或布局视口中的图层信息。

9）"编辑边界"按钮。单击该按钮，切换到绘图窗口，可以重新定义视图的边界。

10）"删除"按钮。删除所选的视图。

5.7.5　平铺视口

在绘图时，为了方便编辑，常常需要将图形的局部进行放大，以显示细节。当需要观察图形的整体效果时，仅使用单一的绘图视口已无法满足需要。此时，可使用 AutoCAD 的平铺视口功能，将绘图窗口划分为若干视口。

在模型空间中使用的视口叫"平铺视口"。在图纸空间中使用的视口叫"浮动视口"。平铺视口不可重叠，也不可被同时打印。浮动视口可以相互重叠，也可被同时打印。绘图时，平铺视口可将绘图窗口分成多个矩形区域，从而创建多个不同的绘图区域，其中每一个区域都可用来查看图形的不同部分。在 AutoCAD 中，可以同时打开多达 32000 个视口，屏幕上还可保留菜单栏和命令提示窗口。如在二维图形中可创建数个视口，其中一个视口用于显示整个图形，其余视口则用于显示图形中几个关键部位的细节；在三维图形中也可创建几个视口，分别显示三维对象的俯视图、主视图、右视图或立体图。

1. 平铺视口的特点

功能区"视图"→"模型视口"→"视口配置"按钮 ，可以在模型空间创建和管理平铺视口，如图 5-43 所示。

当打开一个新图形时，默认情况下，将用一个单独的视口填满模型空间的整个绘图区域。而当系统变量 TILEMODE 设置为 1 后（即在模型空间模式下），就可以将屏幕的绘图区域分割成多个平铺视口。

2. 创建平铺视口

在模型空间中，平铺的各视口必须相邻，形状只能为标准的矩形，用户无法调整视口边界。

启动方式：功能区"视图"→"模型视口"→"命名"按钮，或执行 Command：vpoints 命令，将显示"视口"对话框，如图 5-44

图 5-43　"视口"菜单和"视口"工具栏

所示。

创建平铺视口的步骤如下：

1）打开一幅自己创建或系统提供的图形，如图 5-45 所示。

2）打开"视口"对话框，使用"新建视口"选项卡可以显示标准视口配置列表框，创建并设置新平铺视口。

3）在"标准视口"列表中选择一种视口布局形式，这时在预览窗口中将显示其平铺效果，如图 5-46 所示。

4）在"新名称"文本框中输入新建的平铺视口的名称。

5）在"应用于"下拉列表中选择将所做设置应用于"显示"或"当前视口"。"显示"选项设置将所选的视口配置用于模型空间中的整个显示区域，为默认选项；"当前视口"选项设置将所选的视口配置用于当前视口。

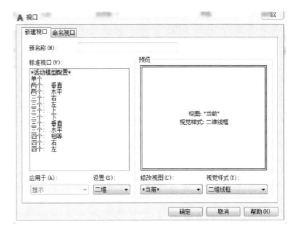

图 5-44 "视口"对话框

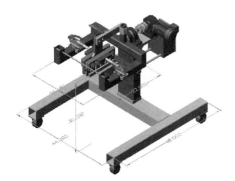

图 5-45 创建或打开一个图形

图 5-46 选择平铺视口布局形式

6）"设置"下拉列表。如果选择"二维"选项，可使用视口中的当前视图来初始化视口配置；如果选择"三维"选项，可使用正交的视图来配置视口，系统会自动将各视口设置成不同的视图。

7）"修改视图"下拉列表框。选择一个视口配置代替已选择的视口配置。设置结束后，单击"确定"按钮，创建平铺视口，结果如图 5-47 所示。

8）单击不同的视口，利用下拉菜单中"视图"→"缩放"命令，可对图形的局部进行放大，以显示图形细节。

在"视口"对话框中，使用"已命名"按钮，可以显示图形中已命名的视口配置。

3. 分割与合并视口

在 AutoCAD 中，可以在不改变视口显示的情况下，分割或合并当前视口。

（1）分割视口 功能区"视图"→"模型视口"→"视口配置"→"单个"，可以将当前视口扩大到充满整个绘图窗口；选择"视图"→"模型视口"→"视口配置"→"两个视口""三个视口"或"四个视口"命令，可以将当前视口分割为 2 个、3 个或 4 个视口。

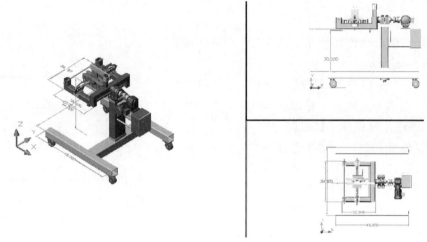

图 5-47　创建平铺视口

（2）合并视口　功能区"视图"→"模型视口"→"合并"按钮 ，系统要求选定一个视口作为主视口，然后选择一个相邻视口，并将该视口与主视口合并。如将图 5-48 所示图形的下面两个视口合并为一个视口，其结果如图 5-49 所示。

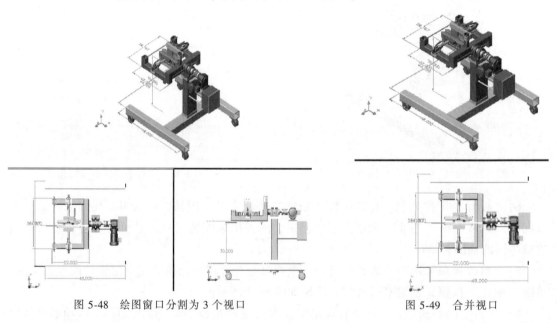

图 5-48　绘图窗口分割为 3 个视口　　　　　　　　图 5-49　合并视口

第6章

创建复杂图形对象

6.1 绘制复杂二维图形

在 AutoCAD 中，使用"默认"菜单中"绘图"选项卡，不仅可以绘制点、直线、圆、圆弧、多边形和圆环等基本二维图形，还可以绘制多线、多段线和样条曲线等高级图形对象。二维图形的形状都很简单，创建容易，但它们是整个 AutoCAD 的绘图基础，因此，只有熟练地掌握它们的绘图方法和技巧，才能更好地绘制出复杂的二维图形及轴测图。

6.1.1 绘制与编辑多线

1. 绘制多线

（1）多线　多线是一种复合型对象，它由 1~16 条平行线构成，故多线也叫多重平行线。平行线之间的距离、平行线的线型、平行线的颜色和平行线的数目等均随多线的设置而变化。

（2）绘制多线方法

执行 Command：mline 或 ml 命令。

Command：ml ↵

当前设置：对正 = 上，比例 = 20.00，样式 = STANDARD

指定起点或［对正（J）/比例（S）/样式（ST）］：

提示语句"当前设置：对正 = 上，比例 = 20.00，样式 = STANDARD"显示了当前多线绘图格式的对正方式、比例及多线样式。命令语句提示中各选项的功能如下：

1）"指定起点"选项。该命令语句是默认执行语句。可在绘图区任意选定一点，系统提示指定下一点，即默认情况下绘制多线，其绘制方法与绘制直线相似。

2）"对正（J）"选项。指定多线的对正方式。此时命令行显示"输入对正类型［上（T）/无（Z）/下（B）］<上>："提示信息。"上（T）"选项表示当前从左到右绘制多线时，多线上最顶端的线将随着光标点移动；"无（Z）"选项表示绘制多线时，多线的中心线将随着光标点移动；"下（B）"选项表示当前从左到右绘制多线时，多线上最底端的线将随着光标点移动。

3）"比例（S）"选项。指定绘制的多线的宽度相对于多线定义宽度的比例因子，该比例不影响多线的线型比例。

4）"样式（ST）"选项。指定绘图的多线样式，默认为标准（STANDARD）型，即两条白颜色的细实线，且距离为1。当命令行显示"输入多线样式名或［？］："提示信息时，可以直接输入已有的多线样式名，也可以输入"？"显示 AutoCAD 已定义的所有多线样式名。

【例】 用多线绘制墙线。

Command：ml ↵

当前设置：对正＝上，比例＝20.00，样式＝STANDARD

指定起点或［对正(J)/比例(S)/样式(ST)］：s ↵

输入多线比例<20.00>：240

当前设置：对正＝上，比例＝240.00，样式＝STANDARD

指定起点或［对正(J)/比例(S)/样式(ST)］：(A 点)

指定下一点：<正交 开>(B 点)

指定下一点或［放弃(U)］：(C 点)

指定下一点或［闭合(C)/放弃(U)］：↵(结束命令，所绘墙体如图 6-1 所示)

2. 设置多线

在 AutoCAD 中，执行 Command：mlstyle 命令，打开"多线样式"对话框，如图 6-2 所示，可根据需要创建新的多线样式，并设置多线的属性，如多线的根数、线型、线宽、颜色、线的偏移距离、拐角连接方式、端点封口样式等。

图 6-1 用多线命令
绘制墙线

1）"样式"列表框。显示已经加载的多线样式，默认设置是标准型（STANDARD）。

2）"置为当前"按钮。在"样式"列表中选择需要使用的多线样式后，单击该按钮，可以将其设置为当前样式。即执行多线命令将绘制该样式的多线。

3）"新建"按钮。单击该按钮，打开"创建新的多线样式"对话框，可以创建新的多线样式，如图 6-3 所示。

图 6-2 "多线样式"对话框

图 6-3 "创建新的多线样式"对话框

4）"修改"按钮。单击该按钮，打开"修改多线样式"对话框，如图 6-4 所示，可以创建或修改创建的多线样式。

①"说明"文本框。用于输入多线样式的信息。当在"多线样式"列表中选中多线时，说明信息将显示在"说明"区域中。

②"封口"选项组。用于控制多线起点和端点处的样式。可为多线的每个端点选择一条

直线或弧线，并输入角度。其中，"直线"穿过整个多线的端点，"外弧"连接最外层元素的端点，"内弧"连接成对元素，如果平行线的个数为奇数，则中心线不相连，如图 6-5 所示。

图 6-4　"修改多线样式"对话框

③"填充"选项组。用于设置是否填充多线的背景。如果不使用填充色，则在"填充颜色"下拉列表框中选择"无"，也可从"填充颜色"下拉列表框中选择所需的颜色作为多线的背景色（如绿色），如图 6-6 所示。

图 6-5　多线的封口样式

④"显示连接"复选框。选中该复选框，可以在多线的拐角处显示连接线，否则不显示，如图 6-7 所示。

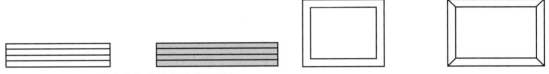

图 6-6　不填充多线和填充多线的颜色　　　　图 6-7　不显示连接与显示连接的对比

⑤"图元"选项组。可以设置多线样式的元素特性，包括多线的线条数目、每条线的颜色和线型等特性。其中，"图元"列表框中列举了当前多线样式中各线条元素及其特性，包括线条元素相对于多线中心线的偏移量、线条颜色和线型。如果要增加多线中线条的根数，可单击"添加"按钮，在"图元"列表中加入一个偏移量为 0 的新线条元素；通过"偏移"文本框设置线条元素的偏移量；在"颜色"下拉列表框设置当前线条的颜色；单击"线型"按钮，使用打开的"选择线型"对话框设置元素的线型，如图 6-8 所示。单击"加载"按钮，可选取多线样式将其加载到当前图形中，也可以单击"文件"按钮，打开"选择线型文件"对话框，如图 6-9 所示，选择多线样式文件。默认情况下，AutoCAD 提供的多线样式文件为 acad.mln。如果要删除某一线条，可在"元素"列表框中选中该线条元素，然后单击"删除"按钮即可。

5）"重命名"按钮。单击该按钮，重命名"样式"列表，选中要重命名的多线样式，注意标准样式不能重命名。

6）"删除"按钮。删除"样式"列表中选中的多线样式，注意标准型（STANDARD）多线和置为当前的多线均不能删除。

7）"加载"按钮。单击该按钮，打开"加载多线样式"对话框，如图 6-10 所示。单击"文件"按钮，打开"选择线型文件"对话框，如图 6-9 所示。

8）"保存"按钮。打开"保存多线样式"对话框，如图 6-11 所示，可以将当前的多线样式保存为一个多线文件（＊.mln）。

图 6-8　"选择线型"对话框

图 6-9　"选择线型文件"对话框

图 6-10　"加载多线样式"对话框

图 6-11　"保存多线样式"对话框

此外，当选中一种多线样式后，在对话框的"说明"和"预览"区中还将显示该多线样式的说明信息和样式预览。

【例】　利用"多线"命令，设置带有中心线的墙体。

执行 Command：mlstyle 命令，弹出图 6-2 所示"多线样式"对话框；单击对话框中的"新建"按钮，弹出"创建新的多线样式"对话框，命名为 STANDARD1；单击对话框中的"修改"按钮，弹出"修改多线样式"对话框，单击对话框中的"添加"按钮，并设置各元素的偏移距离、颜色和线型，如图 6-12 所示；单击"确定"按钮。返回"多线样式"对话框，预览中显示的多线如图 6-13 所示，单击"保存"按钮，保存设置的带有中心线的墙体。

图 6-12　"墙线"元素设置示意

图 6-13　"墙线"设置后样式预览

Command：ml ↵
当前设置：对正 = 上，比例 = 20.00，样式 = STANDARD
指定起点或[对正(J)/比例(S)/样式(ST)]：s ↵
输入多线比例<20.00>：1
当前设置：对正 = 上，比例 = 1.00，样式 = STANDARD
指定起点或[对正(J)/比例(S)/样式(ST)]：(绘制设置的带有中心线的墙体，如图 6-14 所示)

3. 编辑多线

执行 Command：mledit 命令，弹出"多线编辑工具"对话框，如图 6-15 所示。

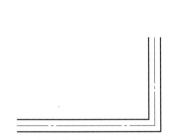

图 6-14 用多线绘制带有中心线的墙体　　　　图 6-15 "多线编辑工具"对话框

1）"多线编辑工具"对话框中包括十字形、T 形、角点结合、添加顶点等编辑工具。

2）"十字形"编辑工具。可以使用十字闭合 ⊞、十字打开 ⊞ 和十字合并 ⊞ 三种方式消除多线之间的相交线。

3）"T 形"编辑工具。可以使用 T 形闭合 ⊤、T 形打开 ⊤、T 形合并 ⊤ 和角点结合 L 消除多线间的相交线。

4）"顶点"编辑工具。可以使用添加顶点 ‖》 为多线增加若干顶点，使用删除顶点 》‖ 可以从包括三个或更多顶点的多线上删除顶点，若当前选取的多线只有两个顶点，那么该工具无效。

5）"剪切编辑"工具。可以使用单个剪切 ‖·‖ 和全部剪切 ‖‖ 切断多线。单个剪切 》‖ 用于切断多线中的一条，而全部剪切 ‖‖ 用于切断整条多线。全部接合 ‖‖ 工具可以将断开的多线连接起来。

注意：多线命令绘制的线不执行剪切命令，但多线分解后即可执行剪切命令。

6.1.2 绘制点和等分点

启动方式：功能区"默认"→"绘图"→"多点"选项 ∴，如图 6-16 所示。

1. 绘制点

在 AutoCAD 中，可以创建单独的点对象作为绘图的参考点。用户可以设置点的样式与大小。一般在创建点之前，为了便于观察，需要设置点的样式。

（1）点的样式

启动方式：功能区"默认"→"实用工具"→"点样式"按钮 ∷ 或执行 Command：ddptype 命令，弹出"点样式"对话框，如图 6-17 所示。

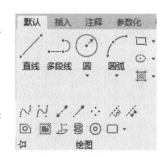

图 6-16 绘图工具

"点样式"对话框中提供了 20 种点的样式，用户可以根据需要，单击需要的点样式图标进行选择。"点样式"对话框中的点的默认样式在直线上无法显示出来。此外，用户可以通过在"点大小"选项数值框内输入数值设置点的大小。设置方式两种：

1）相对于屏幕设置大小。按屏幕尺寸的百分比设置点的显示大小。当执行显示缩放时，显示出的点大小随之改变，如图6-18a所示，此项为默认选项。执行"重生成"命令可调整点图标的显示。

2）按绝对单位设置大小。按实际单位设置点的显示大小。当执行显示缩放时，显示出的点的大小不改变，如图6-18b所示。

（2）绘制点

启动方式：功能区"默认"→"绘图"→"多点"按钮 ⁞⁞，或执行Command：point或po命令。

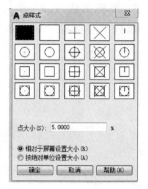

图6-17　"点样式"对话框

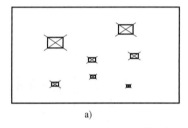
a)

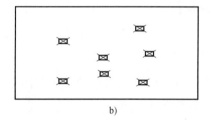
b)

图6-18　点的大小设置

Command：po ↵

当前点模式：PDMODE = 0　PDSIZE = 0.0000

指定点：

1）"当前点模式：PDMODE = 0　PDSIZE = 0.0000"为状态语句，系统变量"PD-MODE"和"PDSIZE"分别用于设置点的显示样式和大小。若PDMODE = 1，表示不显示任何图形；PDSIZE = 0.0000，系统将按绘图区域高度的百分之五生成点对象。PDSIZE为正值时表示点的绝对尺寸，PDSIZE为负值时表示点的大小与视口大小的百分比。重生成图形时，系统将重新计算所有的尺寸，故修改"PDMODE"和"PDSIZE"后，系统下次重生成图形时将改变现有点的外观。点的样式与对应的PDMODE变量值见表6-1。

表6-1　点的样式与对应的 PDMODE 系统变量的值

点样式	变量值	点样式	变量值	点样式	变量值	点样式	变量值
□	0	⊙	32	▣	64	⊡	96
■	1	○	33	□	65	▢	97
⊞	2	⊕	34	⊞	66	⊕	98
⊠	3	⊠	35	⊠	67	⊠	99
'	4	⊙	36	⊡	68		100

2）"指定点："为给出点的指定位置。通常有两种方法，一是在绘图区适当的位置左击，可连续绘制多个点，可按<Enter>或<ESC>键结束命令；二是以坐标的方式来表示点的位置。点的坐标表示通常有三种方式，即绝对坐标、相对坐标和极坐标。

① 绝对坐标表示点的绝对位置，一般输入形式为"X，Y"样式。

② 相对坐标表示点与点之间的相对位置，一般输入形式为"@△X，△Y"样式。

③ 极坐标表示点与点之间的位置是沿某一角度变化的，一般输入形式为"@距离<角度"样式。

2. 等分点

AutoCAD 中等分点分为定数等分点和定距等分点。定数等分点是在指定的对象上绘制等分点或在等分点处插入块。定距等分点是在指定的对象上按指定的长度绘制点或插入块，如道路上的路灯和检查井、边界上的界限符号等。

AutoCAD 中可被等分的对象有直线、圆弧、样条曲线、圆、椭圆和多段线等图形对象，但不能是块、尺寸标注、文本及剖面线等图形对象。等分并不是真的将对象分成独立的对象，仅是通过点或块来标识等分的位置或作为绘图的辅助点。

1）绘制定数等分点。

启动方式：功能区"默认"→"绘图"→"定数等分"按钮 ，如图 6-16 所示，或执行 Command：divide 或 div 命令。

绘制图 6-19 所示直线三等分点的方法：执行"点样式"命令，在"点样式"对话框中选择点的样式为 ⊕ 。

Command:div ↵

选择要定数等分的对象:(选择直线)

输入线段数目或[块(B)]:3 ↵(执行结果如图 6-19a 所示,把直线三等分)

输入线段数目或[块(B)]:b ↵

输入要插入的块名:(检查井块,事先应存在该块,样式为)

是否对齐块和对象?[是(Y)/否(N)]<Y>:(输入 Y 表示指定插入块的 X 轴方向与定数等分对象在等分点相切或对齐,输入 N 表示插入的块将按其法线方向对齐。默认选项为 Y。执行结果如图 6-19b 所示)

a)输入点   b)输入块

图 6-19 直线"三等分点"示意

2）绘制定距等分点。

启动方式：功能区"默认"→"绘图"→"定距等分"按钮 ，如图 6-16 所示，或执行 Command：measure 或 me 命令。

绘制图 6-20 所示直线定距等分距离为 50 的点的方法如下：

Command:me ↵(点的样式为 ⊕)

选择要定距等分的对象:(选择直线)

指定线段长度或[块(B)]:50 ↵(执行结果如图 6-20 所示)

图 6-20 定距等分距离为 50 的点

6.1.3　绘制与编辑样条曲线

样条曲线是一种通过或接近指定点的拟合曲线。在 AutoCAD 中，其类型是非均匀关系基本样条曲线，始于表达具有不规则变化曲率半径的曲线，如机械制图的断切面及地形外貌轮廓线等，如图 6-21 所示。

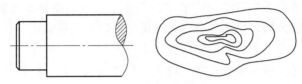

图 6-21　样条曲线的应用

1. 绘制样条曲线

启动方式：功能区"默认"→"绘图"→"样条曲线拟合" ～ 或"样条曲线控制点"
～ 按钮，如图 6-16 所示，或执行 Command：spline 或 spl 命令，即可绘制样条曲线。

Command：spl ↵
当前设置：方式＝拟合　节点＝弦
指定第一个点或［方式（M）/节点（K）/对象（O）:］:（默认情况下，可以指定样条曲线的起点）
指定下一点或［起点相切（T）/公差（L）］:（指定样条曲线上的另一个点）
指定下一点或［两端相切（T）/公差（L）/放弃（U）/闭合（C）］:↵

可以通过继续定义样条曲线的控制点来创建样条曲线，也可以使用其他选项，其功能如下：

1）"方式（M）"选项。用于选择创建样条曲线的方法，有"拟合点"和"控制点"两种选项。当输入 M 时，系统显示"输入样条曲线创建方式［拟合（F）/控制点（CV）］＜拟合＞:"，此时输入 F，即指定拟合点来绘制样条曲线，若输入 CV，则指定控制点来绘制样条曲线。

2）"节点（K）"选项。用于指定节点参数化，可以通过"弦""平方根"和"统一"选项来影响曲线在通过拟合点时的形状。"弦"选项通过编辑点在曲线上的十进制数值对编辑点进行定位，"平方根"选项通过节点间弦长的平方根对编辑点进行定位，"统一"选项使用连续的整数对编辑点进行定位。

3）"对象（O）"选项。将二维或三维的二次或三次样条曲线拟合多段线转换成等效的样条曲线并删除多段线（取决于 DELOBJ 系统变量的设置）。

4）"起点相切（T）"选项。在完成控制点的指定后按＜Enter＞键，要求确定样条曲线在起始点处的方向，同时在起点与当前光标点之间出现一根橡皮筋线来表示样条曲线在起始点处的方向。如果在"指定起点切向:"提示下移动鼠标，样条曲线在起点处的切线方向的橡皮筋线也会随着光标点的移动发生变化，样条曲线的形状也相应发生变化。可在该提示下直接输入表示切线方向的角度值，或者通过移动鼠标单击拾取一点的方法，以样条曲线起点到该点的连线作为起点的切线方向。当指定了样条曲线在起点处的切线方向后，还需要指定样条曲线终点处的切线方向。

5）"两端相切（T）"选项。用于停止基于切向创建样条曲线。可通过指定拟合点继续创建样条曲线。

6)"公差（L）"选项。设置样条曲线的拟合公差。拟合公差是指实际样条曲线与输入的控制点之间允许偏移距离的最大值。当给定拟合公差时，绘出的样条曲线不会全部通过各个控制点，但总是通过起点与终点。这种方法特别适用于拟合点比较多的情况，当输入了拟合公差值后，又出现"指定下一点或［两端相切（T）/公差（L）/放弃（U）/闭合（C）]："提示，可根据前面介绍的方法绘制样条曲线，不同的是该样条曲线不再全部通过除起点和终点外的各个控制点，如图 6-22 所示。

7)"放弃（U）"选项。用于删除最后一个指定点。

8)"闭合（C）"选项。封闭样条曲线并显示"指定切向："提示信息，要求制定样条曲线在起始点同时也是终点处的切线方向（样条曲线起点和终点重合）。当确定了切线方向后，即可绘出一条封闭的样条曲线。

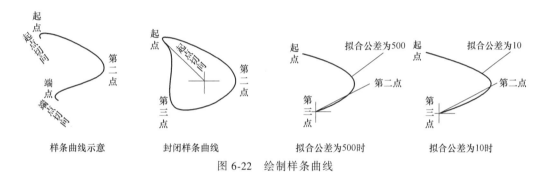

图 6-22 绘制样条曲线

2. 编辑样条曲线

启动方式：功能区"默认"→"修改"→"编辑样条曲线"按钮，或执行 Command：splinedit 或 spe 命令，即可编辑选中的样条曲线。样条曲线编辑命令是一个单对象编辑命令，即一次只编辑一个样条曲线对象。

执行 Command：spe 命令，选择需要编辑的样条曲线后，在曲线周围将显示控制点，同时命令行显示如下提示信息：

输入选项［闭合（C）/合并（J）/拟合数据（F）/编辑顶点（E）/转换为多段线（P）/反转（R）/放弃（U）/退出（X）]<退出>：

可以选择某一编辑选项来编辑样条曲线，其功能如下：

1)"闭合（C）"选项。控制是否封闭样条曲线。

2)"合并（J）"选项。将选定的样条曲线、直线和圆弧在重合端点处合并到现有样条曲线。

3)"拟合数据（F）"选项。编辑样条曲线通过的某些控制点。选择该选项后显示如下信息：

［添加（A）/闭合（C）/删除（D）/扭折（K）/移动（M）/清理（P）/切线（T）/公差（L）/退出（X）]<退出>：

①"添加（A）"选项。为样条曲线添加新的控制点。可在命令提示下选择以小方格形式出现的控制点集中的某个点，以确定新加入的点在点集中的位置。当选择已有的控制点后，选择的点会亮显。

②"删除（D）"选项。删除样条曲线控制点集中的一些控制点。

③"扭折（K）"选项。在样条曲线的指定位置添加节点和拟合点，不保持该点的相切或曲率连续性。

④"移动（M）"选项。移动控制点集中点的位置。此命令行显示"指定新位置或［下一个(N)/上一个(P)/选择点(S)/退出(X)]<下一个>:"提示信息。其中，"下一个（N）"和"上一个（P）"选项用于选择当前控制点的下一个或者前一个控制点作为新的起点；"选择点（S）"选项允许选择任意一个控制点作为当前点（如果指定一个新点位置，系统把当前点移到该点，并仍保持该点为当前点，而且根据此新点与其他控制点生成新的样条曲线）；"退出（X）"选项用于退出此操作，返回到上一级提示。

⑤"清理（P）"选项。从图形数据库中清除样条曲线的拟合数据。

⑥"切线（T）"选项。修改样条曲线在起点和端点的切线方向。执行命令后显示"指定起点切向或［系统默认值（S）］:"提示信息，如果选择"系统默认值（S）"选项，可以使当前样条曲线起点处的切线方向采用系统提供的默认方向。此外，可以通过输入角度值或者拖动鼠标的方式来修改样条曲线在起点处的切线方向。

⑦"公差（L）"选项。重新设置拟合公差。

⑧"退出（X）"选项。退出当前的拟合公差值，返回上一级提示。

4）"编辑顶点（E）"选项。用于精密调整样条曲线定义。此时命令行显示如下提示信息：

"输入顶点编辑选项［添加(A)/删除(D)/提高阶数(E)/移动(M)/权值(W)/退出(X)]"

①"添加（A）"选项。增加样条曲线控制点数量。

②"删除（D）"选项。减少样条曲线控制点数量。

③"提高阶数（E）"选项。增加样条曲线的控制点，输入大于当前阶数的值将增加整个样条曲线的控制点数，使控制更为严格。

④"移动（M）"选项。重新定义样条曲线的控制点并清理拟合点。

⑤"权值（W）"选项。用于改变控制点的权值。权值的大小控制样条曲线和控制点的距离，可以改变样条曲线的形状。权值越大，样条曲线越接近控制点。

⑥"退出（X）"选项。用于取消最后一次修改操作。

5）"转换为多段线（P）"选项。用于将样条曲线转换为多段线。

6）"反转（R）"选项。使样条曲线的方向相反。

7）"放弃（U）"选项。取消上一次的修改操作。

8）"退出（X）"选项。结束当前编辑样条曲线的操作命令。

6.1.4 绘制修订云线

AutoCAD 中，在检查或用红线圈阅图形时，可以使用修订云线功能标记来提高工作效率，如图 6-23 所示。

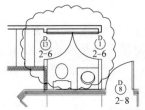 

图 6-23 修订云线应用

启动方式：功能区"默认"→"绘图"→"矩形修订云线"按钮 ，或功能区"注释"→"标记"→"修订云线"按钮 ，或执行 Command：revcloud 命令，可以绘制一个云彩形状的图形，它是内连续圆弧组成的多段线。

Command：revcloud ↵

最小弧长：0.5 最大弧长：0.5 样式：普通 类型：矩形

指定第一个角点或［弧长（A）/对象（O）/矩形（R）/多边形（P）/徒手画（F）/样式（S）/修改（M）］<对象>：

默认情况下，系统将显示当前云线的弧长和样式，如"最小弧长：0.5，最大弧长：0.5，样式：普通"。可以使用该弧线长度绘制云线路径，在绘图窗口中拖动鼠标即可。当起点和终点重合后，将绘制一个封闭的云线路径，同时结束 revcloud 命令。该命令提示中其他选项的功能如下。

1)"弧长（A）"选项。指定云线的最小弧长和最大弧长，默认情况下弧长的最小值为0.5 个单位，最大值不能超过最小值的 3 倍。

2)"对象（O）"选项。可以选择一个封闭图形，如矩形、多边形等，并将其转换为云线路径，命令行将显示"选择对象：反转方向［是（Y）/否（N）］<否>："提示信息。此时如果输入 Y，则圆弧方向向内；如果输入 N，则圆弧方向向外，如图 6-24 所示。

注意：将闭合对象转换为修订云线时，如果将系统参数 OELOBJ 设置为 1（默认值），原始对象将被删除。

3)"矩形（R）"选项。绘制矩形云线。

4)"多边形（P）"选项。绘制多边形云线。

5)"徒手画（F）"选项。徒手绘制云线

6)"样式（S）"选项。指定修订云线的样式，包括"普通"和"手绘"两种，其效果如图 6-25 所示。

7)"修改（M）"选项。进行云线修改。

图 6-24 将对象转换为云线路径

图 6-25 "普通"和"手绘"方式
绘制的修订云线

6.1.5 徒手画线段

利用 sketch 命令可以徒手绘制图形、轮廓线及签名等。在 AutoCAD 中，sketch 命令没有对应的菜单或工具栏按钮，因此要使用该命令，必须执行 Command：sketch 命令。

Command：sketch ↵

指定草图或［类型(T)/增量(I)/公差(L)］：

选项说明：

1)"类型（T）"选项。指定手画线的对象类型。

2)"增量（I）"选项。定义每条手画直线的长度。定点设备移动的距离必须大于增量值，才能生成一条直线。

3）"公差（L）"选项。对于样条曲线，指定样条曲线的曲线布满手画线草图的紧密程度。

6.1.6 插入表格

在 AutoCAD 中，可以使用创建表格命令创建表格，或从 Microsoft Excel 中直接复制表格并将其作为 AutoCAD 表格对象粘贴到图形中，还可以输出来自 AutoCAD 的表格数据以供在 Microsoft Excel 或其他应用程序中使用。

1. 创建新建表格样式

表格样式控制一个表格的外观。使用表格样式可以保证标准的字体、颜色、文本、高度和行距。可以使用默认的、标准的或者自定义的样式来满足需要，并在必要时重用它们。

启动方式：执行 Command：tablestyle 命令，打开"表格样式"对话框，如图 6-26 所示。

在"表格样式"对话框中，单击"置为当前"按钮，将选中的表格样式设置为当前；单击"修改"按钮，在打开的"修改表格样式"对话框中修改选中的表格样式；单击"删除"按钮，删除选中的表格样式。

在"表格样式"对话框中，单击"新建"按钮，弹出"创建新的表格样式"对话框，可以创建新表格样式，如图 6-27 所示。

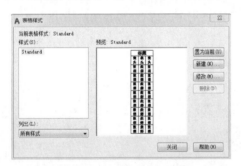

图 6-26 "表格样式"对话框　　　　图 6-27 "创建新的表格样式"对话框

在"新样式名"文本框中输入新的表格样式名，在"基础样式"下拉列表选择默认的、标准的或者自定义的样式，新样式将在基础样式的基础上进行修改，然后单击"继续"按钮，将打开"新建表格样式"对话框，可以通过它制定表格方向、边框特性和文本样式等内容，如图 6-28 所示。

2. 设置表格的方向、文字和边框

"新建表格样式"对话框包含"起始表格""常规""单元样式"和"单元样式预览"选项组。"单元样式"选项组可以定义新的单元格样式，也可以修改现有的单元格样式，可以设置数据单元、单元文字和单元边框的外观。

（1）"起始表格"选项组　用户可以指定一个表格作样例来设置此表格的样式，使用"选择表格"按钮选择表格，可以指定从样例表格复制到新建表格的样式和内容，也可以使用"删除表格"按钮，将表格从当前指定的样式中删除。

（2）"常规"选项组　设置表格显示的方向，即向下和向上，如图 6-29 所示。

（3）"单元样式"选项组　设置表格的标题、表头和表中数据的样式。可通过"创建新

图 6-28 "新建表格样式"对话框

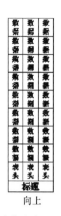

向下　　　　　向上

图 6-29 表格显示的方向

单元样式"按钮打开"创建新单元样式"对话框，如图 6-30 所示，可通过"管理单元样式" 按钮打开"管理单元样式"对话框，如图 6-31 所示。

图 6-30 "创建新单元样式"对话框

图 6-31 "管理单元样式"对话框

"单元样式"选项组中设置的表格内容如下：

1）"常规"选项卡。可以设置表格的填充颜色、对齐、类型、边距。"填充颜色"下拉列表框用于指定单元的背景色，默认值为无。"对齐"下拉列表用于设置表单元中的文字对正、对齐方式。"格式"下拉列表框用于为表格中的"数据""标题"和"列标题"设置数据类型和格式。"类型"下拉列表框用于设置表的单元样式，包含标签和数据两项。"页边距"选项组用于设置单元内容和单元边框的间距，此设置应用于表中所有单元格，默认值水平和垂直均为 1.5（公制）。"创建行/列时合并单元"复选框用于设置是否创建行/列时合并单元。

2）"文字"选项卡。设置文字样式，单击"文字样式"对话框可以修改和创建文字样式。文字高度、数据和列标题单元的默认文字高度为 4.5，表标题的默认文字高度为 6。文字的颜色均为随块。文字的旋转角度为 0。

3）"边框"选项卡。可以设置表的边框样式。当表具有边框时，还可以在"线宽"下拉列表框中选择表的边框线宽度，在"颜色"下拉列表框中设置边框颜色，"线型"下拉列表框中选择表的边框线型，当表的边框为双线时，可设置双线的间距，默认间距为 1.125。通过边框设置按钮设置边框线的状态，如图 6-32 所示。

图 6-32　边框线设置按钮

（4）"单元样式预览"选项组　用于显示当前表格样式设置效果的样例。

3. 插入表格

启动方式：功能区"默认"→"注释"→"表格"按钮 ▦ ，打开"插入表格"对话框，如图 6-33 所示。

在"表格样式"选项组中，可以从"表格样式"下拉列表框中选择表格样式，或单击其后的 ▣ 按钮，打开"表格样式"对话框，创建新的表格样式。在该对话框中，还可以在"文字高度"下面显示当前表格样式的文字高度，在预览窗口中显示表格的预览效果。

在"插入选项"选项组中，可以指定表格的插入方式。选择"从空表格开始"单选按钮，可创建能手动填充数据的空表格；选择"自数据链接"单选按钮，可从外部电子表格中的数据创建表格；选择"自图形中的对象数据（数据提取）（X）"单选按钮，可启动数据提取向导。

"预览"复选框可控制是否显示预览。如果插入方式选择从空表格开始，则预览将显示表格样式的样例。如果创建表格链接，则预览将显示结果表格。

在"插入方式"选项组中，选择"指定插入点"单选按钮，可在绘图窗口中的某点插入固定大小的表格；选择"指定窗口"单选按钮，在绘图窗口中通过拖动表格边框来创建任意大小的表格。

在"列和行设置"选项组中，可以通过改变"列数""列宽""数据行数"和"行高"文本框中的数值来调整表格的外观大小。

"设置单元样式"选项组中，可设置空表格的单元样式，可指定第一行、第二行、第三行的单元样式，可使用的样式为"标题""表头""数据"三种。

4. 编辑表格和表格单元

（1）编辑表格　在绘图区双击表格将弹出表格"特性"窗口，可进行常规、三维效果、表格、几何图形、表格打断等设置，如图 6-34 所示。

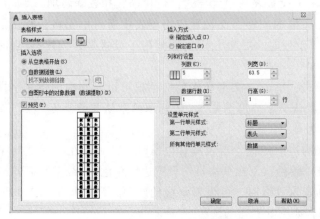

图 6-33　"插入表格"对话框

图 6-34　表格"特性"窗口

（2）编辑表格单元 在绘图区单击表格的行或列将进入"表格单元"面板，如图 6-35 所示。"表格单元"面板各选项卡的功能如下：

图 6-35 "表格单元"编辑界面

1）"行"选项卡。执行"从上方插入行""从下方插入行"和"删除行"的命令。

2）"列"选项卡。执行"从左侧插入列""从右侧插入列"和"删除列"的命令。

3）"合并"选项卡。执行单元格的合并和撤销命令。单击"合并"按钮，将出现合并全部选中的单元格、按行合并单元格、按列合并单元格合并三种方式。单击"撤销"按钮，可取消刚进行的合并操作。

4）"单元样式"选项卡。设置单元格的样式。"匹配单元"按钮 有类似格式刷的作用，可将选中单元格的样式应用到其他单元格上。"正中"按钮下拉菜单，可设置单元内容的格式。"无"下拉菜单中包括"标题""表头""数据"三种样式，可设置选中单元格的样式。如"管理单元样式"可对现有的单元样式进行重命名、删除管理，还可新建其他单元样式。"无"下拉菜单还可设置单元格背景色。单击"编辑边框"按钮 ，弹出"单元边框特性"对话框，可设置单元格的线宽、线型、颜色、间距等内容，如图 6-36 所示。

5）"单元格式"选项卡。"单元锁定"下拉菜单可锁定单元格的内容或样式，避免无意中对单元格的修改，用户可通过下拉菜单选择锁定的内容。"数据格式"下拉菜单可编辑单元格内容的格式，包括角度、货币、日期等常用格式。

6）"插入"选项卡。可在单元格内插入块、字段、公式等内容。

①"块"按钮 。可弹出"在表格单元中插入块"对话框（图 6-37）。在此对话框的"名称"选项中单击 ▼ 按钮，可在图形的块列表中选择块，也可单击"浏览"按钮 浏览(B)... ，查找其他图形中的块。在"路径"选项中，"比例"选项可指定块参照的比例，包括"自动调整"和"输入值"。"旋转角度"选项可调整块的插入角度。"全局单元对齐"选项可指定块在单元格的对齐方式，包括块相对于上、下单元边框居中对齐、上对齐或下对齐等。

图 6-36 "单元边框特性"对话框

图 6-37 "在表格单元中插入块"对话框

②"字段"按钮A。弹出"字段"对话框，如图6-38所示。"字段类别"列表显示该列表格中的类别，"字段名称"显示该类别中的字段名。

③"公式"按钮，选择要放置公式的单元表格，单击"公式" $f_{(x)}$ 下拉菜单，选择合适的选项，按照提示操作。

④"管理单元内容"按钮。控制单元内容的次序和方向。

7）"数据"选项卡中，单击"链接单元"按钮 可打开"选择数据链接"对话框，如图6-39所示。在"链接"树状图中，单击"创建新的Excel数据链接"，弹出"输入数据链接名称"对话框，如图6-40所示。输入链接的名称后单击"确定"按钮，将弹出"新建Excel数据链接"对话框，如图6-41所示。单击 ... 按钮，可浏览要链接的文件。"路径类型"选项包括"完整路径""相对路径"及"无路径"三个内容，用户可根据需要选择。单击"数据"选项卡中的"从源下载"按钮，可从源文件下载更改。

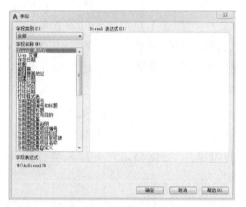

图6-38　"字段"对话框

图6-39　"选择数据链接"对话框

图6-40　"输入数据链接名称"对话框

图6-41　"新建Excel数据链接"对话框

6.2　使用面域与图案填充

面域是指具有边界的平面区域，它是一个面对象，内部可以包含孔。从外观来看，面域和一般的封闭线框没有区别，但实际上面域就像是一张没有厚度的纸，包括边界内、外的平面。

图案填充是一种使用指定线条图案、颜色来充满指定区域的操作，常常用来表示剖切面和不同类型物体对象的外观纹理等，广泛应用于机械图、建筑图及地质构造图等图形的绘制。

6.2.1 创建面域

在 AutoCAD 中，用户可以将某些对象围成的封闭区域转换为面域，这些封闭区域可以是圆、椭圆、封闭的二维多段线或封闭的样条曲线等对象，也可以是由圆弧、直线、二维多段线、椭圆弧、样条曲线等对象构成的封闭区域。

启动方式：功能区"默认"→"绘图"→"面域"按钮 ⊙，或执行 Command：region 或 reg 命令，可以将图形转化为面域。

Command：reg ↵

选择对象：(用户选择要将其转换为面域的对象后，按<Enter>键即可将该图形转换为面域)

其他启动方式：下拉菜单栏中"绘图"→"边界"按钮 ⊡，或执行 Command：boundary 命令，弹出图 6-42 所示的"边界创建"对话框。此时，若在该对话框的"对象类型"下拉列表框中选择"面域"选项，那么创建的图形将是一个面域，而不是边界。

图 6-42 "边界创建"对话框

注意：在 AutoCAD 中创建面域时，应该注意以下几点：

1）面域总是以线框的形式显示，用户可以对面域进行复制、移动等编辑操作。

2）在创建面域时，如果系统变量 DELOBJ 的值为 1，AutoCAD 在定义了面域后将删除原始对象；如果 DELOBJ 的值为 0，则在定义面域后不删除原始对象。

3）如果要分解面域，可以选择菜单栏中的"修改"→"分解"命令，将面域的各个环转换成相应的线、圆等对象。

6.2.2 面域的布尔运算

布尔运算是数学上的一种逻辑运算。AutoCAD 绘图时使用布尔运算可以提高绘图效率，尤其是在绘制比较复杂的图形时。布尔运算的对象只包括实体和共面的面域，普通的线条图形对象无法使用。

在 AutoCAD 中，用户可以对面域执行"并集""差集"及"交集"三种布尔运算，各种运算效果如图 6-43 所示。

1. 并集运算

启动方式：在三维基础绘图环境下，下拉菜单栏中"修改"→"实体编辑"→"并集"按钮 ⬛，或执行 Command：union 或 uni 命令，可对面域进行并集运算。

Command：uni ↵

选择对象：(用户在选择需要进行并集运算的面域后按<Enter>键，AutoCAD 即可对选择的面域执行并集运算，将其合并为一个图形，如图 6-43a 所示)

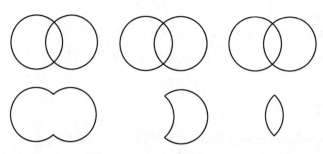

a) 面域的并集运算　　　b) 面域的差集运算　　　c) 面域的交集运算

图 6-43　面域的布尔运算

2. 差集运算

启动方式：在三维基础绘图环境下，下拉菜单栏中"修改"→"实体编辑"→"差集"按钮 ⬚，或执行 Command：subtrct 或 su 命令，可对面域进行差集运算。

Command：su ↵

选择要从中减去的实体或面域…

选择对象：(在选择要从中减去的实体或面域后按<Enter>键)

选择要减去的实体或面域…

选择对象：(按<Enter>键，AutoCAD 将从第一次选择的面域中减去第二次选择的面域，如图 6-43b 所示)

3. 交集运算

启动方式：在三维基础绘图环境下，下拉菜单栏中"修改"→"实体编辑"→"交集"按钮 ⬚，或执行 Command：intersect 或 in 命令，可以创建多个面域的交集，即各个面域的公共部分。

Command：in ↵

选择要执行交集运算的面域：(按<Enter>键即可，如图 6-43c 所示)

6.2.3　图案填充

图案填充是用某个图案来填充图形中的某个封闭区域，从而表达该区域的特征。图案填充应用非常广泛，可表示剖面的区域、不同的零部件或材料和传递区域的信息等功能。

1. 设置图案填充

启动方式：功能区"默认"→"绘图"→"图案填充"按钮 ▨，或执行 Command：hatch 或 h 命令，系统自动生成"图案填充创建"面板，如图 6-44 所示。

图 6-44　"图案填充创建"面板

"图案填充创建"面板各选项卡的内容如下：

（1）"边界"选项卡

1）"拾取点"按钮 ⊕。根据围绕指定点构成封闭区域的现有对象来确定边界，图 6-45

所示为使用"拾取点"按钮填充图案。

2）"选择"按钮 。根据构成封闭区域的选定对象确定边界，图 6-46 所示为使用"选择"按钮填充图案。执行"选择"命令时，连续选择边界，将清除上一次的选择集，如图 6-47 所示。

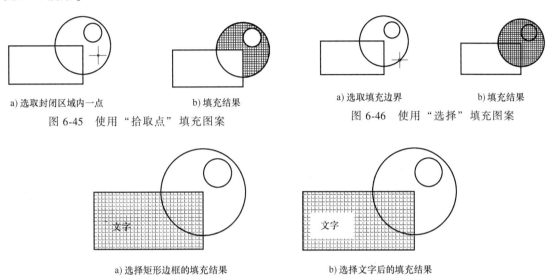

a) 选取封闭区域内一点　　　　b) 填充结果
图 6-45　使用"拾取点"填充图案

a) 选取填充边界　　　　b) 填充结果
图 6-46　使用"选择"填充图案

a) 选择矩形边框的填充结果　　　　b) 选择文字后的填充结果
图 6-47　"选择"填充边界的清除作用

3）"删除"按钮 。删除之前添加的对象。单击该按钮可以取消系统自动计算或用户指定的孤岛，图 6-48 所示为包含孤岛和删除孤岛的效果对比。

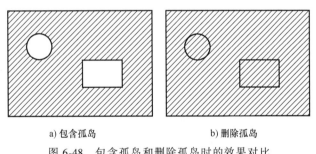

a) 包含孤岛　　　　b) 删除孤岛
图 6-48　包含孤岛和删除孤岛时的效果对比

4）"重新创建"按钮 。围绕选定的图案填充或填充对象创建多段线或面域，并使其与图案填充对象相关联（可选）。

5）"显示边界对象"按钮 。选择构成选定关联图案填充对象的边界的对象。使用显示的夹点可修改图案填充边界。

6）"不保留边界"按钮 边的下拉菜单。指定是否创建封闭图案填充的对象。"不保留边界"指不创建封闭图案填充对象的独立对象；"保留边界-多段线"指创建封闭图案填充对象的多段线；"保留边界-面域"指创建封闭图案填充对象的面域对象。

7）"使用当前视口" 按钮边的下拉菜单。定义在定义边界时分析的对象集。

（2）"图案"选项卡　显示所有预定义和自定义图案的预览图像，见表 6-2 和表 6-3。

表 6-2 建筑工程制图中常用的填充图案

材料名称	AutoCAD 中图案代号	填充图案造型	备 注
墙身剖面	ANSI31		包括砌墙、砌块； 断面较窄,不易画出图案时,可以涂红表示
砖墙面	AR-BRELM		
玻璃	AR-RROOF		包括平板玻璃、磨砂玻璃、夹丝玻璃、钢化玻璃等
混凝土	AR-CONC		适用于能承重的混凝土及钢筋混凝土； 包括各种标号、骨料、添加剂的混凝土； 断面较窄时,不易画出图案时,可涂黑表示
钢筋混凝土	ANSI31+AR-CONC		
夯实土壤	AR-HBONE		
石头坡面	GRAVEL		
绿化地带	GRASS		
草地	SWAMP		
多孔材料	ANSI37		包括水泥珍珠岩、沥青珍珠岩、泡沫混凝土、非承重加气混凝土、泡沫塑料、软木等
灰、砂土	AR-SAND		靠近轮廓线的点较密
文化石	AR-RSHKE		

表 6-3 机械工程制图中常用的填充图案

材料名称	填充图案造型	材料名称	填充图案造型
金属材料(已有规定剖面符号者除外)		型砂、填砂、砂轮、陶瓷刀片、硬质合金刀片、粉末冶金等	
塑料、橡胶油毡等非金属材料(已有规定剖面符号者除外)		玻璃及其供观察用的其他透明材料	
线圈绕组原件		胶合板	

（3）"特性"选项卡

1）"图案填充类型"按钮 ▨ 边的下拉菜单。指定创建不同的填充类型，包括实体、渐变、预定义和用户定义的填充，若选择某类型的填充，则左边的"图案"选项卡会显示相应的图案。

2）"图案填充颜色"按钮 ▨。选择颜色来替代实体填充和图案填充的颜色，用户可选择系统设定的颜色，也可单击"选择颜色"按钮 选择颜色... ，打开"选择颜色"对话框，用户可以自主选择所需的颜色，此按钮也可指定渐变色中的第一种颜色。

3）"背景色"按钮 ▨。指定填充图案的背景色，也可指定渐变色中的第二种颜色，若图案填充类型为"实体"，则此按钮不可用。

4）"图案填充透明度"文本框。设定图案填充或填充的透明度，包括 ByLayer Byblock 及"指定值"等，可在后面的文本框内输入透明度值以替代当前对象的透明度。

5）图案填充"角度"文本框。填充图案相对于当前 UCS 的 X 轴的角度，可在后面文本框内自行设定填充图案的角度，范围为 0~359。

6）"填充图案比例"下拉列表框。设置图案填充时的比例值。每种图案在定义时的初始比例为 1，用户可以根据需要放大或缩小。如果在"类型"下拉列表框中选择"用户定义"选项，该选项可不用。填充图案不同角度和不同比例变化的填充效果如图 6-49 所示。

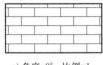 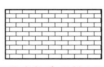 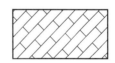

a) 角度=0°，比例=1　　　　　b) 角度=0°，比例=0.5　　　　　c) 角度=45°，比例=1

图 6-49　不同角度和不同比例的填充效果

7）"图案填充图层替代" ⬛使用当前项 ▼ 下拉列表框。为指定的图层指定新图案填充对象替代当前图层。

8）相对图纸空间"复选框 ▨。用于决定该比例因子是否为相对于图纸空间的比例。

9）"交叉线"按钮 ▦。用于"用户定义"图案，可绘制与原始直线成 90°的另一组直线。

10）"ISO 笔宽"下拉列表框。设置笔的宽度，当填充图案采用"用户定义"时该选项才可用，如图 6-50 所示。

a) 角度0°，ISO笔宽0.5mm　　　　b) 角度0°，ISO笔宽1.4mm　　　　c) 角度45°，ISO笔宽1.4mm

图 6-50　ISO 笔宽控制效果

（4）"原点"选项卡　此选项卡可控制填充图案生成的起始位置。某些图案填充（如砖块图案）需要与图案填充边界上的一点对齐。默认情况下，所有图案填充原点都对应于当前的 UCS 原点。"设定原点"按钮可直接指定新图案的填充原点。"左下"按钮将图案填充原点设定在图案填充边界矩形范围的左下角。此外还有"右下""左上""右上""中心"等按钮。

（5）"选项"选项卡

1）"关联"按钮。控制当用户自动更新图案填充边界时是否自动更新图案填充。关联图案填充和创建独立的图案填充两者的填充效果相同，但在填充实体时，关联图案填充随着实体的变化而变化，创建独立的图案填充不随实体的变化而变化，图案保持一定的独立性，具体区别如图 6-51 所示。

2）"注释性"按钮。根据视口比例自动调整图案比例。此特性会自动完成缩放注释过程，从而使注释能够以正确的大小在图纸上打印或显示。

3）"特性匹配"按钮的下拉菜单。包括"使用当前原点"和"使用源图案填充的原点"两个选项。"使用当前原点"选项可使用选定图案填充对象（除图案填充原点）设定图案填充的特性；"用源图案填充原点"选项可使用选定图案填充对象（包括图案填充原点）设定图案填充的特性。

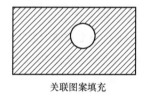
关联图案填充

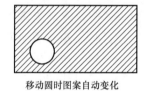
移动圆时图案自动变化

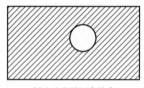
创建独立的图案填充

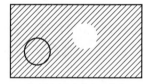
移动圆时图案独立不变化

图 6-51　关联图案填充和创建独立的图案填充的区别

4）"允许的间隙"文本框。设定将对象用做图案填充边界时可以忽略的最大间隙。默认值为 0，此值指定对象必须封闭区域而没有间隙。在后面文本框框里输入一个值（0 ~ 5000），以设定将对象用做图案填充边界时可以忽略的最大间隙。任何小于等于指定值的间隙都将被忽略，并将边界视为封闭。

5）"创建独立的图案填充"按钮。可控制当指定了几个单独的闭合边界时，是创建单个图案填充对象，还是创建多个图案填充对象。

6）"外部孤岛检测"下拉菜单。包括普通孤岛检测、外部孤岛检测、忽略孤岛检测和无孤岛检测四种显示样式。"普通孤岛检测"从外部边界向内填充，如果遇到内部孤岛，填充将关闭，直到遇到孤岛中的另一个孤岛；"外部孤岛检测"从外部边界向内填充，此选项仅填充指定的区域，不会影响内部孤岛；"忽略孤岛检测"忽略所有内部的对象，填充图案时将通过这些对象。孤岛检测样式如图 6-52 所示。

7）"置于边界之后"下拉菜单。包括不指定、后置、前置、置于边界之前和置于边界之后。

8）"选项"选项卡右边的按钮。单击该按钮，弹出"图案填充和渐变色"对话框，如图 6-53 所示，其功能与"图案填充"的上下文选项卡功能

○普通　⊙外部　○忽略(N)

图 6-52　孤岛检测样式

相似。

（6）"关闭"选项卡 "关闭图案填充编辑器"按钮 ✓ 是在退出图案填充命令时关闭上下文选项卡，也可以按<Enter>键或<Esc>键退出图案填充操作。

2. 编辑图案填充

编辑填充图案的方法有：单击已填充的图案，利用"图案填充编辑器"中的选项面板内容修改图案；双击已填充的图案，利用"图案填充特性工具栏"中的选项修改填充的图案；利用系统变量 PICKSTYLE 修改已填充的图案，该系统变量共有四种参数设置，具体设置如下：设置为 0 时，禁止编组或关联图案选择，即当用户选择图案时仅选择图案自身，不选择与之关联的对象；设置为 1 时，允许编组选择，即图案可被加入到对象编组中，这是该

图 6-53 "图案填充和渐变色"对话框

系统变量的默认设置；设置为 2 时，允许关联的图案选择；设置为 3 时，允许编组和关联图案的选择。

当用户将 PICKSTYLE 设置为 2 或 3 时，如果用户选择了一个图案，将同时把与之关联的边界对象选进来，有时候会导致一些意想不到的结果。

3. 控制图案填充的可见性

某些显示器或打印机要花很长时间识别填充对象内部图案，故可以有效地控制图案填充的可见性，用关闭"填充"模式来简化显示或打印的图案，以提高计算机的性能。

（1）使用系统命令和系统变量控制

1）使用 fill 命令控制填充图案的显示效果。

2）使用 FILLMODE 系统变量控制填充图案的显示效果，如图 6-54 所示。

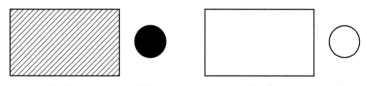

a) fill为"On"或FILLMODE为"1"　　　　b) fill为"Off"或FILLMODE为"0"

图 6-54 fill 命令或 FILLMODE 系统变量控制图案填充的可见性

（2）使用图层控制 图层控制是将填充图案创建在单独的图层上，这样在修改填充对象的颜色和线型时就更为方便。用户可以通过冻结或关闭相应的图层，非常方便地控制填充

对象的可见性。因此，在专门的填充图案图层上创建填充图案是一个非常好的习惯，并且可以有效地管理图形。

4. 分解图案

在默认的情况下，完成后的填充图案是一个整体，它实际上是一种特殊的"匿名"块。有时为了特殊的需要，可以将整体的填充图案分解成一系列单独的对象。

启动方式：功能区"默认"→"修改"→"分解"按钮，或执行 Command：explode 或 x 命令，然后选取要分解的填充图案，系统便可将其分解，如图 6-55 所示。

注意：使用分解命令在将填充对象转换为单独线时，将删除填充边界的关联性，但这些单独的线条仍然保留在原来创建填充图案对象的图层上，并且保留原来指定给填充对象的线型和颜色设置。虽然在分解后仍可以修改组成填充图案的单独的直线，但是由于失去了关联性，单独编辑每一条直线是相当麻烦的。

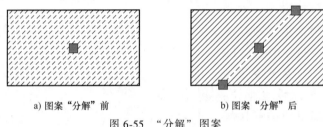

a) 图案"分解"前   b) 图案"分解"后

图 6-55 "分解"图案

5. 渐变色

启动方式：功能区"默认"→"绘图"→"图案填充" 下拉菜单中的"渐变色"按钮，或执行 Command：gradient 或 h 命令，系统自动生成有关渐变色内容的"图案填充创建"面板，如图 6-56 所示。

图 6-56 渐变色的"图案填充创建"面板

（1）"边界"选项卡 此选项卡功能与"图案填充"下拉菜单里的"边界"选项卡功能相同。

（2）"图案"选项卡 此选项卡可显示所有预定义和自定义图案的预览图像。

（3）"特性"选项卡

1）"图案填充类型"下拉列表框。显示"渐变色"选项。"渐变色 1"下拉列表框。选择渐变色 1 的颜色。"渐变色 2"下拉列表框。选择渐变色 2 的颜色。

2）"图案填充透明度"文本框。显示渐变色透明度，可在文本框框内输入透明度值作为当前透明度。

3）图案填充"角度"文本框用于渐变色相对于当前 UCS 的 X 轴的角度，可在文本框框内自行设定填充图案的角度。

4）"渐变明暗"按钮。启用或者禁用单色渐变明暗的选项，若启用，可拖动后面的滚动条设置渐变色的明暗程度。

（4）"原点"选项卡　默认为"居中"，即相对于填充区域的中心指定对称渐变。

（5）"选项"选项卡　此选项卡功能与"图案填充"下拉菜单下的"选项"选项卡功能类似。

（6）"关闭"选项卡　单击"关闭图案填充创建"按钮 ✓，可退出图案填充创建并关闭上下文选项卡。也可以按<Enter>键或<Esc>键退出。

6. 区域覆盖

启动方式：功能区"默认"→"绘图"→"区域覆盖"按钮 ✓，或执行 Command：wipeout 命令。

Command：wipeout ↵

指定第一点或[边框(F)/多段线(P)]<多段线>"：（默认情况下,可以指定区域覆盖对象的多边形边界的第一点,此时系统提示：）

指定下一点或[闭合(C)/放弃(U)]：

1）"边框（F）"选项。确定是否显示所有区域覆盖对象的边。

2）"多段线（P）"选项。根据选定的多段线确定区域覆盖对象的多边形边界。

3）"放弃（U）"选项。删除最后一个指定点。

4）"闭合（C）"选项。封闭区域覆盖的图形。

6.3　块

块也称图块，是 AutoCAD 图形设计中的一个重要概念。在绘制图形时，如果图形中有大量相同或相似的内容，或者绘制的图形与已有的图形文件相同，则可以把要重复绘制的图形创建成块，在需要时直接插入；也可以将已有的图形文件直接插入到当前图形中，从而提高绘图效率。此外，用户可以根据需要为块创建属性，用来指定块的名称、用途及设计者信息等。

6.3.1　块的创建和使用

1. 块的创建

启动方式：功能区"默认"→"块"→"创建"按钮 ⬚，或执行 Command：block 或 b 命令，打开"块定义"对话框，可以将已绘制的对象创建为块，如图 6-57 所示。"块定义"对话框中主要选项的功能如下：

（1）"名称"下拉列表框　输入块的名称，最多可使用 255 个字符。当行中包含多个块时，还可以在下拉列表框中选择已保存的块。

（2）"基点"选项组　设置块的插入基点位置。用户可以直接在 X、Y、Z 文本框中输入基点坐标，也可以单击"拾取点"按钮，切换到绘图窗口并选择基点。从理论上讲，用户可以选择块上的任意一点作为插入的基点，但为了作图方便，应根据图形的结构选择基点。一般基点选在块的

图 6-57　"块定义"对话框

对称中心、左下角或其他有特征的位置。

（3）"对象"选项组　设置组成块的对象。

1）"在屏幕上指定"复选框。可在绘图区选择。

2）"选择对象"按钮。单击该按钮可以切换到绘图窗口选择组成块的各对象。

3）"快速选择"按钮。单击该按钮可以使用弹出的"快速选择"对话框设置所选对象的过滤条件。

4）"保留"单选按钮。确定创建块后在绘图窗口上是否仍保留组成块的各对象。

5）"转换为块"单选按钮。确定创建块后是否将组成块的各对象保留并把它们转换成块。

6）"删除"单选按钮。确定创建块后是否删除绘图窗口上组成块的原对象。

（4）"设置"选项组　在"块单位"下拉列表框设置块的单位，包括"无单位""英尺""英寸"等。单击"超链接"按钮：可打开"输入超链接"对话框，在该对话框中可以插入超链接文档，如图 6-58 所示。

图 6-58　"插入超链接"对话框

（5）"说明"文本框　输入当前块的说明部分。

（6）"方式"选项组　包括用于设置"注释性"复选框、"按统一比例缩放"复选框及"允许分解"复选框。

（7）"在块编辑器中打开"复选框　若选中，用户单击"确定"按钮后，可以在块编辑器中打开当前的块定义。

【例】　运用 block 命令将图 6-59 所示的截止阀定义成一个块。

1）执行 Command：b 命令，打开"块定义"对话框，如图 6-60 所示。

2）在"名称"下拉列表框中输入"截止阀"作为块名。

3）单击"拾取点"按钮，在绘图区中选择圆心将其定位为块的插入点，返回"块定义"对话框后，在"对象"选项组中单击"转换为块"单选按钮，将原对象转换为块引用。单击"选择对象"按钮，选中图中截止阀，按<Enter>键结束对象选择。

4）单击"确定"按钮，完成截止阀块的定义，并在该图中可以使用该块。

图 6-59　截止阀

图 6-60　创建截止阀为块的"块定义"对话框

2. 块的存储

在 AutoCAD 中，使用 wblock 命令可以将块以文件的形式写入磁盘。

执行 Command：w 命令，将打开"写块"对话框，如图 6-61 所示。

1）"源"选项组。设置组成块的对象来源。选择"块"单选按钮，可在其后的下拉列表框中选择已定义的块名称，并将其写入磁盘。若当前没有定义的块，可选择"对象"单选按钮，用于指定需要写入磁盘的块对象。若选择"整个图形"单选按钮，将全部图形写入磁盘。

2）"基点"选项组。设置块的插入基点位置。

3）"对象"选项组。设置组成块的对象。

图 6-61 "写块"对话框

4）"目标"选项组。设置块的保存名称和位置。"文件名和路径"文本框用于输入块文件的名称和保存位置，用户也可以单击其后的 ⌷⌷⌷，使用打开的"浏览文件夹"对话框设置文件的保存位置。"插入单位"下拉列表框用于设置块使用的单位。

【例】 运用 wblock 命令将图 6-59 所示截止阀定义成一个块，使其能在其他文件中再次使用。

1）Command：w↵，系统将打开"写块"对话框，如图 6-62 所示。

2）在"源"选择"对象"；在"基点"选项中单击"拾取点"按钮，在绘图区中选择圆心将其定位为块的插入点，返回"块定义"对话框后在"对象"选项组中选中"转换为块"，选择将原对象转换为块引用；单击"选择对象"按钮，选中图中所有的对象；在"文件名和路径"选项中输入文件名和要保存的路径，如 C：\ Users \ Administrator \ 截止阀 .dwg，并在"插入单位"下拉列表框中选择"毫米"选项。

图 6-62 截止阀为块的"写块"对话框

3）按<Enter>键结束对象选择。单击"确定"按钮，将截止阀定义成一个块，使其能在其他文件中再次使用。

3. 插入块

启动方式：功能区"默认"→"块"→"插入"按钮 ⌷，或执行 Command：insert 或 i 命令，打开"插入"对话框，如图 6-63 所示。用户可以利用它在图形中插入块或其他图形，同时还可以改变插入的块或图形的比例与旋转角度。

块"插入"对话框中各主要选项的功能说明如下。

1）"名称"下拉列表框。选择块或图形的名称。也可以单击其后的"浏览"按钮，打开"选择图形文件"对话框，从中选择保存的块和外部图形。

2）"插入点"复选框。设置块的插入点位置。可直接在 X、Y、Z 文本框中输入点的坐标，也可以通过选中"在屏幕上指定"复选框，在屏幕上指定输入点位置。

3）"比例"复选框。设置块的插入比例。可直接在 X、Y、Z 文本框中输入块在三个方向的比例，也可以通过选中"在屏幕上指定"复选框，在屏幕上指定输入点位置。此外，该选项组中的"统一比例"复选框用于确定插入块在 X、Y、Z 各方向的插入比例是否相同。选中表示比例相同，用户只需在 X 文本框中输入比例值即可。

4）"旋转"复选框。设置块插入时的旋转角度。可直接在"角度"文本框中输入角度值，也可以通过选中"在屏幕上指定"复选框，在屏幕上指定旋转角度。

5) "分解"复选框。选中该复选框,可以将插入的块分解成组成块的各基本对象。

【例】 插入一个已定义的块。

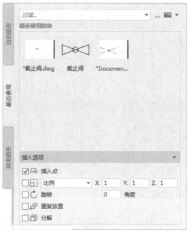

1) 执行 Command:i 命令,打开"插入"对话框,如图 6-63 所示。

2) 单击"最近使用"选项卡,在右侧区域中选择"截止阀"选项。

3) 选中"插入点"复选框,可以单击指定插入点。

4) 选中"比例"和"旋转"复选框,可以调节块的插入比例和旋转角度。

5) 单击"确定"按钮,在绘图区单击设置插入点位置。

4. 设置块插入基点

启动方式:功能区"默认"→"块"→"设置基点"按钮□+,或功能区"插入"→"块定义"→"设置基点"按钮□+,或执行 Command:base 命令,设置当前图形中块的插入点。

图 6-63 "插入"对话框

当把某一图形文件作为块插入时,系统默认将该图的坐标原点作为插入点,这样往往会给绘图带来不便。这时,就可以使用"base"命令为图形文件指定新的插入点。

执行该命令时,可以直接在"输入基点:"提示下指定作为插入块基点的坐标。

5. 块编辑器

启动方式:功能区"插入"→"块"→"块编辑器"按钮□,或功能区"默认"→"块"→"块编辑器"按钮□,或执行 Command:bedit 命令,打开"编辑块定义"对话框,如图 6-64 所示。

在"编辑块定义"对话框中选择块并按"确定"按钮,进入"块编辑器"面板,如图 6-65 所示。

图 6-64 "编辑块定义"对话框

图 6-65 "块编辑器"面板

(1) "打开/保存"选项卡

1) "编辑块"按钮□。单击该按钮,将弹出"编辑块定义"对话框。"要创建或编辑的块"选项可指定要在块编辑器中编辑或创建的块的名称。如果选择<当前图形>,当前图形将在块编辑器中打开。"名称列表"框内显示保存在当前图形中的块定义的列表。从该列表中选择某个块定义后,其名称将显示在"名称"框中。单击"确定"按钮后,此块定义将在块编辑器中打开。"预览"选项可显示选定块定义的预览。如果显示闪电图标,则表示该块是动态块。"说明"选项可显示"特性"选项板的"块"区域中所指定的块定义说明。

2) "保存块"按钮□。保存对当前块定义所做的更改。

3) "测试块"按钮。将打开测试窗口,在此窗口中,用户可以测试动态块而无须关闭块编辑器;

4) "将块另存为"按钮。弹出"将块另存为"对话框,如图6-66所示,对话框中"块名"选项是指定当前块定义的副本保存的新名称。"块列表"选项可显示保存在当前图形中的块定义的列表。"预览"可显示选定块定义的预览。"说明"选项中的内容是在块编辑器中显示"特性"选项板的"块"区域中指定的块定义说明。"将块定义保存到图形文件"选项是将块定义另存为图形文件。

(2) "几何"选项卡

1) "自动约束"按钮。根据对象相对于彼此的方向将几何约束应用于对象的选择集,如图6-67a所示。

2) "约束栏"按钮。共包括12种常见约束,如重合、共线、同心、固定等内容。

3) "显示/隐藏"按钮。把应用了几何约束的选定对象的约束栏显示出来。

4) "全部显示"按钮。显示图形中所有的几何约束。

图6-66 "将块另存为"对话框

5) "全部隐藏"按钮。隐藏图形中所有的几何约束。

6) "几何"选项卡右下角的按钮。单击该按钮,弹出"约束设置"对话框,如图6-67b所示。"约束设置"对话框中各项内容如下:

a)"自动约束"选项卡

b)"几何"选项卡

图6-67 "约束设置"对话框

①"几何"选项卡。"推断几何约束"复选框用于创建和编辑几何图形时推断几何约束。"全部选择"按钮 全部选择(S) 用于选择几何约束类型。"全部清除"按钮 全部清除(A) 用于清除选定的几何约束类型。"仅为处于当前平面中的对象显示约束栏"复选框用于仅为当

前平面上受几何约束的对象显示约束栏。"约束栏透明度"选项用于设定图形中约束栏的透明度，可在框内输入数值进行设置，也可拖动滚动条设置透明度。"将约束应用于选定对象后显示约束栏"和"选定对象时显示约束栏"复选框，默认情况下二者均选择。

②"自动约束"选项。此选项可控制应用于选择集的约束，以及使用自动约束命令时约束的应用顺序。"优先级"控制约束的应用顺序；"约束类型"控制应用于对象的约束类型；"应用"控制将约束应用于多个对象时所用的约束。"上移"按钮 上移选定项目的顺序；"下移"按钮 下移选定项目的顺序；"全部选择"按钮 选择所有几何约束类型以进行自动约束；"全部清除"按钮清除所有几何约束类型以进行自动约束；"重置"按钮 将自动约束设置重置为默认值。"相切对象必须共用同一交点"复选框用于设置指定的两条曲线是否必须共用一个点（在距离公差内指定），以便应用相切约束。"垂直对象必须共用同一交点"选项复选框用于设置指对于指定的直线是否必须相交，或者一条直线的端点是否必须与另一条直线或直线的端点重合（在距离公差内指定）。"公差"选项组用于设置距离和角度，可在相应的文本框内输入数值来确定公差值。

（3）"标注"选项卡

1）"线性"选项。包括"线性""水平""竖直"三个选项，如图6-68所示。"线性"按钮根据尺寸界线原点的位置及尺寸线的位置创建水平或垂直约束参数。"水平"按钮约束直线或不同对象上两点间的 X 距离，有效对象包括直线段和多段线线段。"竖直"按钮约束直线的或不同对象上两点间的 Y 距离。

2）"对齐"按钮。约束直线的长度或两条直线之间、对象上的点和直线之间或不同对象上两点间的距离。

3）"半径"按钮。为圆、圆弧或多段线圆弧创建半径约束参数。

4）"直径"按钮。为圆、圆弧或多段线圆弧创建直径约束参数。

图6-68　"线性"选项

5）"角度"按钮。约束两条直线或多段线线段之间的角度。

6）"转换"按钮。将标注约束转换为约束参数。

7）"块表"按钮。单击该按钮后将提示"指定参数位置或[选项板（P）]:"，在指定位置点后，将显示"块特性表"对话框，如图6-69所示。单击按钮，弹出"添加参数特性"对话框，如图6-70所示。参数特性包括"名称"和"类型"两个项目，"名称"显示可以添加到块特性表中的参数的名称，"类型"显示标识参数的类型。单击按钮，将弹出"新参数"对话框，如图6-71所示。"名称"文本框显示新用户参数的名称，"值"文本框显示用户参数的值，"类型"下拉列表框用于确定新参数的类型，可以选择实数、距离、面积、体积、角度或字符串参数类型。还可选择是否在"特性"选项板中显示。"检查"按钮用于检查块特性表是否有错误。"块特性必须与表中的行匹配"复选框指定是否可以为块参照分别修改添加到栅格控制的特性。

图 6-69 "块特性表"对话框

图 6-70 "添加参数特性"对话框

8）"标注"选项卡右下角的按钮 。单击该按钮，弹出"约束设置"对话框中的"标注"选项卡，如图 6-72 所示。"标注约束格式"选项可设定标注名称格式和锁定图标的显示。"标注名称格式"是指为应用标注约束时显示的文字指定格式，可将名称格式设定为显示：名称、值或名称和表达式；可选择是否为注释性约束显示锁定图标；还可选择是否为选定对象显示隐藏的动态约束。

图 6-71 "新参数"对话框

图 6-72 "标注"选项卡

（4）"管理"选项卡

1）"删除"按钮 。删除选定对象上的所有约束。

2）"构造"按钮 。将几何图形转换为构造几何图形，单击该按钮命令行显示"选择对象或［全部显示（S）/全部隐藏（H）]:"，选择要转换或恢复的几何图形，按<Enter>键后显示"输入选项［转换（C）/恢复（R）]<转换>:"，指定选项。"转换（C）"选项将有效的选定对象转换为构造几何图形，并显示转换的对象数。"恢复（R）"选项将选定对象恢复回常规几何图形。"全部显示（S）"选项显示所有构造几何图形。"全部隐藏（H）"选项隐藏所有构造几何图形。

3）"约束状态"按钮 。打开或关闭约束显示状态。显示状态为打开时，将根据对象是局部受约束、完全受约束、受过度约束还是不受约束来对其进行着色。

4）"参数管理器"按钮 f_x。选项板将显示图形中可以使用的所有关联变量（标注约束变量和用户定义变量）。

5）"编写选项板"按钮 ▦。打开或关闭块编辑器中的块编写选项板，如图6-73所示。"块编写"选项板包含以下选项卡：

①"参数"选项卡。提供块编辑器动态块定义中添加参数的工具。参数用于指定几何图形在块参照中的位置、距离和角度，包括"点参数""线性参数""极轴参数"等。

②"动作"选项卡。提供块编辑器动态块定义中添加动作的工具。动作定义了在图形中操作块参照的自定义特性时，动态块参照的几何图形如何移动或变化。应将动作与参数相关联，此选项包括"移动动作""比例缩放动作"等。

③"参数集"选项卡。提供用于在块编辑器中向动态块定义中添加一个参数和至少一个动作的工具。将参数集添加到动态块中时，动作将自动与参数关联，此选项包括"点移动""线性移动"等。

④"约束"选项卡。提供用于将几何约束和约束参数应用于对象的工具。将几何约束应用于一对对象时，选择对象的顺序及选择每个对象的点可能影响对象相对于彼此的放置方式，包括"几何约束"和"约束参数"两部分内容。

6）"管理"选项卡右下角的按钮 ↘。单击该按钮，弹出"块编辑器设置"对话框，如图6-74所示。"块编辑器设置"对话框包含以下选项：

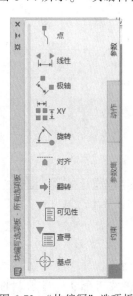

图6-73 "块编写"选项板

图6-74 "块编辑器设置"对话框

①"编写对象"选项组中"参数颜色"下拉列表框用于设置块编辑器中参数的颜色；"夹点颜色"设置块编辑器中夹点的颜色；"参数文字对齐"强制使编辑器中为动作参数和约束参数显示的文字以水平方式显示。

②"参数字体"选项组中"字体名称"下拉列表框可设定编写对象的字体；"字体样式"下拉列表框可指定编写对象的字符格式，如斜体、粗体或常规。

③"参数和夹点尺寸"选项组中"参数尺寸"文本框用于设置控制参数和夹点对象

的尺寸；"夹点尺寸"文本框用于设置块编辑器中相对于屏幕显示的自定义夹点的显示尺寸。

④"约束状态"选项组中"未约束"下拉列表框用于设定未受约束的对象的颜色；"部分约束"下拉列表框用于设定受部分约束的对象的颜色；"完全约束"下拉列表框用于设定受完全约束的对象的颜色；"错误约束"下拉列表框用于设定受过度约束的对象的颜色。

⑤"选择过程中亮显相关对象"复选框用于设置自动亮显是否依赖于当前选定的编写对象的所有对象。需要确认或更改依赖对象时使用此选项。

⑥"对带有值集的参数显示记号"复选框用于设置是否为动态块参照显示数值集标记。

⑦"显示动作栏"复选框用于指示块编辑器中是否显示动作栏或传统动作对象。

⑧"重置值"按钮 重置值 可将块编辑器设置重置为默认值。

（5）"操作参数"选项卡 "操作参数"选项卡中"点"选项下包括"点""线性""极轴""XY""旋转""翻转""对齐""可见性""查寻""基点"，如图6-75所示；"移动"选项下包括"移动""拉伸""极轴拉伸""缩放""旋转""翻转""阵列""查寻"，如图6-76所示。

图 6-75 "点"选项

图 6-76 "移动"选项

1）"点"按钮。执行将提示：

指定参数位置或[名称(N)/标签(L)/链(C)/说明(D)/选项板(P)]：

①"指定参数位置"选项。在块定义中确定点参数的 X 和 Y 位置。

②"名称（N）"选项。指定点的名称。

③"标签（L）"选项。定义参数位置的自定义说明标签。

④"链（C）"选项。确定参数是否包含在与其他参数相关联的动作的选择集中。

⑤"说明（D）"选项。定义"标签"自定义特性的扩展说明。插入块参照时，此说明将显示在"特性"选项板底部。

⑥"选项板（P）"选项。指定在图形中选择块参照时，"标签"自定义特性是否显示在"特性"选项板中。

2）"线性"按钮。执行将提示：

指定起点或[名称(N)/标签(L)/链(C)/说明(D)/基点(B)/选项板(P)/值集(V)]：

①"指定起点"选项。在块定义中指定参数的起点。

②"值集（V）"选项。将参数的可用值限定为该集中指定的值。

3）"极轴"按钮。在块定义中定义两个关键点的距离和角度。

4）"XY"按钮。定义距块定义基点的 X 和 Y 距离。

5）"旋转"按钮。执行将提示：

指定基点或[名称(N)/标签(L)/链(C)/说明(D)/选项板(P)/值集(V)]：(选定基点,按<Enter>键将显示"指定参数半径:")

①"指定参数半径"选项。确定参数的基点与夹点之间的距离。

②"指定默认旋转角度"选项。确定块参照中夹点的位置。

③"基准角度"选项。参数夹点指定 0 以外的基准角度。

6）"翻转"按钮。执行将提示：

指定投影线的基点或[名称(N)/标签(L)/说明(D)/选项板(P)]：

"指定投影线的基点"选项指定投影线的第一个点。

7）"对齐"按钮。执行将提示

指定对齐的基点或[名称(N)]：

"指定对齐基点"指定夹点，块参照将围绕该夹点进行旋转以便与图形中的另一对象对齐。

8）"可见性"按钮。在块定义中定义会显示或不会显示的对象。

9）"查寻"按钮。定义由查寻表确定的用户参数。

10）"基点"按钮。执行将指定块参照中基点的位置。

11）"移动"按钮。执行将提示：

选择参数：

选择点参数,线性参数,极轴参数和 XY 这四种参数,选择合适的参数后,系统提示：

指定要与动作关联的参数点或输入[基点(B)/第二点(S)/X 角点(X)/Y 角点(Y)]<X 角点>：

指定参数点后，当选中线性参数或极轴参数时，确定是将参数的起点还是端点用于确定动作的基点。

12）"拉伸"按钮。执行将提示：

选择参数：(选择点参数、线性参数、极轴参数和 XY 这四种参数,选择合适的参数后系统提示:)

指定要与动作关联的参数点或输入[起点(T)/第二点(S)]<第二点>：

指定拉伸框架的第一个角点或[圈交(CP)]：

①"指定拉伸框架"。创建表示修改时动作的边界区域的框。

②"圈交"。创建表示修改时动作的边界区域的多边形。

13）"极轴拉伸"按钮。执行将提示：

选择参数：(选择极轴参数后,系统提示:)

指定要与动作关联的参数点或输入[起点(T)/第二点(S)]<第二点>：

指定拉伸框架的第一个角点或［圈交（CP）］：

"指定仅旋转的对象"选项确定选择集中将会旋转而不会拉伸的对象。

14）"缩放"按钮。执行将提示：

选择参数：(可选择线性参数、极轴参数和 XY 这三种参数,选择合适的参数后系统提示：)

指定动作的选择集

选择对象：

"XY"选项。当选中 XY 参数时，设定"比例缩放类型"自定义特性。X：仅沿着 XY 参数的 X 轴缩放选定对象；Y：仅沿着 XY 参数的 Y 轴缩放选定对象；XY：沿着 XY 参数的 X 轴和 Y 轴缩放选定对象。

15）"旋转"按钮。执行将提示：

选择参数：

①"依赖"选项相对于关联参数的基点缩放或移动选定对象。

②"独立"选项相对于单独定义的某个基点（与关联参数的基点无关）缩放或移动选定对象。

16）"翻转"按钮。执行将提示：

选择参数：

选择旋转参数后,系统提示：

指定动作的选择集

选择对象：

"指定选择集"确定将绕翻转参数投影线进行镜像的对象。

17）"阵列"按钮。执行将提示：

选择参数：

可选择线性参数、极轴参数和 XY 这三种参数,选择合适的参数后系统提示：

指定动作的选择集

选择对象：

①"输入列间距"选项。当选中线性参数或极轴参数时，指定修改阵列动作时选定对象之间的距离。

②"输入行间距或指定单位单元"选项。当选中 XY 参数时，指定修改阵列动作时选定对象之间的距离。

18）"查寻"按钮。查寻动作将显示"特性查寻表"对话框，从中可以为块参照创建查寻表。

19）"属性定义"按钮。将弹出"属性定义"对话框，如图 6-77"属性定义"对话框。

20）"显示所有操作"按钮显示选定参数对象的动作栏；"隐藏所有操作"按钮隐藏选定参数对象的动作栏。

（6）"关闭"选项卡　单击"关闭块编辑器"按钮，退出块编辑命令并关闭上下文选项卡。也可以按<Enter>键或<Esc>键退出。

6.3.2 编辑块的属性

1. 定义块属性

启动方式：功能区"插入"→"块定义"→"定义属性"按钮，或功能区"默认"→"块"→"定义属性"按钮，或执行 Command：attdef 命令，打开"属性定义"对话框，如图 6-77 所示，利用该对话框可以创建块属性。

（1）"模式"选项组　设置块属性的模式，包括如下选项：

1）"不可见"复选框。设置插入块后是否显示其属性。如果选中该复选框，则属性不可见，否则将显示相应的属性值。

2）"固定"复选框。设置块属性是否为固定值。如果选中该复选框，则属性为固定值，由属性定义时通过"属性定义"对话框的"值"文本框设置，插入块时该属性值不再变化。否则，可将属性不设为固定值，插入块时可以输入任意值。

图 6-77 "属性定义"对话框

3）"验证"复选框。设置是否对块属性值进行验证。选中该复选框，输入块时系统将显示一次提示，让用户验证输入的属性值是否正确，否则不要求用户验证。

4）"预设"复选框。确定是否将块属性值直接预置成为默认值。选中该复选框，插入块时，系统将把"属性定义"对话框中"值"文本框中输入的默认值自动设置成实际属性值，不再要求输入新值，反之可以输入新属性值。

5）"锁定位置"复选框。锁定块参照中块属性的位置。解锁后，属性可以相对于使用夹点编辑的块的其他部分移动，并且可以调整多行文字属性的大小。

6）"多行"复选框。块属性值可以包含多行文字，选定此选项后，可以指定属性的边界宽度。

（2）"属性"选项组　可以定义块的属性。可以在"标记"文本框中输入属性的标记，在"提示"文本框中输入插入块时系统显示的提示信息，在"默认"文本框中输入默认的属性值，"插入字段"按钮显示字段对话框，可以插入一个字段作为属性的全部或部分值。

（3）"插入点"选项组　可以设置属性值的插入点，即属性文字排列的参照点。用户可直接在 X、Y、Z 文本框中输入点的坐标，也可以单击"拾取点"按钮，在绘图窗口上拾取一点作为插入点。在确定该插入点后系统将以该点为参照点，按照在"文字选项"选项组的"对正"下拉列表中确定文字排列方式放置的属性值。

（4）"文字设置"选项组　设置块属性文字的格式，包括如下选项：

1）"对正"下拉列表框。设置块属性文字相对于参照点的排列方式。

2）"文字样式"下拉列表框。设置块属性文字的样式。

3）"注释性"选项。指定块属性为注释性的，若块是注释性的，则属性将与块的方向相匹配。

4）"文字高度"文本框。设置块属性文字的高度。用户可以直接在对应的文本框中输入高度值，也可以在绘图窗口中指定高度。

5）"旋转"按钮。设置块属性文字行的旋转角度。

6）"边界宽度"选项。用于设定多行文字的块属性。

此外，在该对话框中选中"在上一个属性文字下对齐"复选框，可以为当前属性采用上一个块属性的文字样式、文字高度及旋转角度，且另起一行按上一行属性的对齐方式排列。

单击"块属性定义"对话框中的"确定"按钮，系统将完成一次属性定义，用户可以用上述方法为块定义多个属性。

2. 编辑块的属性

启动方式：功能区"插入"→功能区"块"→"编辑属性"按钮，或执行 Command：eattedit 命令，可以编辑块对象的属性。在绘图窗口中选择需要编辑的块对象后，系统将打开"增强属性编辑器"对话框，如图 6-78 所示。

1）"属性"选项卡。该列表框显示了块中每个属性的标记、提示和值。在列表框中选择某一属性后，在"值"文本框将显示该属性对应的属性值，用户可以通过它来修改属性值。

2）"文字选项"选项卡。修改属性文字的格式，如图 6-79 所示。可以在"文字样式"下拉列表框中设置文字的样式，在"对正"下拉列表框中设置文字的对齐样式，在"高度"文本框中设置文字高度，在"旋转"文本框设置文字的旋转角度，使

图 6-78 "增强属性编辑器"对话框

用"反向"复选框来确定在文字行是否反向显示，使用"倒置"复选框确定文字是否颠倒显示，在"宽度因子"文本框中设置文字的宽度系数，以及在"倾斜角度"文本框中设置文字的倾斜角度等。

3）"特性"选项卡。修改属性文字的图层及其线宽、线型、颜色及打印样式等，如图 6-80 所示。

图 6-79 "文字选项"选项卡

图 6-80 "特性"选项卡

"在增强属性编辑器"对话框中，除上述三个选项卡，还有"选择块"和"应用"等按钮。单击"选择块"按钮，可以切换到绘图窗口并选择要编辑的块对象；单击"应用"

按钮可以确认已进行的修改。

6.3.3　块属性的使用

启动方式：功能区"插入"→"块定义"→"管理属性"按钮 ，或功能区"默认"→"块"→"属性"按钮 ，或执行 Command：battman 命令，打开"块属性管理器"对话框，进行块属性的使用，如图 6-81 所示。

在"块属性管理器"对话框中，各主要选项的功能说明如下：

1）"选择块"按钮可切换到绘图窗口，在绘图窗口中可选择需要操作的块。

2）"块"下拉列表框列出了当前图形中含有属性的所有块的名称，也可通过该下拉列表框确定要操作的块。

3）"同步"按钮可更新已修改的属性特性实例。

图 6-81　"块属性管理器"对话框

4）"上移"按钮可在属性列表框中将选中的属性行向上移动一行，但对属性值为定值的行不起作用。

5）"下移"按钮可在属性列表框中将选中的属性行向下移一行。

6）"编辑"按钮将打开"编辑属性"对话框，如图 6-82 所示。在该对话框中可以重新设置属性定义的构成、文字特性和图形特性等。

7）"删除"按钮可从块定义中删除在属性列表框中选中的属性定义，且块中对应的属性值也被删除。

8）"设置"按钮将打开"块属性设置"对话框，可以设置在"块属性管理器"对话框中的属性列表框中能够显示的内容。

图 6-82　"编辑属性"对话框

6.3.4　制作标高块的实例

1）执行 Command：pl 命令，绘制一个标高符号，如图 6-83 所示。

2）执行 Command：st 命令，打开"文字样式"对话框，新建一个名为"标高"的文字样式，设置字体高度为 5，宽度比例为 1.0，并使用"Time New Roman"字体，依次单击"应用"与"关闭"按钮，关闭"文字样式"对话框，如图 6-84 所示。

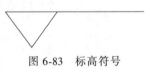

图 6-83　标高符号

3）执行 Command：attdef 命令，打开"属性定义"对话框，然后在"属性"选项组中的"标记""提示""默认"文本框中分别输入"标高高度值""请输入标高高度值："及"2.0"；在"文字设置"选项组中设定"文字样式"为"标高"，对正方式选择"右上"，如图 6-85 所示。单击"确定"按钮，关闭"属性定义"对话框，在绘图区标高符号上方需放置的地方单击，以确定该属性的放置位置，结果如图 6-86 所示。

图 6-84 "文字样式"对话框

图 6-85 定义属性标记、提示及默认值

4）执行 Command：w 命令，打开"写块"对话框，在"源"选项区中选择"对象"按钮，然后在"对象"选项区中单击对象，选中已定义完属性的标高块，单击"拾取点"按钮，在标高符号底部的角点位置单击确定块的基点，在"目标"选项中的"文件名和路径"文本框中，输入文件名和要保存的路径，

标高高度值

图 6-86 向图像中添加属性后的画面

如 C：\Users\Administrator\标高块.dwg，并在"插入单位"下拉列表框中选择"毫米"选项，单击"确定"选项。

5）执行 Command：i 命令，可以插入带有属性的标高快，属性值可以随块插入而更改。

指定插入点或［基点（B）/比例（S）/旋转（R）］：

指定旋转角度<0>：

输入属性值 请输入标高高度值<2.0>3.0 ↵（执行结果如图 6-87 所示；若直接按<Enter>键，则执行结果如图 6-88 所示）

3.0

图 6-87 输入新的数值代替了属性标记

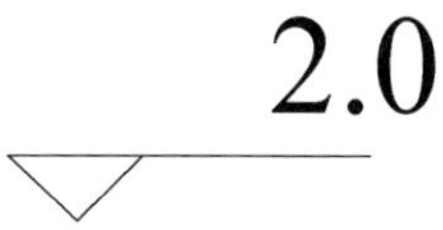

2.0

图 6-88 设定的默认值代替属性标记

第 7 章

尺寸标注

尺寸标注是绘图设计中的一项重要内容。用户绘制图形主要是用来反映各对象的真实形状，而对象的真实大小和相互之间的位置关系只有在标注尺寸之后才能反映出来。在 AutoCAD 中，用户可以使用功能区的"注释"选项卡中的"标注""引线"工具栏进行图形尺寸标注，如图 7-1 所示。

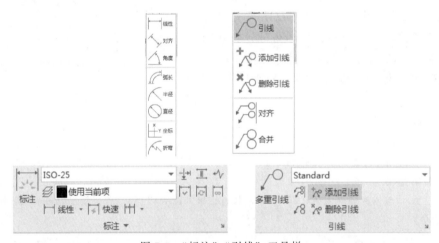

图 7-1 "标注""引线"工具栏

7.1 尺寸标注样式

在 AutoCAD 中，标注图形尺寸应遵循以下的规则：

1）物体的真实大小应以图样上所标注的尺寸数值为依据，与图形的大小及绘图的准确度无关。

2）图样中的尺寸以 mm 为单位，不需要标注计量单位的代号或名称。如采用其他单位则必须注明相应计量单位的代号或名称，如 60°（度）、cm（厘米）及 m（米）等。

3）图样中标注的尺寸为该图样所表示物体的最后完工尺寸，否则应另加说明；物体的每一尺寸，一般只标注一次，并应标注在最后清晰反映该对象结构的图形上。

7.1.1 尺寸标注组成

在制图或者其他工程绘图中，一个完整的尺寸标注应由尺寸文字、尺寸线、尺寸界线、尺寸箭头组成，如图 7-2 所示。

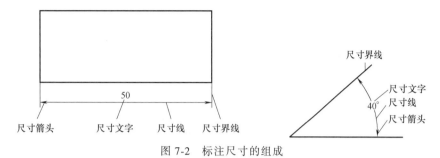

图 7-2　标注尺寸的组成

1）尺寸文字。用于表明图形的实际测量值。尺寸文字可以只反映基本尺寸，也可以带尺寸公差。尺寸文字应按标准字体书写，同一张图纸上的字高度要一致；在图中遇到图线时，须将图线断开；如果图线断开影响图形表达，需调整尺寸文字的位置。

2）尺寸线。用于表明标注的范围。AutoCAD 通常将尺寸线放置在测量区域中。如果空间不足，则将尺寸线或文字移到测量区域的外部，这取决于标注样式的设置。尺寸线一般是一条两端带有箭头的线段，一般分为两段，可以分别控制它们的显示。对于角度标注，尺寸线是一段圆弧。尺寸线应使用细实线绘制。

3）尺寸界线。从标注起点引出的表明标注范围的直线，可以从图形的轮廓线、轴线、对称中心线引出，同时，轮廓线、轴线及对称中心线也可以作为尺寸界线。尺寸界线也应使用细实线绘制。

4）尺寸箭头。显示在尺寸线的末端，用于指出测量的开始和结束位置。AutoCAD 默认使用闭合的填充箭头符号，AutoCAD 还提供了多种箭头符号，以满足不同行业需要，如建筑标记、小斜线箭头、点和斜杠等。

7.1.2　标注样式详解

使用标注样式可以控制尺寸标注的格式和外观，建立和强制执行图形的绘图标准，有利于对标注格式及用途进行修改。在 AutoCAD 中，用户可使用"标注样式管理器"对话框创建和设置标注样式。

1. 新建标注样式

启动方式：功能区"默认"→"注释"→"标注样式"按钮，或功能区"注释"→"标注"→"标注样式"按钮，或执行 Command：dimstyle 命令，打开"标注样式管理器"对话框，如图 7-3 所示。

单击"新建"按钮，AutoCAD 将打开"创建新标注样式"对话框，如图 7-4 所示。使用该对话框即可新建标注样式。"创建新标注样式"对话框中各选项的意义如下：

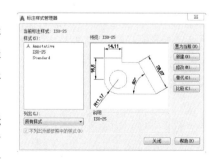

图 7-3　"标注样式管理器"对话框

1）"新样式名"文本框。定义新标注样式的名字。

2）"基础样式"下拉列表框。选择一种基础样式，新样式将在该基础样式上进行修改。

3）"用于"下拉列表框。指定新建标注样式的适用范围。适用的范围有"所有标注""线性标注""角度标注""半径标注""直径标注""坐标标注"和"引线和公差"等。

4）"注释性"复选框。指定标注样式为注释性。

设置新标注样式的名字、基础样式和适用范围后，单击对话框中"继续"按钮，将打开"新建标注样式"对话框，如图 7-5 所示。使用该对话框，用户就可以对新建的标注样式进行具体的设置。

图 7-4 "创建新标注样式"对话框

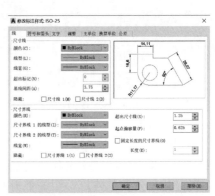

图 7-5 "新建标注样式"对话框

2. "线"选项卡

在"新建标注样式"对话框中，使用"线"选项卡可设置尺寸线和尺寸界限的格式和位置。

（1）尺寸线 在"尺寸线"选项区域中，设置尺寸线的颜色、线型、线宽、超出标记、基线间距和隐藏等属性。

1）"颜色"下拉列表框。设置尺寸线的颜色。默认情况下，尺寸线的颜色随块。可使用变量 DIMCLRD 来设置，也可直接输入颜色的名字，还可从下拉列表中选择。如果选取"选择颜色"，AutoCAD 则打开"选择颜色"对话框供用户选择其他颜色。

2）"线型"下拉列表框。设置尺寸界线的线型，可从下拉列表中选择。如果选取"其他"，AutoCAD 则打开"选择线型"对话框供用户选择或加载所需线型。

3）"线宽"下拉列表框。设置尺寸线的宽度。默认情况下，尺寸线的线宽是随块，可使用变量 DIMLWD 设置，也可从下拉列表中选择。

4）"超出标记"文本框。当尺寸线的箭头采用倾斜、建筑标记、小点、积分或无标记等格式时，使用该文本框可以设置尺寸线超出尺寸界线的长度，也可以使用系统变量 DIM-DLE 设置，如图 7-6 所示。

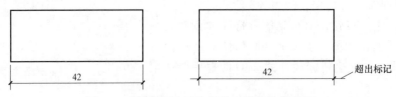

图 7-6 超出标记为 0 和不为 0 时的效果对比

5）"基线间距"文本框。进行基线尺寸标注时，可以设置各尺寸线之间的距离，默认的基线间距值为 3.75，也可以直接输入数值或按上、下箭头调节。

6）"隐藏"选项。通过选择"尺寸线 1"或"尺寸线 2"复选框，可以隐藏第 1 段或 2 段尺寸线及其相应的箭头。也可以使用变量 DIMSD1 和 DIMSD2 设置。

（2）尺寸界线 在"尺寸界线"选项区域中，设置尺寸界线的颜色、线宽、线型、超出尺寸线的长度、起点偏移量、隐藏和固定长度的尺寸界线等属性。

1）"颜色"下拉列表框。用于设置尺寸界线的颜色，也可以使用变量 DIMCLRE 来设置。

2）"尺寸界线 1 的线型"和"尺寸界线 2 的线型"下拉列表框。设置尺寸界线的线型。

3）"线宽"下拉列表框。设置尺寸界线的宽度，也可以使用变量 DIMLWE 设置。

4）"超出尺寸线"文本框。设置尺寸界线超出尺寸线的距离，默认的超出尺寸线值为 1.25，也可以用变量 DIMEXE 设置，如图 7-7 所示。

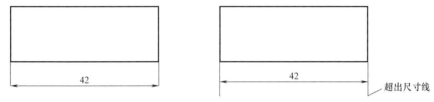

图 7-7　超出尺寸线距离为 0 与不为 0 时的效果对比

5）"起点偏移量"文本框。设置尺寸界线的起点与标注定义点的距离，默认的起点偏移量为 0.625，也可以用变量 DIMEXO 控制，如图 7-8 所示。

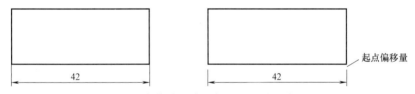

图 7-8　起点偏移量为 0 与不为 0 时的效果对比

6）"隐藏"选项。通过选择"延伸线 1"或"延伸线 2"复选框，可以隐藏尺寸界线，也可以使用变量 DIMSD1 和 DIMSD2 设置。

7）"固定长度的尺寸界线"复选框。用来绘制具有特定长度的延伸线，其中在"长度"文本框中可以输入尺寸界线的数值。

3. "符号和箭头"选项卡

在"新建标注样式"对话框中，使用"符号和箭头"选项卡可以设置箭头、圆心标记、弧长符号、折断标注、半径折弯标注、线性折弯标注的格式与大小等属性，如图 7-9 所示。

（1）箭头 在"箭头"选项区域中，设置尺寸线和引线的箭头类型及尺寸大小等。通常情况下，尺寸线的两个箭头应一致。

1）"第一个"下拉列表框。为了适用于不同类型的图形标注需要，AutoCAD 提供了 20 多种箭头样式，

图 7-9　"符号和箭头"选项卡

用户可以从对应的下拉列表框中选择箭头；也可以自定义箭头（在下拉列表框中选择"用户箭头"选项，打开"选择自定义箭头"对话框，如图7-10所示）。在"从图形块中选择"文本框内输入当前图形中已有的块名，然后单击"确定"按钮，AutoCAD将以该块作为尺寸线的箭头样式。此时块的插入基点与尺寸线的端点重合。

2）"引线"下拉列表框。确定引线箭头的形式，与"第一个"设置类似。

3）"箭头大小"文本框。设置箭头的大小（也可以用变量DIMASZ设置）。

（2）圆心标记　在"圆心标记"选项组中，可以设置圆心标记的类型和大小。"无""标记"和"直线"单选按钮用于设置圆或圆弧的圆心标记的类型。选择"无"选项，对圆或圆弧绘制没有任何标记；选择"标记"选项，对圆或圆弧绘制圆心标记；选择"直线"选项，对圆或圆弧绘制中心线。也可以用变量DIMCEN设置，如图7-11所示。"大小"文本框设置圆心标记的大小。

图7-10　"选择自定义箭头块"对话框

图7-11　圆心标记类型

（3）折断标注　控制折断标注的间距宽度。折断大小显示和设置用于折断标注的间距大小。

（4）弧长符号和半径折弯标注

1）在"弧长"符号和"半径标注折弯"选项组中，可以设置弧长符号显示的位置和折弯标注的角度数值。

2）"标注文字的前缀""标注文字的上方"和"无"单选按钮用于在标注弧长时设置弧长符号的显示位置，如图7-12所示。

3）"折弯角度"文本框用于在标注圆弧半径时，控制折弯（Z字形）半径标注的显示。折弯半径标注通常在中心点位于页面外部时创建。在"折弯角度"文本框中可输入连接半径标注的尺寸界线和尺寸线的横向直线的角度，如图7-13所示。

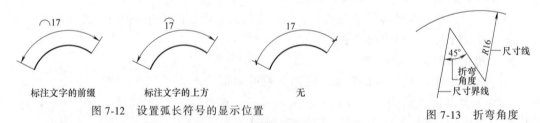

图7-12　设置弧长符号的显示位置　　　　　图7-13　折弯角度

4）"折弯高度因子"文本框。通过形成折弯角度的两个顶点之间的距离确定折弯高度。

4. "文字"选项卡

在"新建标注样式"对话框中，使用"文字"选项卡，可以设置标注文字的外观、位置和对齐方式等属性，如图7-14所示。

（1）"文字外观"选项组　设置文字的样式、颜色、高度和分数高度比例及是否绘制文字边框等属性。

1）"文字样式"下拉列表框用于选择标注的文字样式。也可以单击其后的浏览按钮，打开"文字样式"对话框，选择文字样式或新建文字样式。

2）"文字颜色"下拉列表框用于设置标注文字的颜色，也可以用变量 DIMCLRT 设置。

3）"填充颜色"下拉列表框用于设置标注文字的填充背景色。

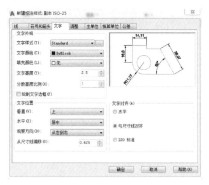

图 7-14 "文字"选项卡

4）"文字高度"文本框用于设置标注文字的高度，也可以用变量 DIMTXT 设置。如果选用的文本样式中已设置了具体的字高（不是 0），则此处的设置无效；如果文本样式中设置的字高为 0，以此处设置为准。

5）"分数高度比例"文本框用于设置标注文字中的分数相对于其他标注文字的比例，AutoCAD 将该比例值与标注文字高度的乘积作为分数的高度。

6）"绘制文字边框"复选框用于设置是否给标注文字加边框，如图 7-15 所示。

（2）"文字位置"选项组　设置文字的垂直、水平位置、观察方向、从尺寸线的偏移量等属性。

1）"垂直"下拉列表框用于设置标注文字相对于尺寸线在垂直方向的位置，如"置中""上方""外部"和 JIS。选择"置中"选项可以把标注文字放在尺寸线中间；选择"上方"选项可以把标注文字放在尺寸线的上方；选择"外部"选项可以把标注文字放在远离第一定

图 7-15 标注文字加边框

义点的尺寸线一侧，即和标注的对象分别列于尺寸线的两侧；选择 JIS 选项则按 JIS（日本工业标准）规则放置标注文字，如图 7-16 所示。

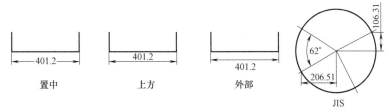

图 7-16 文字垂直位置的 4 种形式

2）"水平"下拉列表框用于设置标注文字相对于尺寸线和尺寸界线在水平方向的位置，如"置中""第一条尺寸界线""第二条尺寸界线""第一条尺寸界线上方""第二条尺寸界线上方"，如图 7-17 所示。

3）"观察方向"下拉列表框用于控制标注文字的观察方向，"从左到右"是按从左到右阅读的方式阅读文字，"从右到左"是按从右到左的方式阅读文字。

4）"从尺寸线偏移"文本框用于设置标注文字与尺寸线之间的距离。如果标注文字位于尺寸线的中间，则表示断开处尺寸线与尺寸文字的间距。若标注文字带有边框，则可以控制文字边框与其中文字的距离。

（3）"文字对齐"选项组　设置标注文字是保持水平还是与尺寸线平行，如图 7-18 所示。"水平"单选按钮用于将标注文字设为水平放置。"与尺寸线对齐"单选按钮用于将标

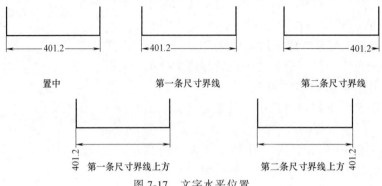

图 7-17 文字水平位置

注文字方向设为与尺寸线方向一致。"ISO 标准"单选按钮用于将标注文字设为按 ISO 标准放置，当标注文字在尺寸界线内时，它的方向与尺寸线方向一致，而在尺寸界线外时将水平放置。

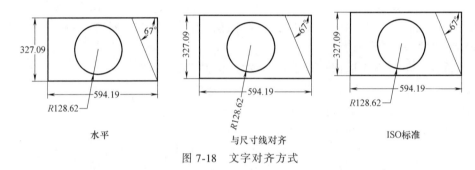

图 7-18 文字对齐方式

5. "调整"选项卡

在"新建标注样式"对话框中，"调整"选项卡用于设置调整选项、文字位置、标注特征比例、优化等属性，如图 7-19 所示。

（1）"调整选项"选项组 可以确定当尺寸界线之间没有足够的空间来同时放置标注文字和箭头时，应首先从尺寸界线之间移出文字。该选项区域中各选项意义如下：

1）"文字或箭头（最佳效果）"单选按钮。选中该单选按钮，按最佳效果自动移出文本或箭头。

2）"箭头"单选按钮。选中该单选按钮，首先将箭头移出。

3）"文字"单选按钮。选中该单选按钮，首先将文字移出。

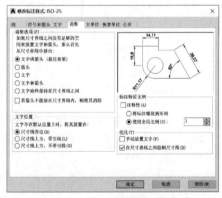

图 7-19 "调整"选项卡

4）"文字和箭头"单选按钮。选中该单选按钮，将文字和箭头都移出。

5）"文字始终保持在尺寸界线之间"单选按钮。选中该单选按钮，将文本始终保持在尺寸界线之内，相关的标注变量为 DIMTIX。

6）"若箭头不能放在尺寸界线内，则将其消除"复选框。选中该复选框可以抑制箭头显示。也可以使用变量 DIMSOXD 设置。

标注文字和箭头位置关系如图 7-20 所示。

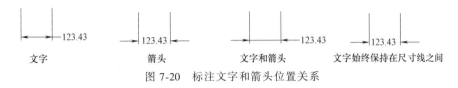

图 7-20　标注文字和箭头位置关系

（2）"文字位置"选项组　可设置当文字不在默认位置时的文字位置。其中各选项意义如下：

1）"尺寸线旁边"单选按钮。选中该单选按钮可以将文本放在尺寸线旁边。

2）"尺寸线上方，带引线"单选按钮。选中该单选按钮可以将文本放在尺寸线的上方，并加上引线。

3）"尺寸线上方，不带引线"
单选按钮。选中该单选按钮可以将
文本放在尺寸线的上方，但不加
引线。

尺寸线旁边　　　尺寸线上方，带引线　　尺寸线上方，不带引线

文字不在默认位置时的设置效
图 7-21　标注文字的位置
果，如图 7-21 所示。

（3）"标注特征比例"选项组　可设置标注尺寸的特征比例，以便通过设置全局比例因子来增加或减少各标注的大小。其中各选项意义如下：

1）"注释性"选项。指定标注为注释性（对图形加以注释的对象的特性）。

2）"使用全局比例"单选按钮。选中该单选按钮可以对全部尺寸标注设置缩放比例，该比例不改变尺寸的测量值。也可以使用变量 DIMSCALE 设置。

3）"将标注缩放到布局（图纸空间）"单选按钮。选中该单选按钮可以根据当前模型空间视口与图纸空间之间的缩放关系设置比例。当在图纸空间而不是模型空间视口中工作时，或者当 TILEMODE 设置为 1 时，将使用默认的比例因子 1.0。

（4）"优化"选项组　可对标注文字和尺寸线进行细微调整，该选项区域包括以下两个复选框。

1）"手动放置文字"复选框。选中该复选框，则忽略标注文字的水平位置，在标注时将标注文字放置在用户指定的位置。

2）"在尺寸界线之间绘制尺寸线"复选框。选中此复选框，无论尺寸文本在尺寸界线内部还是外部，AutoCAD 均在两尺寸界线之间绘出一尺寸线；否则当尺寸界线内放不下尺寸文本而将其放在外面时，尺寸界线之间无尺寸线。

6. "主单位"选项卡

在"新建标注样式"对话框中，"主单位"选项卡用来设置尺寸标注的主单位和精度，以及给尺寸文本添加固定的前缀或后缀等属性。本选项卡中可分别对线性标注和角度标注进行设置，如图 7-22 所示。

（1）线性标注

1）"线性标注"选项组。设置线型标注的格式和精度。

①"单位格式"下拉列表框。确定标注尺寸时使用的单位制（角度型尺寸除外）。在下拉菜单中，AutoCAD 提供了"科学""小数""工程""建筑""分数"和"Windows 桌面"六种单位制，可根据需要进行选择。

②"精度"下拉列表框。确定标注尺寸时的精度，即精确到小数点后几位。默认选项是小数点后两位，该下拉列表框提供了 0~8 位的选择范围。

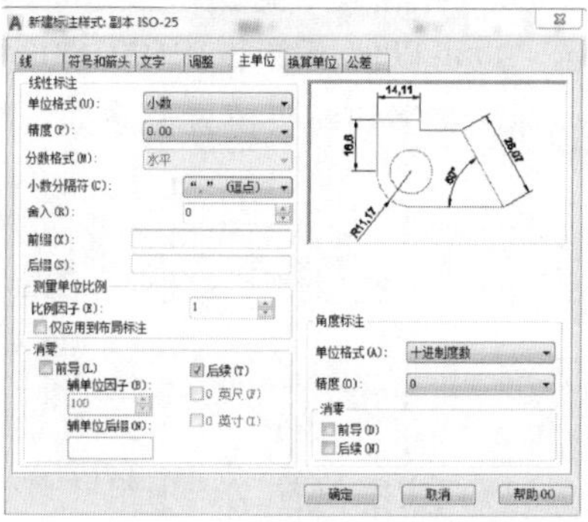

图 7-22 "主单位"选项卡

③"分数格式"下拉列表框。设置分数的形式。AutoCAD 提供了"水平""对角"和"非堆叠"三种形式供用户选用。

④"小数分隔符"下拉列表框。确定十进制单位（Decimal）的分隔符，AutoCAD 提供了三种形式：句点（.）、逗点（,）和空格，默认选项是逗点。

⑤"舍入"微调框。设置角度以外的尺寸测量的圆整规则。若在文本框中输入 1，则所有测量值均圆整为整数。

⑥"前缀"文本框。设置固定前缀。可以输入文本，也可以用控制符产生特殊字符，这些文本将被加在所有尺寸文本之前。

⑦"后缀"文本框。给尺寸标注设置固定后缀。

2）"测量单位比例"选项组。确定 AutoCAD 自动测量尺寸时的比例因子。"比例因子"微调框用来设置角度以外所有尺寸的比例因子，如用户确定比例因子为 2，AutoCAD 则把实际测量为 1 的尺寸标注为 2。如果选中"仅应用到布局标注"复选框，则设置的比例因子只适用于布局标注。

3）"消零"选项组。用于设置是否省略标注尺寸时的 0。

① 前导。此复选框省略尺寸值处于高位的 0，如 0.50000 标注为 .50000。

② 辅单位因子。将辅单位的数量设为一个单位。它用于在距离小于一个单位时以辅单位为单位计算标注距离。如后缀为 m 而辅单位后缀为以 cm 显示，则输入 100。

③ 辅单位后缀。在标注值辅单位中包括一个后缀。可以输入文字或使用控制代码显示特殊符号。如输入 cm 可将 0.96m 显示为 96cm。

④ 后续。选中此复选框省略尺寸值小数点后末尾的 0。如 12.5000 标注为 12.5，30.0000 标注为 30。

⑤ 0 英尺。采用"工程"和"建筑"单位制时，如果尺寸值小于 1 尺，则省略尺，如 0'-61/2″标注为 61/2″。

⑥ 0 英寸。采用"工程"和"建筑"单位制时，如果尺寸值是整数尺，则省略寸，如 1'-0″标注为 1'。

（2）角度标注

1）"角度标注"选项组。设置标注角度时采用的角度单位。

①"单位格式"下拉列表框。设置角度单位制。AutoCAD 提供了"十进制度数""度/分/秒""百分度"和"弧度"四种角度单位。

② "精度"下拉列表框。设置角度型尺寸标注的精度。

2) "消零"选项组。设置是否省略标注角度时的0。

7. "换算单位"选项卡

在"新建标注样式"对话框中，"换算单位"选项卡用于对替换单位进行设置，如图7-23所示。

1) "显示换算单位"复选框。设置替换单位的尺寸值是否同时显示在尺寸文本上。

2) "换算单位"选项组。设置替换单位。"单位格式"下拉列表框用于设置替换单位采用的单位制；"精度"下拉列表框用于设置替换单位的精度；"换算单位倍数"微调框用于指定主单位和替换单位的转换因子；"舍入精度"微调框用于设定替换单位的圆整规则；"前缀"文本框用于设置替换单位文本的固定前缀；"后缀"文本框用于设置替换单位文本的固定后缀。

3) "消零"选项组。设置是否省略尺寸标注中的0。

4) "位置"选项组。设置替换单位尺寸标注的位置。"主值后"单选按钮设定把替换单位尺寸标注放在主单位标注的后边。"主值下"单选按钮设定把替换单位尺寸标注放在主单位标注的下边。

8. "公差"选项卡

在"新建标注样式"对话框中，"公差"选项卡用来确定标注公差的方式，如图7-24所示。

图7-23 "换算单位"选项卡

图7-24 "公差"选项卡

（1）"公差格式"选项组 设置公差的标注方式。

1) "方式"下拉列表框。设置以何种形式标注公差。单击右侧的向下箭头弹出一下拉列表，其中列出了AutoCAD提供的五种标注公差的形式，用户可从中选择。这五种形式分别是"无""对称""极限偏差""极限尺寸"和"基本尺寸"，其中"无"表示不标注公差，如图7-25所示。

2) "精度"下拉列表框。确定公差标注的精度。

3) "上偏差"微调框。设置尺寸的上偏差。

4) "下偏差"微调框。设置尺寸的下偏差。

注意：系统自动在上偏差数值前加"+"号，在下偏差数值前加"−"号。如果上偏差是负值或下偏差是正值，都需要在输入的偏差值前加符号。如下偏差是+0.05，则需要在"下偏差"微调框中输入−0.05。

5) "高度比例"微调框。设置公差文本的高度比例，即公差文本的高度与一般尺寸文本的高度之比。

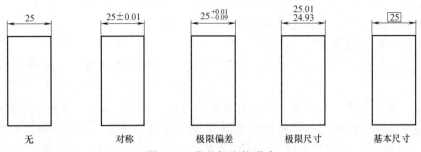

图 7-25 公差标注的形式

6)"垂直位置"下拉列表框。控制"对称"和"极限偏差"形式的公差标注的文本对齐方式，包括"上""中""下"。"上"指公差文本的顶部与一般尺寸文本的顶部对齐；"中"指公差文本的中线与一般尺寸文本的中线对齐；"下"指公差文本的底线与一般尺寸文本的底线对齐，如图 7-26 所示。

图 7-26 公差文本的对齐方式

（2）"公差对齐"选项组　堆叠时，控制上偏差值和下偏差值的对齐。"小数分隔符"即通过值的小数分隔符堆叠值，"对齐运算符"即通过值的运算符堆叠值。

（3）"消零"选项组　设置是否省略公差标注中的 0。

（4）"换算单位公差"选项组　对形位公差标注的替换单位进行设置，其中各项的设置方法与上面相同。

7.2 尺寸标注类型详解

正确地标注尺寸是绘图工作中非常重要的一个环节，AutoCAD 提供了方便、快捷的尺寸标注方法，可通过执行命令来实现，也可利用菜单或按钮图标实现。

7.2.1 长度型尺寸标注

长度型尺寸标注用于标注图形中两点间的长度，可以是端点、交点、圆弧弦线端点或能够识别的任意两个点。在 AutoCAD 中，长度型尺寸标注包括多种类型，如线性标注、对齐标注、弧长标注、基线标注和连续标注等。

1. 线性标注

功能：用于标注用户坐标系 XY 平面中两个点之间的距离测量值。

启动方式：功能区"默认"→"注释"→"线性"按钮⊢，或功能区"注释"→"标注"→"线性"按钮⊢，或执行 Command：dimlinear 或 dli 命令。

Command:dli ↵

通过指定点或选择一个对象来实现,AutoCAD 提示:

指定第一条尺寸界线原点或<选择对象>:

(1) 指定原点 默认情况下,在命令行提示下直接指定第一条尺寸界线的原点,并在"指定第二条尺寸界线原点:"提示下指定第二条尺寸界线原点,此时命令行显示如下提示:

指定尺寸线位置或[多行文字(M)/文字(T)/角度(A)/水平(H)/垂直(V)/旋转(R)]:

默认情况下,指定了尺寸线的位置后,系统将按自动测量出的两个尺寸界线起始点间的相应距离标注出尺寸。其他各选项的功能说明如下:

1) "多行文字 (M)"选项。该选项将进入多行文字编辑模式,可以使用"多行文字编辑器"对话框输入并设置标注文字。其中,文字输入窗口中的尖括号 (<、>) 表示系统测量值。

2) "文字 (T)"选项。以单行文字的形式输入标注文字,此时将显示"输入标注文字<1>:"提示信息,要求输入标注文字。

3) "角度 (A)"选项。设置标注文字的旋转角度。

4) "水平 (H)"选项和"垂直 (V)"选项。标注水平尺寸和垂直尺寸。选择这两个选项后,将提示"指定尺寸线位置或 [多行文字 (M)/文字(T)/角度(A)]:",可以直接确定尺寸线的位置,也可以选择其他选项来指定标注文字内容或者标注文字的旋转角度。

5) "旋转 (R)"选项。旋转标注对象的尺寸线。

(2) 选择对象 如果在线性标注的命令行提示下直接按<Enter>键,则要求选择要标注尺寸的对象。当选择了对象以后,AutoCAD 将该对象的两个端点作为两条尺寸界线的起点,并提示:

指定尺寸线位置或[多行文字(M)/文字(T)/角度(A)/水平(H)/垂直(V)/旋转(R)]:

注意:当两个尺寸界线的起点不位于同一水平线和同一垂直线上时,可以通过拖动来确定是创建水平标注还是垂直标注。使光标位于两尺寸界线的起始点之间,上下拖动可引出水平尺寸线;使光标位于两尺寸界线的起始点之间,左右拖动可引出垂直尺寸线。线性标注如图 7-27 所示。

2. 对齐标注

功能:对齐标注是线性标注尺寸的一种特殊形式。在对直线段进行标注且直线的倾斜角度未知时,使用对齐标注可准确地测量直线的长度。这种命令标注的尺寸线与标注轮廓线平行,标注的是起始点到终点之间的距离尺寸。

启动方式:功能区 "默认"→"注释"→"线性" ⊢ 下拉菜单中选择 "对齐" 按钮 ,或功能区 "注释"→"标注"→"线性" ⊢ 下拉菜单中选择 "已对齐" 按钮 ,或执行 Command:dimaligned 或 dal 命令。

Command:dal ↵(通过指定点或选择一个对象来实现,AutoCAD 提示:)

指定第一条尺寸界线原点或<选择对象>:(对齐标注如图 7-28 所示)

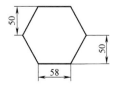

图 7-27 线性标注

图 7-28 对齐标注

7.2.2 标注半径、直径和圆心

在 AutoCAD 中，可使用"半径""直径"与"圆心"标注命令标注圆或圆弧的半径尺寸、直径尺寸及圆心位置。

1. 半径标注

功能：用于标注指定的圆或圆弧的半径。

启动方式：功能区"默认"→"注释"→"线性" ⊢⊣ 下拉菜单中选择"半径"按钮⟨，或功能区"注释"→"标注"→"线性" ⊢⊣ 下拉菜单中选择"半径"按钮⟨，或执行 Command：dimradiu 或 dra 命令。

　　Command：dra ↵（AutoCAD 提示：）

　　选择圆弧或圆：（选择要标注半径的圆弧或圆）

　　指定尺寸线位置或［多行文字（M）/文字（T）/角度（A）］：

当指定了尺寸线的位置后，系统将按实际测量值标注出圆或圆弧的半径。也可以利用"多行文字（M）""文字（T）"或"角度（A）"选项，确定尺寸文字或尺寸文字的旋转角度。其中，当通过"多行文字（M）"和"文字（T）"选项重新确定尺寸文字时，只有给输入的尺寸文字加前缀 R，才能使标出的半径尺寸有半径符号 R，否则没有该符号，如图 7-29 所示。

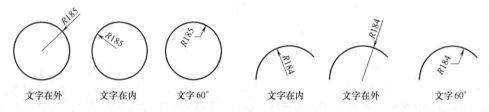

图 7-29　半径标注

2. 折弯标注

功能：可以折弯标注圆和圆弧的半径。

启动方式：功能区"默认"→"注释"→"线性" ⊢⊣ 下拉菜单中选择"折弯"按钮⟨，或功能区"注释"→"标注"→"线性" ⊢⊣ 下拉菜单中选择"折弯"按钮⟨，或执行 Command：dimjogged 或 djo 命令。

该标注方式需要指定一个位置代替圆或圆弧的圆心，如图 7-30 所示。

3. 直径标注

功能：可以标注圆和圆弧的直径。

启动方式：功能区"默认"→"注释"→"线性" ⊢⊣ 下拉菜单中选择"直径"按钮⊘，或功能区

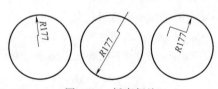

图 7-30　折弯标注

"注释"→"标注"→"线性" ⊢⊣ 下拉菜单中选择"直径"按钮⊘，或执行 Command：dimdiameter 或 ddi 命令。

直径标注的方法与半径标注的方法相同。当选择了需要标注直径的圆或圆弧后，直接确定尺寸线的位置，系统将按实际测量值标注出圆或圆弧的直径。当通过"多行文字（M）"和"文字（T）"选项重新确定尺寸文字时，需要在尺寸文字前加前缀%%C，才能使标出的直径尺寸有直径符号 ϕ，如图 7-31 所示。

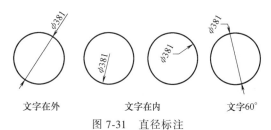

文字在外　　　　　文字在内　　　　　文字60°

图 7-31　直径标注

4. 圆心标记

功能：标注圆和圆弧的圆心。此时只需要选择待标注圆心的圆弧或圆即可。

启动方式：功能区"注释"→"中心线"→"圆心标记"按钮⊕，或执行 Command：dimcenter 或 dce 命令。

圆心标记的形式可以由系统变量 DIMCEN 设置。当该变量的值大于 0 时，作圆心标记，且该值是圆心标记线长度的一半；当变量的值小于 0 时，画出中心线，且该值是圆心处十字线长度的一半。

7.2.3　角度型尺寸标注

功能：测量圆和圆弧的角度、两条直线间的角度，或者三点间的角度。

启动方式：功能区"默认"→"注释"→"线性"├┤下拉菜单中选择"角度"按钮△，或功能区"注释"→"标注"→"线性"├┤下拉菜单中选择"角度"按钮△，或执行 Command：dimangular 或 dan 命令。

Command：dan ↲（AutoCAD 提示：）

选择圆弧、圆、直线或<指定顶点>：

在该提示下，可以选择需要标注的对象，其功能说明如下：

1）标注圆弧角度。当选择圆弧时，命令行提示"指定标注弧线位置或［多行文字（M）/文字（T）/角度（A）/象限点（Q）］："，此时如果直接确定标注弧线的位置，AutoCAD 会按实际测量值标注出角度。也可以使用"多行文字（M）""文字（T）""角度（A）及象限点（Q）"选项，设置尺寸文字和它的旋转角度。

注意：当通过"多行文字（M）"和"文字（T）"选项重新确定尺寸文字时，只有给新输入的尺寸文字加后缀%%D，才能使标注出的角度值有度（°）符号，否则没有该符号。

2）标注圆角度。当选择圆时，命令行显示"指定角的第二个端点："提示信息，要求确定另一点作为角的第二个端点，该点可以在圆上，也可以不在圆上，然后再确定标注弧线的位置。这时，标注的角度将以圆心为角度的顶点，以通过所选择两个点为尺寸界线（或延伸线）。

3）标注两条不平行直线之间的夹角。需要选择这两条直线，然后确定标注弧线的位置，AutoCAD 将自动标注出这两条直线的夹角。

4）根据 3 个点标注角度。在"选择圆弧、圆、直线或<指定顶点>："提示下按<Enter>键，提示需要确定角的顶点，然后分别指定角的两个端点，最后指定标注弧线的位置，如图 7-32 所示。

7.2.4 利用引线注释图形

功能：用于标注特定的尺寸，如圆角、倒角等，还可以实现在图中添加多行旁注、说明。多重引线是引线功能的延伸，符合绘图工作的使用方式，而且设置非常简单。多重引线是一个完整的图形对象，而不像引线那样是由引线和文字两

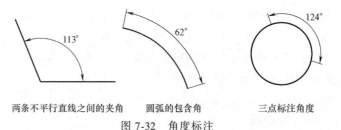

两条不平行直线之间的夹角　　圆弧的包含角　　三点标注角度

图 7-32　角度标注

个对象构成，所以多重引线的整体性是要好于引线的，这样用户在复制、移动、修改多重引线的时候会方便一些。多重引线的一个最大的优势是具有样式设置，像标注那样可以设置多种引线样式。

启动方式：功能区"默认"→"注释"→"引线"按钮 ，或功能区"注释"→"引线"→"多重引线"按钮 ，或执行 Command：mleader 命令。

1. 创建多重引线标注

AutoCAD 中可利用 mleader 命令创建灵活多样的多重引线标注形式。多重引线对象通常包含箭头、水平基线、引线或曲线和多行文字对象或块，可根据需要把指引线设置为折线或曲线。指引线可带箭头，也可不带箭头，箭头的样式可以设置。文字可以设置文字样式、对齐方式、高度等。

Command：mleader ↵（AutoCAD 提示：）

指定引线箭头位置或［引线基线优先（L）/内容优先（C）/选项（O）]<选项>：

各选项说明如下：

（1）"指定引线箭头位置"　先指定多重引线箭头的位置，后指定多重引线基线的位置，然后系统自动打开"文字格式"编辑器，输入文字内容。

（2）"引线基线优先（L）"　先指定多重引线基线的位置，后指定多重引线箭头的位置，然后系统自动打开"文字格式"编辑器，输入文字内容，设置文字格式。

（3）"内容优先（C）"　先指定注释文字或块的位置，完成位置输入后单击"文字格式"编辑器中的"确定"按钮或在文本框外单击，然后指定箭头位置。

（4）"选项（O）"　设置多重引线对象的选项。输入 O，AutoCAD 提示：

［引线类型（L）/引线基线（A）/内容类型（C）/最大节点数（M）/第一个角度（F）/第二个角度（S）/退出选项（X）]<退出选项>：

1）"引线类型（L）"。确定引线的类型。输入 L，提示：

选择引线类型［直线（S）/样条曲线（P）/无（N）]<直线>：（选择引线类型或直接按<Enter>键回到上一级提示）

2）"引线基线（A）"。选择是否使用基线。

3）"内容类型（C）"。指定要用于多重引线的内容类型。可选块、多行文字、无。"块（B）"将指定图形中的块，以与新的多重引线相关联。"多行文字（M）"将输入多行文字包含在块中。"无（N）"是无内容类型。

4）"最大节点数（M）"。指定引线的最大点数。

5）"第一个角度（F）"。约束新引线中第一个点的角度。

6）"第二个角度（S）"。约束新引线中第二个点的角度。

2. 设置多重引线样式

功能：创建和修改多重引线的样式。

启动方式：功能区"默认"→"注释"→"多重引线样式"按钮 ，或功能区"注释"→"引线"→"多重引线样式"按钮 ，或执行 Command：mleaderstyle 命令，打开"多重引线样式管理器"对话框，如图 7-33 所示。

（1）"当前多重引线样式" 显示多重引线样式的名称，默认为 Standard。

（2）"样式"列表框 显示多重引线的样式，当前样式亮显。

（3）"列出"下拉列表框 控制"样式"列表框的内容。单击"所有样式"，可显示图形中可用的所有多重引线的样式。单击"正在使用的样式"，仅显示被当前图形中的多重引线使用的多重引线样式。

图 7-33 "多重引线样式管理器"对话框

（4）"预览"列表框 显示"样式"列表中选定样式的预览图像。

（5）"置为当前"按钮 将"样式"列表框中选定的多重引线样式设定为当前样式。

（6）"新建"按钮 显示"创建新多重引线样式"对话框，如图 7-34 所示，从中可以定义新多重引线样式。单击"继续"按钮，将显示"修改多重引线样式"对话框，如图 7-35 所示，从中可以修改多重引线样式。

图 7-34 "创建新多重引线样式"对话框

图 7-35 "修改多重引线样式"对话框

1）"引线格式"选项卡（图 7-35）。"常规"选项组中，可以设置引线的类型（可选择直线、样条曲线或无引线），引线的颜色、线型、线宽；"箭头"选项组可设置箭头的箭头符号、大小。

2）"引线结构"选项卡（图 7-36）。"约束"选项组可以设置引线的最大点数、引线中第一段的角度、引线中第二段的角度。"基线设置"选项组中，选中"自动包含基线"复选框，可将水平基线附着到多重引线内容，选中"设置基线距离"复选框，可设置多重引线基线的固定距离。"比例"选项组中，选中"将多重引线缩放到布局"单选按钮，可根据模型空间视口和图纸空间视口中的缩放比例确定多重引线的比例因子；"指定比例"下拉列表框可设置引线的缩放比例。上述两项在多重引线不为注释性时可用。

3）"内容"选项卡（图7-37）。"多重引线类型"下拉列表框可确定多重引线中是包含文字还是包含块。"文字选项"选项组可控制文字的外观，其中，"默认文字"下拉列表框设置多重引线的默认文字，单击按钮，可启动多行文字在位编辑器，设置文字格式；"文字样式"下拉列表框显示可用的文字样式，单击按钮将弹出"文字样式"对话框，可创建和修改文字样式；此外，可设置文字的旋转角度、高度、颜色、外边框等。"引线连接"选项组可设置多重引线的连接，"水平连接"单选按钮是指将引线插入到文字内容的左侧或右侧，"垂直连接"单选按钮是指将引线插入到文字内容的顶部或底部，不包括文字和引线间的基线，同时可设置连接位置为上、下、左、右，"基线间隙"下拉文本框用于设置基线和多行文字引线的距离，可输入数据进行设定。

图7-36 "引线结构"选项卡

图7-37 "内容"选项卡

3. "多重引线"工具栏

"多重引线"工具栏可以对多重引线执行添加、删除、对齐、合并等操作。

1）"添加引线"按钮将引线添加至选定的多重引线对象，如图7-38a所示。

2）"删除引线"按钮将引线从现有的对象中删除，如图7-38b所示。

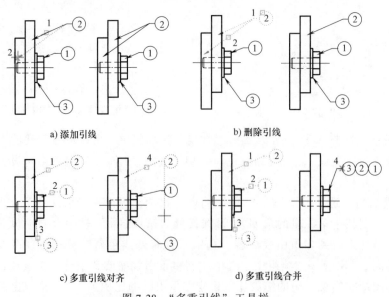

a) 添加引线　　　　　　　　　　b) 删除引线

c) 多重引线对齐　　　　　　　　d) 多重引线合并

图7-38 "多重引线"工具栏

3）"对齐"按钮 将选定多重引线对象对齐并按一定间距排列，如图7-38c所示。

4）"合并"按钮 将包含块的选定多重引线组织到行或列中，并使用单引线显示结果，如图7-38d所示。

7.2.5　坐标标注

功能：用于标注相对于用户坐标原点的坐标。

启动方式：功能区"默认"→"注释"→"线性" 下拉菜单中的"坐标"按钮 ，或功能区"注释"→"标注"→"线性" 下拉菜单中的"坐标"按钮 ，或执行 Command：dimordinate 或 dor 命令。

Command：dor ↵（AutoCAD 提示：）

指定点坐标：（确定要标注坐标尺寸的点）

指定引线端点或［X 基准（X）/Y 基准（Y）/多行文字（M）/文字（T）/角度（A）］：（默认情况下，指定引线的端点位置后，系统将在该点标注出指定点坐标）

1）"指定点坐标："提示下确定引线的端点位置之前，应首先确定标注点坐标是 X 坐标还是 Y 坐标。如果在此提示下相对于标注点上下移动光标，将标注点的 X 坐标；若相对于标注点左右移动光标，则标注点的 Y 坐标。

2）"X 基准（X）""Y 基准（Y）"选项分别用来标注指定点的 X、Y 坐标。

3）"多行文字（M）"选项用于通过当行文本输入窗口输入标注的内容。

4）"文字（T）"选项直接要求输入标注的内容。

5）"角度（A）"用于确定标注内容的旋转角度。

【例】对 A、B、C 三点进行坐标标注，如图7-39 所示。

Command：dor ↵

指定点坐标：（选择 A 点，向右拖动鼠标，单击一点，即可创建 A 点处的 Y 坐标标注。如果向上拖动鼠标，单击一点，即可创建 A 点处的 X 坐标标注）

Command：dor ↵

指定点坐标：（选择 B 点，向左拖动鼠标，再向上拖动鼠标，单击一点，即可创建 B 点处的 Y 坐标标注。如果向上拖动鼠标，再向右拖动鼠标，单击一点，即可创建 B 点处的 X 坐标标注）

（同理，标注 C 点坐标）

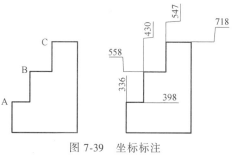

图 7-39　坐标标注

7.2.6　弧长标注

功能：用于标注圆弧线段或多段线圆弧线段部分的弧长。

启动方式：功能区"默认"→"注释"→"线性" 下拉菜单中的"弧长"按钮 ，或功能区"注释"→"标注"→"线性" 下拉菜单中的"弧长"按钮 ，或执行 Command：dimarc 或 dar 命令。

Command：dar ↵（AutoCAD 提示：）

选择弧线段或多段线圆弧段：

指定弧长标注位置或［多行文字(M)/文字(T)/角度(A)/部分(P)/引线(L)］:

当指定了尺寸线的位置后，系统将按实际测量值标注出圆弧的长度。也可以利用"多行文字（M）""文字（T）"或"角度（A）"选项确定尺寸文字或尺寸文字的旋转角度。如果选择"部分（P）"选项，可以标注选定圆弧某一部分的弧长。"引线（L）"选项用来添加引线对象，仅当圆弧（或弧线段）大于90°时才会显示此选项。引线是按径向绘制的，指向标注圆弧的圆心。弧长标注示例如图7-40所示。

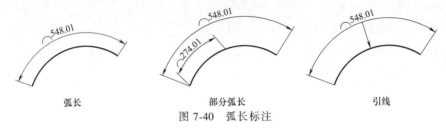

图7-40　弧长标注

7.2.7　基线标注

功能：用于创建一系列由相同的标注原点测量出来的标注。

启动方式：功能区"注释"→"标注"→"连续" 下拉菜单中的"基线"按钮 ，或执行 Command：dimbaseline 或 dba 命令。

操作方法：在进行基线标注之前必须先创建（或选择）一个线性、坐标或角度标注作为基准标注，然后执行 dba 命令。

Command:dba ↵(AutoCAD 提示:)

指定点坐标或［放弃(U)/选择(S)］<选择>:

选择基准标注:

在该提示下，可以直接确定下一个尺寸的第二条尺寸界线的起始点。AutoCAD 将按基线标注方式标注出尺寸，直到按<Enter>键结束命令为止，如图7-41所示的"线性和角度"的基准标注。

基线标注中的基线直接的距离由功能区"注释"→"标注"→"调整间距"按钮 ，或执行 Command：dimspace 命令来设置。

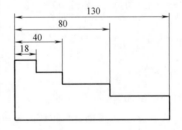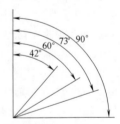

图7-41　"线性和角度"的基准标注

Command:dimspace ↵

选择基准标注:

选择要产生间距的标注:

选择要产生间距的标注:↵(或按空格键)

输入值或［自动(A)］<自动>:(输入新定义的基线距离,按<Enter>键或空格键)

7.2.8　连续标注

功能：用于创建一系列端对端放置的标注，每个连续标注都从前一个标注的第二个尺寸界线处开始。

启动方式：功能区"注释"→"标注"→"连续"按钮 ⊬⊬，或执行 Command：dimcontinue 或 dco 命令。

操作方法：在进行基线标注前必须先创建（或选择）一个线性、坐标或角度标注作为基准标注，以确定连续标注需要的前一尺寸标注的尺寸界线，然后执行 dimcontinue 命令。

Command：dco ↵

指定点坐标或［放弃(U)/选择(S)］<选择>：

当确定了下一个尺寸的第二条尺寸界线原点后，AutoCAD 按连续标注方式标注出尺寸，即把上一个或所选标注的第一条尺寸界线作为新尺寸标注的第一条尺寸界线标注尺寸。当标注完全部尺寸后，按<Enter>键即可结束该命令，如图 7-42 所示。

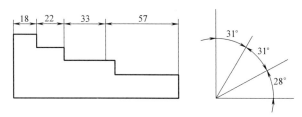

图 7-42 "线性和角度"的连续标注

7.2.9 快速标注

功能：用于创建成组的连续、并列、基线、坐标、半径、直径等标注，即快速标注多个圆、圆弧和直线，以及编辑现有标注的布局。

启动方式：功能区"注释"→"标注"→"快速标注"按钮 ⚡，或执行 Command：qdim 命令。

Command：qdim ↵

关联标注优先级 = 端点

选择要标注的几何图形：

指定尺寸线位置或［连续(C)/并列(S)/基线(B)/坐标(O)/半径(R)/直径(D)/基准点(P)/编辑(E)/设置(T)］<连续>：(选择要标注尺寸的各图形对象,如图 7-43 所示)

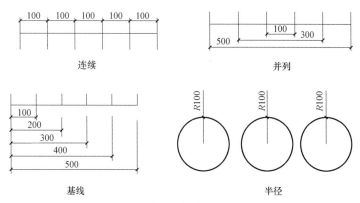

图 7-43 快速标注

7.2.10 形位公差标注

形位公差在机械图形中极为重要，一方面，如果形位公差不能完全控制，装配件就不能正确装配；另一方面，过度吻合的形位公差又会由于额外的制造费用而造成浪费。但在大多数的建筑图形中，形位公差几乎不存在。

1. 形位公差的符号表示

在 AutoCAD 中，可以通过特征控制框来显示形位公差信息，如图形的形状、轮廓、方向、位置和跳动的偏差等，如图 7-44 所示。公差符号的含义见表 7-1。

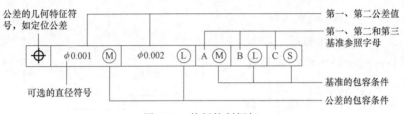

图 7-44　特征控制框架

表 7-1　公差符号

符　号	含　义	符　号	含　义
⊕	定义	⌒(平面)	平面轮廓
◎	同心/同轴	⌒	直线轮廓
≡	对称	↗	圆跳动
//	平行	↗↗	全跳动
⊥	垂直	φ	直径
∠	角	Ⓜ	最大包容条件(MMC)
⋈	柱面性	Ⓛ	最小包容条件(LMC)
▱	平坦度	Ⓢ	不考虑特征尺寸(RFS)
○	圆或圆度	Ⓟ	投影公差
—	直线度		

在形位公差中，特征控制框至少包含几何特征符号和公差值两部分，各组成部分的含义如下。

1）几何特征。表明位置、同心度或共轴性、对称性、平行性、垂直性、角度、圆柱度、平直度、圆度、直度、面剖、线剖、环形偏心度及总体偏心度等。

2）直径。指定一个图形的公差带，并放在公差值前。

3）公差值。指定特征的整体公差的数值。

4）包容条件。大小可变的几何特征，有Ⓜ、Ⓛ、Ⓢ和空白 4 个选择。其中，Ⓜ表示最大包容条件，几何特征包含规定极限尺寸内的最大包容量，在Ⓜ中，孔应具有最小直径，而轴应具有最大直径；Ⓛ表示最小包容条件，几何特征包含规定极限尺寸内的最小包容量，在Ⓛ中，孔应具有最大直径，而轴应具有最小直径；Ⓢ表示不考虑特征尺寸，这时几何特征可以是规定极限尺寸内的任意大小。

5）基准。特征控制框中的公差值，最多可跟随 3 个可选的基准参照字母及其修饰符号。基准是用来测量和验证标注在理论上精确的点、轴或平面。通常 2 个或 3 个相互垂直的平面效果最佳，它们共同称作基准参照边框。

6）投影公差。除指定位置公差，还可以指定投影公差以使公差更加明确。

2. 使用"形位公差"对话框标注形位公差

启动方式：功能区"注释"→"标注"→"公差"按钮 ⊕1 ，或执行 Command：tolerance 或 tol 命令。

Command：tol ↵

AutoCAD 弹出图 7-45 所示"形位公差"对话框，在该对话框中，可以设置公差的符号、值及基准等参数。

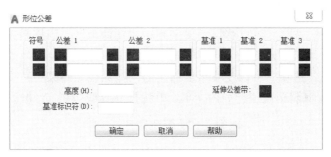

图 7-45 "形位公差"对话框

1）"符号"选项。单击该列的 ■框，将打开"符号"对话框，可以为第 1 个或第 2 个公差选择几何特征符号，如图 7-46 所示。

2）"公差 1"和"公差 2"选项组。单击该列前面的 ■框，将插入一个直径符号。在中间的文本框中，可以输入公差值。单击该列后面的 ■框，将打开"附加符号"对话框，为公差选择包容条件符号，如图 7-47 所示。

图 7-46 公差特征符号

图 7-47 选择包容条件

3）"基准 1""基准 2"和"基准 3"选项组。设置公差基准和相应的包容条件。

4）"高度"文本框。设置投影公差带的值。投影公差带控制固定垂直部分延伸区的高度变化，并以位置公差控制公差精度。

5）"延伸公差带"选项。单击■框，可在投影公差带值的后面插入投影公差带符号。

6）"基准标识符"文本框。创建由参照字母组成的基准标识符号。

7.2.11　编辑尺寸标注对象

在 AutoCAD 中，可以对已标注对象的文字、位置及样式等内容进行修改，而不必删除所标注的尺寸对象再重新进行标注。

1. 编辑标注

启动方式：功能区"注释"→"标注"→"标注样式" ↘ 弹出的"标注样式管理器"对话框→"修改"按钮，或执行 Command：dimedit 或 ded 命令。

Command：ded ↵

输入标注编辑类型 ［默认(H)/新建(N)/旋转(R)/倾斜(O)］＜默认＞:

各选项的含义如下：

1）"默认（H）"选项。选择尺寸对象，可以按默认位置和方向放置尺寸，如图 7-48a 所示。

2）"新建（N）"选项。可以修改尺寸文字，此时系统将显示"文字格式"工具栏和文字输入窗口。选择需修改的尺寸文字，再输入新尺寸文字，最后选择需要修改的尺寸对象。

3）"旋转（R）"选项。可以将尺寸文字旋转一定的角度，同样是先设置角度值，然后选择尺寸对象。图 7-48b 所示将尺寸数字旋转了 20°。

4）"倾斜（O）"选项。可以使非角度标注的尺寸界线倾斜某一角度。这时需要先选择尺寸对象，然后设置倾斜角度值，如图 7-48c 中将尺寸界线倾斜了 20°。该选项功能也可通过下拉菜单"注释"→"标注"→"倾斜" ⊣ 按钮完成。

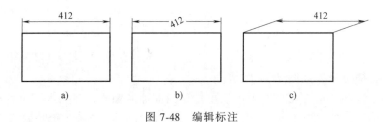

图 7-48　编辑标注

2. 编辑标注文字的位置

功能：修改尺寸的文字位置。

启动方式：功能区"注释"→"标注"→"文字修改"按钮 ⊬ ⊢⊣ ⊢⊣ ⊢⊣ ，或执行 Command：dimtedit 命令。

Command：dimtedit ↵

选择标注：

为标注文字指定新位置或 ［左对齐(L)/右对齐(R)/居中(C)/默认(H)/角度(A)］:

1）"左对齐（L）"和"右对齐（R）"选项。对非角度标注来说，可以将尺寸文字沿着尺寸线左对齐或右对齐。

2）"居中（C）"选项。将尺寸文字放在尺寸线的中间。

3）"默认（H）"选项。按默认位置及方向放置尺寸文字。

4）"角度（A）"选项。旋转尺寸文字，此时需要指定一个角度值，如图 7-49 所示。

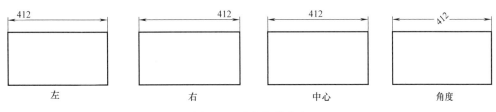

图 7-49　编辑标注文字

3. 替代标注

功能：临时修改尺寸标注的系统变量设置，并按该设置修改尺寸标注。该操作只修改指定的尺寸对象，并且修改后不影响原系统的变量设置。

启动方式：功能区 "注释"→"标注"→"替代" 按钮 ，或执行 Command：dimoverride 或 dov 命令。

Command：dov ↵

输入要替代的标注变量名或［清除替代(C)］：

默认情况下，输入要修改的系统变量名，并为该变量指定一个新值。然后选择需要修改的对象，这时指定的尺寸对象将按新的变量设置做相应的更改。如果在命令提示下输入 C，并选择需要修改的对象，这时可以取消用户已做出的修改，并将尺寸对象恢复成在当前系统变量设置下的标注形式。

4. 更新标注

功能：可以更新标注，使其采用当前的标注样式。

启动方式：功能区 "注释"→"标注"→"更新" 按钮 ，或执行 Command：-dimstyle 命令。

Command：-dimstyle ↵

当前标注样式：ISO-25　注释性：否

输入标注样式选项［注释性(AN)/保存(S)/恢复(R)/状态(ST)/变量(V)/应用(A)/?］<恢复>：

选择对象：

各选项的功能如下：

1）"注释性（AN）" 选项。用户可以自动完成缩放注释的过程，从而使注释能够以正确的大小在图纸上打印或显示。

2）"保存（S）" 选项。将当前尺寸系统变量的设置作为一种尺寸标注样式来命名保存。选择该选项，在命令行的 "输入新标注样式名或［?］：" 提示下，输入 "?" 可查看已命名的全部或部分尺寸标注样式；如果输入名字，则将当前尺寸系统变量的设置作为一种尺寸标注样式，以该名保存起来。

3）"恢复（R）" 选项。将用户保存的某一尺寸标注样式恢复为当前样式。选择该选项，在命令行的 "输入标注样式名［?］或<选择标注>：" 提示下，直接输入已有的尺寸标注样式名，系统将该尺寸标注样式恢复成当前样式；输入 "?"，可查看当前图形中已有的全部或部分尺寸标注样式。按<Enter>键，并选择某一尺寸对象，可以显示当前的尺寸标注样式名，以及对该尺寸对象应用替换命令改变的尺寸变量及其设置。

4）"状态（ST）" 选项。查看当前各尺寸系统变量的状态。选择该选项，可切换到文本窗口，并显示各尺寸系统变量及其当前设置。

5）"变量（V）"选项。显示指定标注样式或对象的全部或部分尺寸系统变量及其设置。

6）"应用（A）"选项。可以根据当前尺寸系统变量的设置更新指定的尺寸对象。

7）"?"选项。显示当前图形中命名的尺寸标注样式。

7.2.12 尺寸标注的关联性

尺寸关联是指所标注尺寸与被标注对象有关联关系。如果标注的尺寸值是按自动测量值标注，且尺寸标注是按尺寸关联模式标注的，那么改变被标注对象的大小后相应的标注尺寸也将发生改变，即尺寸界线、尺寸线的位置都将改变到相应新位置，尺寸值也改变为新测量值。反之，改变尺寸界线起始点的位置，尺寸值也会发生相应的变化。

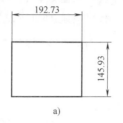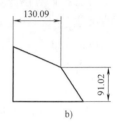

图 7-50 尺寸关联标注

如在图 7-50a 中，矩形中标注出了矩形边的高度和宽度尺寸，且该标注是按尺寸关联模式标注的，那么改变矩形左上角点的位置后相应的标注也会自动改变，且尺寸值为新长度值，如图 7-50b 所示。

1. 设置关联标注模式

在 AutoCAD 中，可以使用尺寸系统变量 DIMASSOC 设置所标注的尺寸是否为关联标注，也可以将非关联的尺寸标注修改成关联形式，或查看尺寸标注是否为关联标注。其中，系统变量 DIMASSOC 的取值范围及功能见表 7-2。

表 7-2 系统变量 DIMASSOC 的取值范围及功能

变量 DIMASSOC 的值	功　能
0	分解尺寸，即标注尺寸后，AutoCAD 将组成尺寸标注的各对象分解成单个对象，不再是一个整体，相当于对标注的尺寸执行"分解"命令
1	非尺寸关联，即尺寸与被标注对象无关联关系
2	尺寸关联，即尺寸与被标注对象有关联关系

2. 重新关联

启动方式：功能区 "注释"→"标注"→"重新关联" 按钮 🔲，或执行 Command：dimre-associate 或 dre 命令。

Command：dre ↵（AutoCAD 提示：）

选择要重新关联的标注 …

选择对象或［解除关联（D）］：找到 1 个

选择对象或［解除关联（D）］：↵（选择尺寸标注的第一条尺寸界线起始点位置用一个带有小叉的方框显示出来，如图 7-51a 所示）

指定第一个延伸线原点或［选择对象（S）］＜下一个＞：（默认情况下，要求确定第一条尺寸界线的始点位置。如果继续以显示点作为尺寸线的起始点，则按＜Enter＞键；如果选择新的点作为尺寸界线的起始点，可指定相应的点，如图 7-51b 中的中点，并用一个带有小叉的方框显示第二条尺寸界线起始点位置）

指定第二个延伸线原点 <下一个>:(指定第二条尺寸界线的始点位置)

如果继续以该点作为起始点,可以按<Enter>键,也可以选择新的点作为起始点。确定了两个起始点位置后,系统将结束命令,并使用新的尺寸标注与原被标注对象建立关联,如图 7-51c 所示。

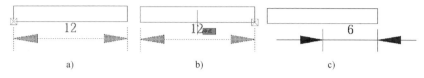

图 7-51　选择尺寸界限的起点

如果选择"选择对象(S)"选项,可重新确定要关联的图形对象。选择图形对象后,系统将原尺寸标注改为对所选择对象的标注,并对标注建立起关联。

3. 查看尺寸标注的关联关系

在 AutoCAD 中,可以通过"特性"窗口的"关联"特性值,来查看尺寸标注是否为关联标注,如图 7-52 所示。

7.2.13　打断尺寸标注

功能:在标注和尺寸界线与其他对象的相交处打断或恢复标注和尺寸界线。

启动方式:功能区"注释"→"标注"→"打断"按钮 ⊥⁺,或执行 Command:dimbreak 命令。

Command:dimbreak ↵(AutoCAD 提示:)

选择要添加/删除折断的标注或[多个(M)]:(选择标注后,将继续提示:)

图 7-52　查看尺寸标注的关联关系

选择要折断标注的对象或[自动(A)/手动(M)/删除(R)]<自动>:(选择与标注相交或与选定标注的尺寸界线相交的对象,打断前后的执行结果如图 7-53 所示)

各选项功能如下:

1)"多个(M)"选项。指定要向其中添加折断或要从中删除折断的多个标注。

2)"自动(A)"选项。自动将折断标注放置在与选定标注相交的对象的所有交点处。修改标注或相交对象时,会自动更新使用此选项创建的所有折断标注。在具有任何折断标注的标注上方绘制新对象

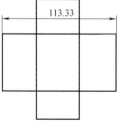
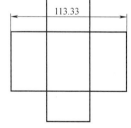

图 7-53　标注打断

后,在交点处不会沿标注对象自动应用任何新的折断标注。要添加新的折断标注,必须再次运行此命令。

3)"手动(M)"选项。手动放置折断标注。为折断位置指定标注或尺寸界线上的两点。

如果修改标注或相交对象，则不会更新使用此选项创建的任何折断标注。使用此选项，一次仅可以放置一个手动折断标注。

4）"删除（R)"选项。从选定的标注中删除所有折断标注。

7.2.14　检验标注

功能：为选定的标注添加或删除检验信息。

启动方式：功能区"注释"→"标注"→"检验"按钮 ，或执行 Command：diminspect 命令。

Command：diminspect ↵

AutoCAD 打开如图 7-54 所示"检验标注"对话框。利用该对话框对已标注的尺寸线进行检验，"检验标注"的表示方式如图 7-55 所示。

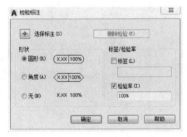

图 7-54　"检验标注"对话框

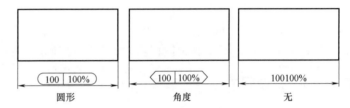

图 7-55　"检验标注"的表示方式

第8章

环境工程二维图形设计方法与实例

8.1 废水处理二维图形设计方法及实例

8.1.1 绘图比例设置

AutoCAD 的工程图应该设置相应的比例，设置的比例与绘制对象的大小有关系。一般废水处理总体布置图采用 1：25000～1：5000 的绘图比例；水处理厂、泵站等枢纽工程平面图采用 1：500～1：200 的绘图比例；表示工艺流程中各构筑物工程关系的高程图采用 1：200～1：100 的竖向比例；管渠的平面图及管渠的纵断面图采用 1：2000～1：1000（横向）和 1：200～1：100（纵向）的绘图比例；主要构筑物工艺图采用 1：200～1：100 的绘图比例；机械设备图采用 1：200～1：50 的绘图比例；非标机械设备总装简图采用 1：20～1：5 的绘图比例。

1. 图纸比例设置

采用 AutoCAD 绘图时，绘图区域可以任意扩大，所以绘制工程图一般是按照所绘对象的实际尺寸来绘制，只是在打印输出的时候，将所绘图形按照比例缩小（或放大），打印出正确绘图比例的图，这样用户在绘图时就比较方便。如要绘制一张 1：100 的设备图，可按照 1：1 的比例画出设备的图形，打印输出时，把相应的图纸放大 100 倍，再把要打印的设备图布置在这个图纸上打印，就得到 1：100 的绘图比例的设备图。将图纸放大相当于把图形缩小，放大的倍数就是绘图比例的倍数，即 100。应当注意的是，AutoCAD 的线宽是不随比例改变的，但是文字字高、填充阴影、标注符号在新比例下的相对大小都会改变。如在放大的图纸上绘制的非连续线型的线段，在线型比例不变的条件下，看起来会和连续线没有区别，需要把线型的比例也放大才能区别不同的线型。又如文字的字高应该进行放大，否则文字会变得过小而看不清。因此，放大或缩小图纸后，对于字高、标注、填充及线型比例都要做适当调整，以适应不同的图纸比例，绘图的时候应调整上述选项。对于 1：100 的比例，当把图纸放大 100 倍后，文字的字高也要相应放大 100 倍，非连续线型的线型比例倍数也要放大 100 倍。

2. "标注特性" 比例设置

标注特性比例可由 "修改标注样式" 对话框 →"调整" 选项卡，或 "替代标注样式" 对话框 →"调整" 选项卡中的使用全局比例来设置。

3. "图案填充" 比例设置

"图案填充" 比例由 "图案填充" 对话框中的 "比例" 数值设置。

4. "线型" 比例设置

"线型" 比例由 "常用"→"特性"→ 按钮→ "特性工具栏" 中 "常规" 选项中的 "线型比例" 设置, 如图 8-1 所示; 或由 "常用"→"特性"→"线型" ———————ByLayer ▼ 列表中 "其他" 选项→ "线型管理器" 对话框中单击 显示细节(D) 按钮中的 "全局比例因子" 来设置。

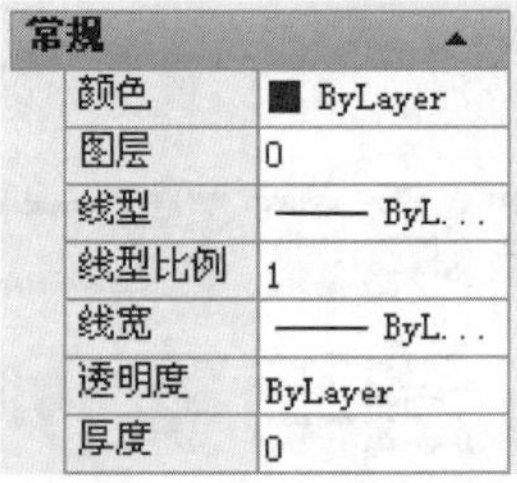

常规	▲
颜色	■ ByLayer
图层	0
线型	——— ByL...
线型比例	1
线宽	——— ByL...
透明度	ByLayer
厚度	0

图 8-1 "线型比例" 设置

8.1.2 工艺流程图

工艺流程图是表现各个主要处理单元顺序连接的图, 各个处理构筑物以纵剖面简图来表示。图 8-2 是某污水处理厂处理工艺流程图, 它由格栅、提升泵房、细格栅、沉砂池、流量分配井、MSBR 反应器、消毒接触池、污泥浓缩池、污泥脱水机房等组成, 还包括一些附属设备, 如风机、加药间、砂水分离器、螺杆泵等。

绘制流程图的步骤: 首先按一定的比例和位置绘制出各种单元, 如格栅井、水泵间、沉淀池、污水生物反应器、污泥浓缩池等 (常用的设备或建筑单元, 可以制作常用图形库以备随时插入、调用); 其次是用 pl 命令绘制粗线, 将各个单元连接起来 (绘图时, 流程图中使用到的各个方向的箭头可先采用 pl 绘制一个标准箭头, 再将其存为块, 使用时采用插入命令插入不同方向的箭头图块); 再次是设置文字字体, 字体一般都是仿宋体, 根据图纸大小设定适当的字高, 宽高比大约 0.7, 用单行文字 dtext 或多行文字 mtext 命令输入。

图 8-2 工艺流程图的绘制步骤如下。

1. 绘图环境设置

(1) 绘图界限设置

Command: limits ↵

重新设置模型空间界限:

指定左下角点或 [开(ON)/关(OFF)] <0.0000,0.0000>:0,0 ↵

指定右上角点 <420.0000,297.0000>:1200,800 ↵

(2) 绘图界限生效

Command: z ↵

指定窗口的角点,输入比例因子 (nX 或 nXP),或者[全部(A)/中心(C)/动态(D)/范围(E)/上一个(P)/比例(S)/窗口(W)/对象(O)] <实时>:a ↵

正在重生成模型(绘图区域的界面显示在绘图屏幕上)

(3) 图层设置 创建图中污水处理厂处理工艺流程图的图层 (见图 8-3)。

(4) 标注设置

1) 文字标注设置。新建文字字体样式, 命名为 STYLE1, 字高为 3.5, 字体为仿宋, 宽度因子为 1.0; 字体样式 STANDARD, 字高为 2.5, 字体为仿宋, 宽度因子为 0.7。

2) 尺寸标注设置。创建新的尺寸标注样式 ISO-25、副本 ISO-25、副本 ISO (2)-25 和副本 ISO (3)-25。尺寸标注样式 ISO-25 的字高 2, 箭头大小 1, 超出尺寸线 0.25, 起点偏移

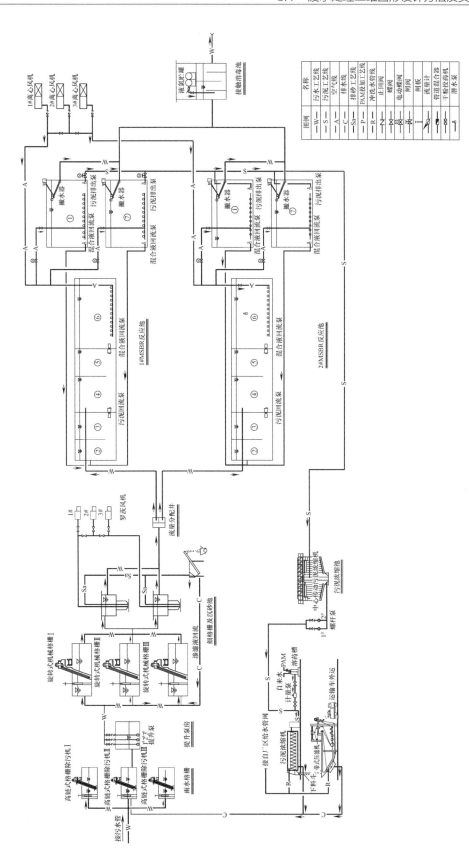

图 8-2 某污水处理厂处理工艺流程图

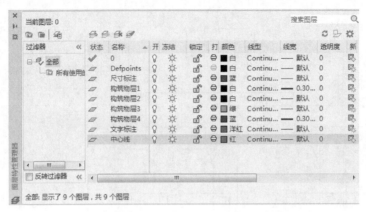

图 8-3　某污水处理厂处理工艺流程图的图层设置

量 0.025 等。副本 ISO-25 的字高 0.2，箭头大小 0.2，超出尺寸线 0.15，起点偏移量 0.015 等。副本 ISO（2）-25 的字高 4，箭头大小 4，超出尺寸线 0.25，起点偏移量 0.025 等。副本 ISO（3）-25 的字高 1，箭头大小 1，超出尺寸线 0.01，起点偏移量 0.025 等，如图 8-4 所示。

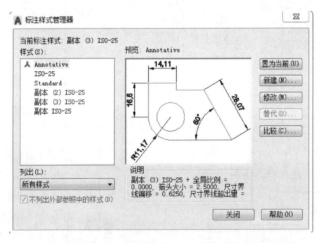

图 8-4　某污水处理厂处理工艺流程图的尺寸标注设置

2. 处理单元绘制

打开"构筑物层 1"图层，颜色、线型随层。

（1）粗格栅绘制　粗格栅绘制包括矩形体、闸板、倾斜 70°的高链式除污机和水面线绘制。

1）矩形体和闸板绘制。

设置"构筑物层 1"为当前层，颜色、线型随层。

Command：rec ↵

指定第一个角点或［倒角（C）/标高（E）/圆角（F）/厚度（T）/宽度（W）］:（任意指定一点）

指定另一个角点或［面积（A）/尺寸（D）/旋转（R）］:＠35，20 ↵

Command：rec ↵

指定第一个角点或［倒角（C）/标高（E）/圆角（F）/厚度（T）/宽度（W）］:（执行"from 基点"，并选择上部绘制的矩形的左下角点）<偏移>:＠2.5，6

指定另一个角点或[面积(A)/尺寸(D)/旋转(R)]:@1,8↵

Command:l ↵

指定第一点:(执行"from 基点",并选择绘制的大矩形的左上角点)<偏移>:@2,4

指定下一点或 [放弃(U)]:(<F8>功能键打开,水平向右输入2,并结束命令,绘制结果如图8-5a 所示)

设置"构筑物层2"为当前层,颜色、线型随层。

Command:l ↵

指定第一点:(执行"from 基点",并选择绘制的大矩形的左下角点)<偏移>:@2,0

指定下一点或 [放弃(U)]:(垂直向上输入 20)

指定下一点或 [放弃(U)]:(水平向右输入 2)

指定下一点或 [放弃(U)]:(垂直向下输入 20,结束命令)

Command:l ↵

指定第一点:(小矩形顶线的中点)

指定下一点或 [放弃(U)]:(垂直向上直线的中点,结束命令)

执行 Command:e ↵和 Command:tr 命令删除和剪切多余的直线,绘制结果如图 8-5b 所示,尺寸标注样式为 ISO-25。

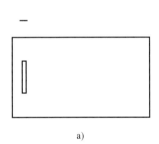

a)

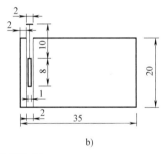

b)

图 8-5　矩形体和闸板绘制

2) 高链式除污机绘制。

设置"构筑物层 2"为当前层,颜色、线型随层。

Command:rec ↵(绘制倾斜角度为 70°,长为 20,宽为 1 的矩形)

Command:o ↵(偏移距离分别为 0.6 和 0.4,偏移对象分别为上步绘制的矩形和偏移 0.6 生成的矩形)

Command:a ↵(用"起点、圆心、端点"方法,绘制矩形两端点的圆弧,并将中间绘制的实体调至"构筑物层 1")

Command:tr ↵(剪切不需要的线段,绘制结果如图 8-6a 所示)

Command:rec ↵(分别绘制长为 5、宽为 2 和长为 2.5、宽为 0.4 的矩形)

设置"中心线"为当前层,颜色、线型随层。

Command:l ↵(以长为 2.5、宽为 0.4 的矩形的长边中点垂直向上绘制垂直中心线和水平中心线;距中点垂直向上 1 的位置)

设置"构筑物层 2"为当前层,颜色、线型随层。

Command:c ↵(分别绘制半径为 0.2、0.35 和 0.45 的圆)

Command:f ↵(倒角半径为 0.5,对矩形右上角进行倒角)

Command:c ↵和 Command:l ↵(绘制其他直线和圆,绘制结果如图 8-6b 所示,尺寸标注样式副本 ISO-25)

设置"构筑物层 1"为当前层,颜色、线型随层。

Command:rec ↵(绘制长为 3、宽为 2.5 的矩形)

Command:x ↵(分解矩形)

Command：o ↵（偏移距离分别为 0.3 和 1.45，偏移对象为矩形的底边）

Command：o ↵（偏移距离为 0.3，偏移对象为矩形的左右两边，向内侧偏移）

Command：tr ↵（剪切多余直线）

Command：a ↵（利用三点，即矩形左上顶点、中点、矩形右上顶点绘制圆弧，绘制结果如图 8-6c 所示，尺寸标注样式为副本 ISO-25）

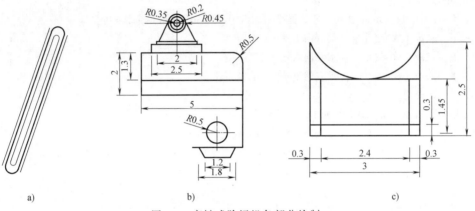

图 8-6　高链式除污机各部分绘制

利用"移动"命令将图 8-6a、b、c 三部分组合至图 8-5b 中，绘制结果如图 8-7 所示。

3）水面绘制。

设置"构筑物层 3"为当前层，颜色、线型随层。

Command：l ↵（绘制长为 35 的水平直线）

Command：pol ↵（绘制边长为 1.4 和 4 的正三角形，绘制结果如图 8-8 所示）

Command：div ↵（将大三角形的两边分别四等分）

Command：l ↵（利用节点捕捉绘制直线）

Command：l ↵（删除被等分的直线）

Command：co ↵（生成另一个水平面）

Command：br ↵（绘制水面断点，绘制结果如图 8-9a 所示）

Command：m ↵（选择左侧水面，下移 1，绘制结果如图 8-9b 所示）

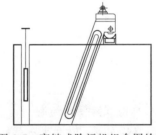

图 8-7　高链式除污机组合图绘制

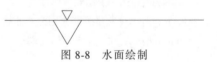

图 8-8　水面绘制

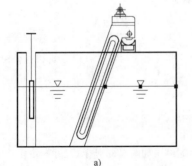

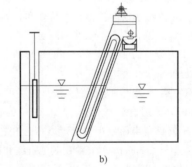

图 8-9　气液面符号绘制

（2）提升泵房绘制　提升泵站单元简图主要由矩形池体和三个提升水泵组成。

1）池体。

设置"构筑物层 2"为当前层,颜色、线型随层。

Command:rec ↵(绘制长为 30,宽为 25 的矩形)

2）提升泵组绘制。

设置"构筑物层 4"为当前层,颜色、线型随层。

Command:c ↵(绘制半径为 2.5 的圆)

Command:pol ↵[利用内接于圆(I)方法绘制中心为圆心,半径连于圆的顶象限点的正三角形]

Command:l ↵(绘制长为 25 的向上垂线和长为 3 的水平线,垂直线的起点位于圆的顶象限点处,水平线的中点与垂直线的端点重合)

Command:co ↵(选择水平线,复制距离分别为 2.5、5、7.5)

Command:l ↵(绘制长为 2.5 的向上垂线,垂线的起点位于水平线的中点,继续绘制长为 10 的水平线)

Command:l ↵(连接蝶阀和止回阀阀门的斜线,连接蝶阀和止回阀阀门水平线的中点)

Command:do ↵(外径为 1、内径为 0 的填充圆,圆心为蝶阀的交点处)

Command:co ↵(复制已绘制的一组水泵于长为 10 的水平线的中点和右端点处,绘制结果如图 8-10a 所示)

Command:m ↵(移动三组水泵于池体内部)

设置"文字标注"为当前层,颜色、线型随层。

Command:dt ↵(标注文字 1,字体样式 STANDARD,即字高 2.5,仿宋体,文字的宽度因子 0.7)

Command:dt ↵(标注文字#,字体样式 STANDARD,字高 1.5,仿宋体,文字的宽度因子 0.7)

Command:m ↵(移动文字使"1"和"#"生成图 8-10b 所示的文字效果)

复制文字并修改文字的内容,绘制结果如图 8-10b 所示。

3）水面绘制。设置"构筑物层 3"为当前层,颜色、线型随层。将前面绘制的水面复制到提升泵房的合适位置,绘制结果如图 8-10c 所示。

（3）细格栅和沉砂池　细格栅单元的简图与粗格栅的相似而略大,可参照前述步骤,利用直线和偏移命令绘制,绘制过程略。

（4）MSBR 反应池　MSBR 反应池是最重要的污水处理单元,也是最大的处理构筑物。MSBR 池是一个整体结构,但分为 7 个功能区运行。

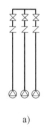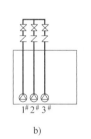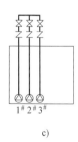

a)　　　　b)　　　　c)

图 8-10　提升泵房绘制

1）MSBR 反应池池体绘制。

设置"构筑物层 1"为当前层,颜色、线型随层。

Command:rec ↵(绘制长为 190、宽为 45 的矩形)

Command:x ↵(分解已绘制的矩形)

Command:o ↵(偏移距离分别为 20、30、35、30,偏移对象为矩形的左边,随后为前步偏移生成的对象,均向右侧偏移)

选择上步偏移生成的第一根和第三根直线,并激活下端的夹点为热点,并向上拉伸 10。

Command:l ↵

指定第一点:(执行"from 基点",并选择绘制的大矩形的右下角点)<偏移>:@ -5,5

指定下一点或［放弃(U)］:[水平向左输入 55,结束命令,绘制结果如图 8-11 所示,尺寸标注样式为副本(2)ISO-25]

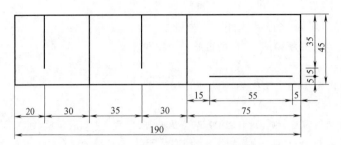

图 8-11　MSBR 反应池池体绘制

2）水面与曝气头绘制。

① 水面绘制。将前步绘制的水面复制，并移动到相应的位置。

② 曝气头绘制。

设置"构筑物层 1"为当前层,颜色、线型随层。

Command:c ↵(绘制半径为 1 的圆,并将其移动到长为 55 的直线的左端)

Command:ar ↵(行为 1,列为 12,列偏移为 4.5,偏移对象为上步绘制的圆)

设置"文字标注"为当前层,颜色、线型随层。

Command:mt ↵(分别标注文字②、③、④、⑤和⑥,字体样式为 STYLE1,绘制结果如图 8-12 所示)

MSBR 反应池其他部分绘制本书略。

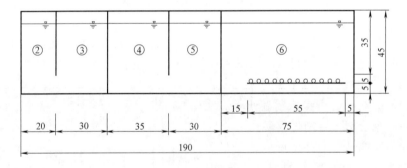

图 8-12　MSBR 反应池绘制

（5）污泥浓缩池

1）污泥池池体绘制。

设置"中心线"为当前层,颜色、线型随层。

Command:l ↵(绘制长为 35 的垂直直线)

设置"构筑物层 1"为当前层,颜色、线型随层。

Command:l ↵(绘制长为 30 的水平直线)

Command:o ↵(偏移距离分别为 20、3.5、4,偏移对象为上步所绘直线,随后为前步偏移生成的对象,均向下方偏移)

Command:o ↵[偏移距离分别为 2、1、2、20,偏移对象为中心线直线,随后为前步偏移生成的对象,均向左侧偏移,绘制结果如图 8-13a 所示,尺寸标注样式为副本（3）ISO-25]

Command:l ↵(连接相应的交点,并绘制相应的直线)

剪切并删除多余的直线,绘制结果如图 8-13b 所示,尺寸标注样式为副本（3）ISO-25。

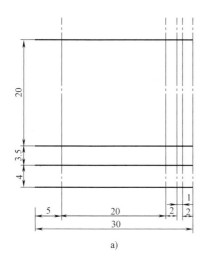
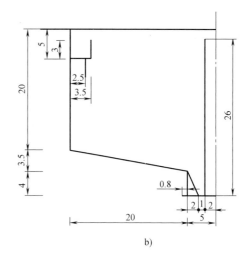

a)   b)

图 8-13 污泥池池体绘制

2) 污泥池内部结构绘制。

设置"构筑物层 1"为当前层,颜色、线型随层。

Command:l ↵(以已绘制的图形左上交点为直线的起始点,绘制水平向右、长为 1.5 和垂直向下、长为 18 的直线)

Command:l ↵(以上步直线的下端点为线的起始点,利用"平行线"捕捉功能,绘制平行于池体斜线、长为 20 的直线)

Command:o ↵(偏移距离为 0.5,偏移对象为上步绘制的斜线,连接斜线的两个端点)

Command:o ↵(偏移距离分别为 3 和 2.5,偏移对象为长为 18 的垂直直线,随后为前步偏移生成的对象,且偏移距离为 2.5 的生产对象为 6 根,均向右侧偏移)

Command:ex ↵(延伸上步偏移的直线至斜线,删除长为 18 的垂直直线)

Command:l ↵(以上步绘制的左侧垂直直线的上端点为线的起始点,以上步绘制的右侧垂直直线的上端点为线的末端点)

Command:o ↵(偏移距离为 4,偏移对象为上步绘制的直线,向下偏移)

Command:tr ↵(剪切上步偏移生成的水平线上面的短的垂直线)

Command:o ↵(偏移距离为 2,偏移对象为上步绘制的直线,向上偏移)

Command:rec ↵(绘制长为 15、宽为 0.5 的矩形,并以其左侧宽边中点为基点移动到上步生成的直线上)

剪切多余的直线,绘制结果如图 8-14a 所示。

Command:l ↵(以右上角交点为线的起始点,绘垂直向下、长为 1.5 的直线,继续绘水平向左、长为 3 的直线,继续绘垂直向下、长为 10 的直线,继续绘水平向右、长为 3 的直线)

Command:m ↵(水平向左移动 2.5 上步绘制的长为 1.5 的直线)

Command:ex ↵(延伸上方小矩形左右中点上的直线,左与高为 3 的直线相接,右与刚绘制的直线相接,在右侧指尖上插入水面符号)

Command:pl ↵(以左上角长为 5 的直线的中点为线的起始点,绘水平向右长为 2.5 的直线,转到绘制圆弧选项,以端点和角度 −30°绘弧)

绘制水面(方法同上)线和剪切、删除多余的直线等,绘制结果如图 8-14b 所示。

关闭尺寸线图层。

Command:mi↙（镜像对象为中心线左侧全部绘制的实体，镜像线为中心线，绘制结果如图8-15所示）

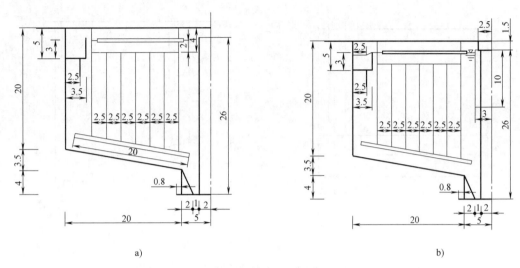

a)   b)

图8-14 污泥池内部结构绘制

3）污泥池池体顶部绘制。

① 污泥机电动机绘制。

Command:pl↙（线的宽度为0.3，绘制长为3的水平直线）

Command:pl↙（线的宽度为0.3，绘制以上步水平线中点为线的起点、长为0.7的垂直直线）

Command:rec↙（绘制长为2、宽为0.5的矩形）

Command:rec↙（绘制长为1.2、宽为1.8的矩形）

Command:m↙（分别以矩形的长底边的中点为基点，分别移动到水平直线的中点和垂直直线的上端点，绘制结果如图8-16所示，尺寸标注样式为副本ISO-25）

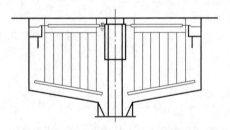

图8-15 污泥池内容全部结构绘制

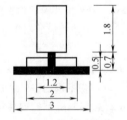

图8-16 污泥机电动机的绘制

② 污泥机横梁绘制。

设置"构筑物层3"为当前层，颜色、线型随层。

Command:rec↙（绘制长为44、宽为5的矩形）

Command:x↙（分解上步绘制的矩形）

Command:ar↙（行为1，列为11，列偏移为4，偏移对象为上步绘制的矩形的宽）

Command:l↙（连接左侧交点绘制直线）

Command:ar↙（行为1，列为10，列偏移为4，偏移对象为上步绘制的斜线）

Command:f↙[倒角半径设置为1.5，对矩形的左上和右上顶点进行倒角，绘制结果如图8-17所示，尺寸标注样式为副本（3）ISO-25]

③ 污泥池顶部护栏绘制。

Command：rec ↵（绘制长为 52、宽为 5 的矩形）

Command：x ↵（分解上步绘制的矩形）

Command：o ↵（偏移距离为 3.5，偏移对象为矩形的左右两边，均向矩形内偏移）

Command：ar ↵〔行为 1，列为 9，列偏移为 5，偏移对象为上步生成的左侧垂直线，绘制结果如图 8-18 所示尺寸标注样式为副本（3）ISO-25〕

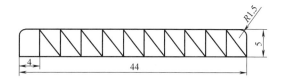

图 8-17 污泥机横梁绘制

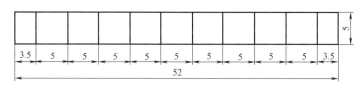

图 8-18 污泥池顶部护栏绘制

④ 组合顶部图绘制。分别以电动机、横梁和护栏底部线的中点为基点，移动至污泥池池体顶线与中心线的交点处，绘制结果如图 8-19 所示。

流程图的管线和其他部分的绘制本书略。

8.1.3 高程图

水处理高程图由主要水处理构筑物、设备正剖面简图、单线管道及沿程高程变化组成，必要时可增加局部剖面图加以说明。

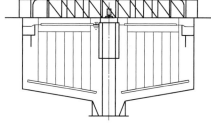

图 8-19 污泥池顶部图绘制

水处理高程图无严格的比例要求，为阅读方便，通常采用纵横不同的比例，横向按平面图的比例，纵向比例为 1：100 ~ 1：50，若局部无法按比例绘制，也可自由设置比例。

高程图管路均用 0.7 ~ 1.0 线宽的多段线绘制，在管线中插入阀门及控制点等符号时，最好先将这些图形制作成图块，插入后用修剪命令将多余线条剪掉。高程图标高为绝对标高，主要标注管、渠、水体、构筑物、建筑物内的水面标高；通常用管路高程图代替高程总图能够满足施工的需要；图中还应包含管道类别代号、编号、必要的文字说明。

水处理高程图绘图步骤如下：

1）选比例，按前述图面要求布置图面。

2）绘水处理构筑物、设备用房的正剖面简图及设备图例。

3）绘制连接管渠及水体。

4）绘制水面线、设计地面线等。

5）标注标高和说明文字。

6）确定纸面布局。

图 8-20 为某废水处理厂高程图，该图的具体绘制过程本书略。

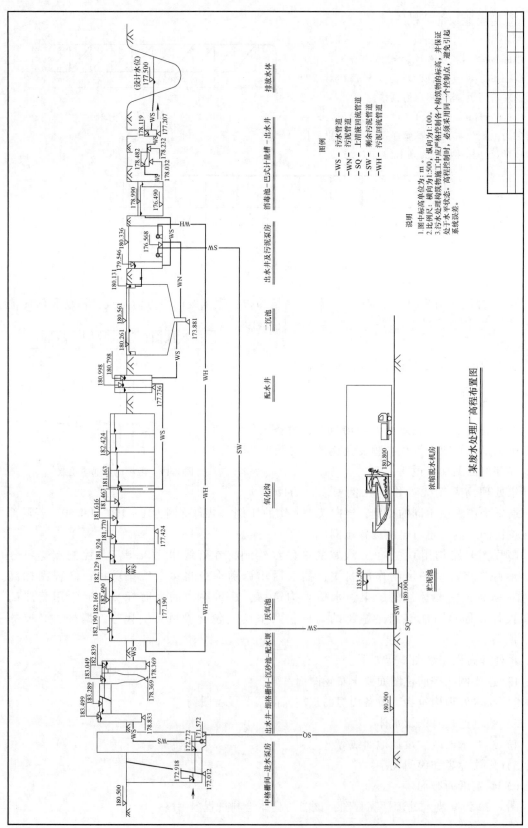

图 8-20　某废水处理厂高程图

8.1.4 平面图

废水处理工程总平面图的比例及布图方向均按工程规模确定,以能够清晰地表达工程总体平面布置为原则,常用设计比例可参考设计手册。其制图要求和建筑总平面图一致,应包括坐标系统、构筑物、建筑物、主要辅助建筑物平面轮廓、风玫瑰、指北针等,必要时还应包括工程地形等高线、地表水体和主要公路、铁路等内容以及该工程的主要管(渠)布置及相应的图例。总平面图标注应包括各个构筑物、建筑物名称、位置坐标、管道类别代号、编号、所有室内设计地面标高。废水处理工程总平面图的 CAD 制图方法通常如下:

1)制作并选择适当的模板图。

2)复制或绘制水处理工程所在区域的地形图,以清楚图示水处理工程全局为原则,缩放至合适的比例。

3)绘制水处理构筑物和主要辅助建筑物的平面轮廓,先绘制标注基准部分,再偏移(offset)出其壁厚、挑檐等。

4)布置各种管渠。

5)绘制道路、围墙等次要部分。

6)绘制图例、构筑物、建筑物编号、列表。

7)布置应标注的坐标、尺寸及说明文字。

8)确定纸面布局、打印输出。

图 8-21 所示的污水处理厂平面图的绘制过程如下。

(1)设置绘图环境

1)设置图形界限。本平面图绘制比例为 1∶500,出图图纸为 A3,图中单位为米。

Command:limits ↵

指定左下角点<0,0>:↵

指定右上角点 <420,297>:↵

单击"全部缩放"按钮 ,使设定界限全部显示出来。

2)设置图层。图层可参考图 8-22 来设定。注意颜色、线型和线宽。

3)设置线型。将非连续线型的线型比例设定为 5。

(2)边框与标题栏绘制 (略)

(3)平面图主体构筑物绘制示例

1)氧化沟绘制。

设置"构筑物轮廓线 1"为当前层,颜色、线型随层。

Command:rec ↵(绘制长为 59.8、宽为 26 的矩形)

Command:x ↵(分解上步绘制的矩形)

Command:o ↵(偏移距离分别为 1.8、4.7、5.5,偏移对象为矩形的底边,后续偏移对象分别为前步生成的直线,均向矩形上方偏移)

Command:mi ↵(镜像对象为上步生成的偏移直线,镜像线为矩形的宽的中心线)

Command:o ↵(偏移距离为 2.5,偏移对象为矩形的左边,向左侧偏移)

Command:c ↵(以矩形的左边直线的中点为圆心,半径分别为 13、9.5 和 6.5 绘制圆)

Command:ex ↵(延伸矩形中心的两条直线至左侧与圆相交)

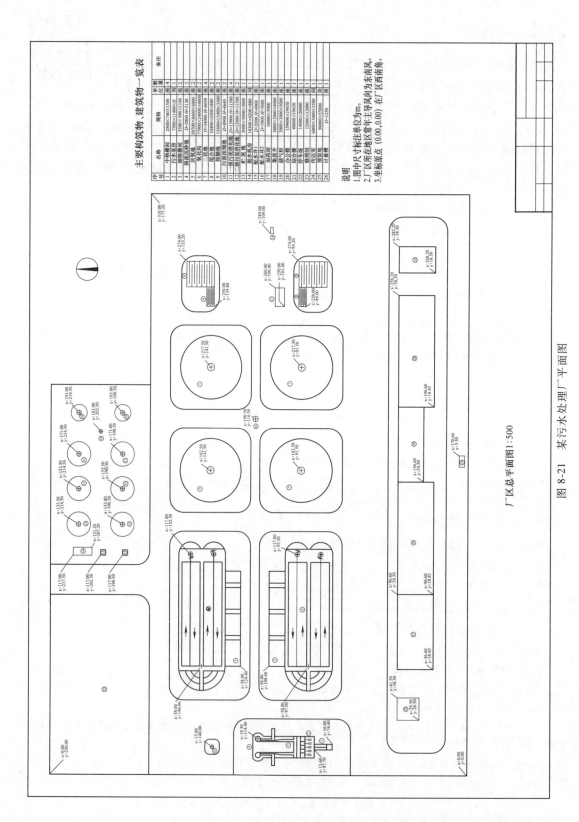

厂区总平面图1:500

图 8-21 某污水处理厂平面图

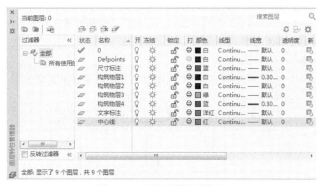

图 8-22　平面图图层设置

Command:tr ↵(剪切多余的直线,绘制结果如图 8-23 所示,标注样式为 ISO-1)

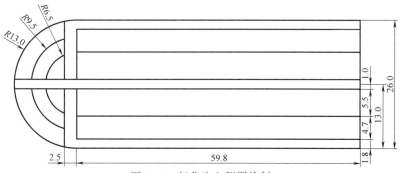

图 8-23　氧化沟左侧图绘制

Command:o ↵(偏移距离为 2.8,偏移对象为矩形的右边,向右侧偏移)

Command:o ↵(偏移距离为 4.2,偏移对象为矩形的右边,向左侧偏移)

Command:c ↵(以矩形的左边直线的与底水平线向上第三个交点为圆心,半径分别为 0.45、1.25 和 6.5 绘制圆)

Command:mi ↵(镜像对象为上述绘制的实体,镜像线为矩形右侧边的中心线)

Command:tr ↵(剪切多余的直线)

Command:pl ↵(绘制箭头,绘制结果如图 8-24 所示,标注样式为 ISO-2)

图 8-24　氧化沟右侧图绘制

2) 绘制厌氧池。

Command:rec ↵(以最上面的水平线的左端点为矩形的第一角点,绘制长为 50.7、宽为 8.6 的矩形)

Command:x ↵(分解上步绘制的矩形)

Command:o ↵(偏移距离分别为14、2.4、11.6、2.4、11.6、2.4,偏移对象为矩形的左边,后续偏移对象分别为前步生成的直线,均向矩形右侧偏移)

Command:pl ↵(绘制箭头)

Command:mt ↵(绘制文字标注,文字样式为 STANDARD,绘制结果如图 8-25 所示,标注样式为 ISO-2)

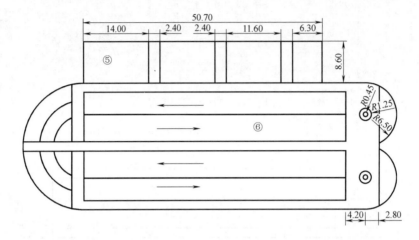

图 8-25　厌氧池绘制

（4）平面图中道路绘制

设置"道路"为当前层,颜色、线型随层。

Command:rec ↵

指定第一个角点或 [倒角(C)/标高(E)/圆角(F)/厚度(T)/宽度(W)]:0,0 ↵

指定另一个角点或 [面积(A)/尺寸(D)/旋转(R)]:310,175 ↵

Command:rec ↵

指定第一个角点或 [倒角(C)/标高(E)/圆角(F)/厚度(T)/宽度(W)]:f

指定矩形的圆角半径 <6.5000>:7.5

指定第一个角点或 [倒角(C)/标高(E)/圆角(F)/厚度(T)/宽度(W)]:12,12

指定另一个角点或 [面积(A)/尺寸(D)/旋转(R)]:298,44

以下其他区域的绘制同理,具体数据如下:

Command:rec ↵(第一个角点坐标为 0,64,另一个角点为 30,128,圆角半径 = 7.5)

Command:rec ↵(第一个角点坐标为 0,230,另一个角点为 96,175)

Command:rec ↵(第一个角点坐标为 112,230,另一个角点为 208,175)

Command:rec ↵(第一个角点坐标为 40,69,另一个角点为 130,114,圆角半径 = 7.5)

Command:rec ↵(第一个角点坐标为 140,69,另一个角点为 185,114,圆角半径 = 7.5)

Command:rec ↵(第一个角点坐标为 195,69,另一个角点为 240,114,圆角半径 = 7.5)

Command:mi ↵(上述绘制的三个矩形镜像,镜像线为矩形顶线上 2.5 的水平线)

Command:co ↵(垂直向下 62 复制上面的矩形)

Command:rec ↵(第一个角点坐标为 11,136,另一个角点为 19,144,圆角半径 = 2.5)

Command:rec ↵(第一个角点坐标为 247,137,另一个角点为 277,158,圆角半径 = 7.5)

绘制结果如图 8-26 所示,标注样式为 ISO-2。

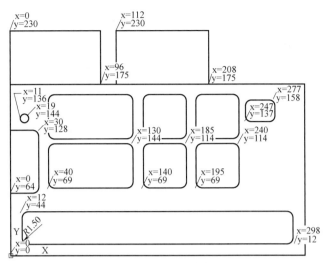

图 8-26　平面图中道路绘制

平面图其他绘制略。

8.2　固体废物处理——垃圾焚烧炉二维图形绘制实例

图 8-27 是某垃圾焚烧炉的立面图，以下介绍该图的绘制过程。

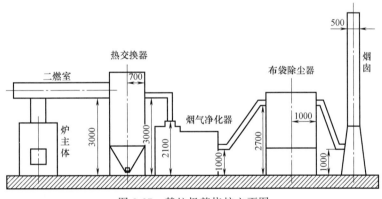

图 8-27　某垃圾焚烧炉立面图

焚烧炉立面图主要显示垃圾焚烧炉处理的工艺流程、各主要设备在空间上的连接情况和其主要尺寸。该图比例设置为 1∶50。绘图时，将图纸放大 50 倍，设备按真实尺寸绘制，保持绘图比例不变，但因图纸放大，标注特征比例由 1 变为 50。非连续线的线型比例取值 50。

（1）设定图层　图层设置可按图 8-28 所示。

（2）绘制基础

单击图层管理器，选择"基础"图层。

图 8-28　焚烧炉图层设置

Command:rec ↵

指定第一个角点:0,0 ↵

指定另一个角点:@ 14780,500 ↵

　矩形绘制完成后,使用填充命令,填充图案及参数设置如图 8-29 所示,填充的基础图样效果如图 8-30 所示。

图 8-29 "图案填充和渐变色"对话框

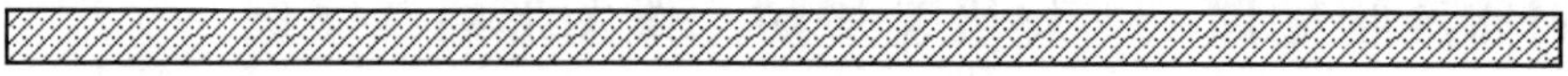

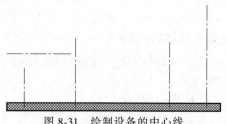

图 8-30 基础效果图

（3）中心线

单击图层管理器,选择"中心线"图层。

Command:l ↵

指定第一点:1250,200 ↵

指定下一点或 [放弃(U)]:@ 0,2600 ↵

指定下一点或 [放弃(U)]:↵

Command:l ↵

指定第一点:4780,200 ↵

指定下一点或 [放弃(U)]:@ 0,4900 ↵

Command:l ↵

指定第一点:11280,200 ↵

指定下一点或 [放弃(U)]:@ 0,4350 ↵

Command:l ↵

指定第一点:13780,200 ↵

指定下一点或 [放弃(U)]:@ 0,6970 ↵

指定下一点或 [放弃(U)]:↵

Command:l ↵

指定第一点:4380,3800 ↵

指定下一点:@ -4400,0 ↵

指定下一点:↵

绘制结果如图 8-31 所示。

（4）焚烧炉

图 8-31 绘制设备的中心线

单击图层管理器,选择"粗线"图层。

Command:pl ↵

指定起点:500,500 ↵

当前线宽为 0.0000

指定下一个点:@0,2050 ↵

指定下一点:@1500,0 ↵

指定下一点:@0,-2050 ↵

指定下一点:↵

Command:pl ↵

指定起点:945,940 ↵

当前线宽为 0.0000

指定下一个点:@0,600 ↵

指定下一点:@610,0 ↵

指定下一点:@0,-600 ↵

指定下一点:c ↵

Command:l ↵

指定第一点:950,2550 ↵

指定下一点或[放弃(U)]:@0,950 ↵

指定下一点或[放弃(U)]:↵

Command:l ↵

指定第一点:1550,2550 ↵

指定下一点或[放弃(U)]:@0,950 ↵

指定下一点或[放弃(U)]:↵

绘制结果如图 8-32 所示。

（5）热交换器

Command:pl ↵

指定起点:4080,500 ↵

当前线宽为 0.0000

指定下一个点:@0,4000 ↵

指定下一点:@1400,0 ↵

指定下一点:@0,-4000 ↵

指定下一点:↵

Command:pl

指定起点:4080,1650 ↵

当前线宽为 0.0000

指定下一个点:@1400,0 ↵

指定下一点:@-622,-1025 ↵

指定下一点:@-156,0 ↵

指定下一点:c ↵

Command:pl ↵

指定起点:4700,675 ↵

当前线宽为 0.0000

指定下一个点:@156,0 ↵

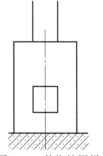

图 8-32 焚烧炉图样

指定下一点:@ 0, -125 ↵

指定下一点:@ -156,0 ↵

指定下一点:c ↵

绘制结果如图 8-33 所示。

（6）二燃室

Command:pl ↵

指定起点:4080,4100 ↵

当前线宽为 0.0000

指定下一个点:@ -3800,0 ↵

指定下一点:@ 0, -600 ↵

指定下一点:@ 3800,0 ↵

指定下一点:c ↵

绘制结果如图 8-34 所示。

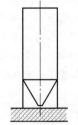

图 8-33 热交换器图样

（7）烟气净化器

Command:pl ↵

指定起点:5880,500 ↵

当前线宽为 0.0000

指定下一个点:@ 0,1900 ↵

指定下一点:@ 400,0 ↵

指定下一点:@ 0,200 ↵

指定下一点:@ 400,0 ↵

指定下一点:@ 0, -200 ↵

指定下一点:@ 200,0 ↵

指定下一点:@ 0, -200 ↵

指定下一点:@ 1500,0 ↵

指定下一点:@ 0, -1700 ↵

指定下一点:↵

绘制结果如图 8-35 所示。

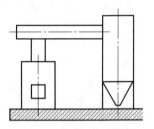

图 8-34 焚烧炉、热交
换器与二燃室

（8）布袋除尘器

Command:pl ↵

指定起点:10280,500 ↵

当前线宽为 0.0000

指定下一个点:@ 0,3200 ↵

指定下一点:@ 2000,0 ↵

指定下一点:@ 0, -3200 ↵

指定下一点:↵

Command:l ↵

指定第一点:10280,1550 ↵

指定下一点或 [放弃(U)]:@ 2000,0 ↵

指定下一点或 [放弃(U)]:↵

布袋除尘器绘制结果如图 8-36 所示。

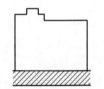

图 8-35 烟气净化器

（9）烟囱

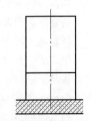

图 8-36 布袋除
尘器图样

Command:pl ↵

指定起点:13280,500 ↵

当前线宽为 0.0000

指定下一个点:@ 250,1900 ↵

指定下一点:@ 0,4380 ↵

指定下一点:@ 500,0 ↵

指定下一点:@ 0,-4380 ↵

指定下一点:@ 250,-1900 ↵

指定下一点:↵

烟囱绘制的结果如图 8-37 所示。

（10）添加连接烟道

Command:pl ↵

指定起点:5480,3500 ↵

当前线宽为 0.0000

指定下一个点:@ 900,0 ↵

指定下一点:@ 0,-900 ↵

指定下一点:↵

Command:o ↵

指定偏移距离:200 ↵

选择要偏移的对象:(选择刚绘制的多段线)

指定要偏移的那一侧上的点:(在该线上方单击)

选择要偏移的对象:↵

Command:pl ↵

指定起点:8380,1500 ↵

当前线宽为 0.0000

指定下一个点:@ 430,0 ↵

指定下一点:@ 1250,1700 ↵

指定下一点:@ 220,0 ↵

指定下一点:↵

Command:o ↵

指定偏移距离:200 ↵

选择要偏移的对象:(选择刚绘制的多段线)

指定要偏移的那一侧上的点:(在该线上方单击)

选择要偏移的对象:↵

Command:pl ↵

指定起点:12280,3200 ↵

当前线宽为 0.0000

指定下一个点:@ 180,0 ↵

指定下一点:@ 630,-1700 ↵

指定下一点:@ 300,0 ↵

指定下一点:↵

Command:o ↵

指定偏移距离:200 ↵

图 8-37　烟囱图样

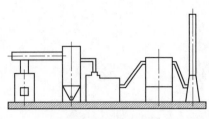

图 8-38　绘制连接烟道

选择要偏移的对象:(选择刚绘制的多段线)

指定要偏移的那一侧上的点:(在该线上方单击)

选择要偏移的对象:↵

使用延伸命令,把两条多段线的右下端延伸至烟囱。

至此连接烟道绘制完成,绘制结果如图 8-38 所示。

（11）标注与文字输入

1）新建文字样式"标注文字""图名",字体均采用仿宋,字高分别为 125 和 500,宽度比例均采用 0.7。单击图层管理器,选择"文字"图层。

2）文字样式选取"标注文字"为当前,在图上用 dtext 命令在相应的设备附近输入其名称,如炉主体、二燃室、热交换器、烟气净化器、布袋除尘器、烟囱等文字。

3）文字样式取为"图名",在图正下方输入"垃圾焚烧炉立面图"。

4）单击图层管理器,选择"标注"图层。

5）对主要设备的尺寸进行标注。标注后的效果如图 8-27 所示。

8.3　废气处理——旋风除尘器二维图形绘制实例

废气处理系统用到的设备很多,如净化颗粒物的各种除尘器、净化其他废气的各种吸收塔等。图 8-39 是一个旋风除尘器的图样。

该图为 A1 幅面竖向图。比例 1∶6,绘制时可将图纸放大 6 倍,除尘器按实物绘制。绘制过程如下:

（1）建立图层与设置绘图环境　首先按绘制内容设置图层,如图 8-40 所示。03 中心线的线型选取"center",线型比例因子取 6。

（2）绘制图框

单击图层管理器,选择"02 细框线"为当前图层。

Command:rec ↵

指定第一个角点:0,0 ↵

指定另一个角点:3564,5046 ↵

单击图层管理器,选择"02 细框线"为当前图层。

Command:rec ↵

指定第一个角点:150 ,60 ↵

指定另一个角点:3504,4986 ↵

（3）除尘器立面图

1）中心线。

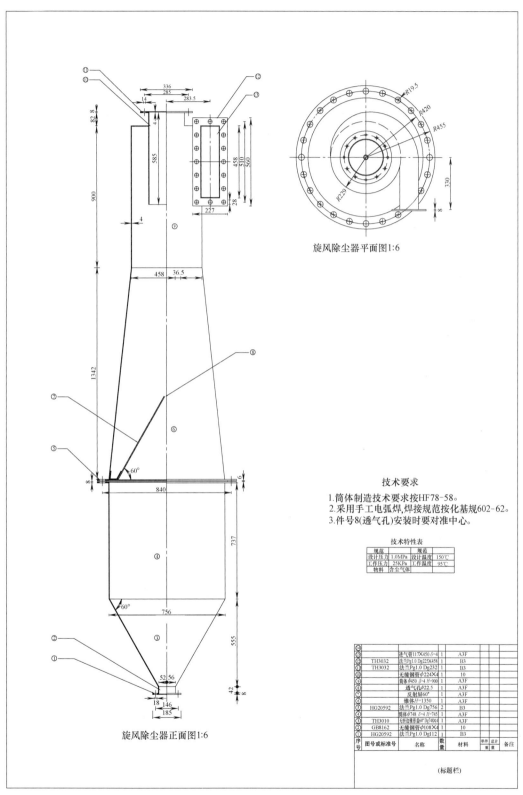

图 8-39　旋风除尘器图样

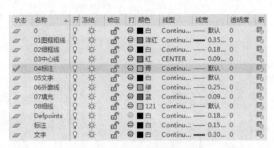

图 8-40 除尘器的图层设置

单击图层管理器,选择"03 中心线"为当前图层。

Command:l ↵

指定第一点:1200,4400 ↵

指定下一点或 [放弃(U)]:@ 0,-3800 ↵

指定下一点或 [放弃(U)]:↵(绘制结果如图 8-41 所示)

2)除尘器顶部 单击图层管理器,选择"06 外廓线"为当前图层。

① 绘制顶部右侧法兰。

Command:pl ↵

指定起点:1200,4350 ↵

当前线宽为 0.0000

指定下一个点:@ 168,0 ↵

指定下一点:@ 0,-8 ↵

指定下一点:@ -168,0 ↵

指定下一点:↵

② 绘制顶部左侧法兰。

Command:pl ↵

指定起点:1084,4350 ↵

当前线宽为 0.0000

指定下一个点:@ -52,0 ↵

指定下一点:@ 0,-8 ↵

指定下一点:@ 52,0 ↵

指定下一点:↵

③ 绘制顶部筒口。

Command:pl ↵

指定起点:1200,4350 ↵

当前线宽为 0.0000

指定下一个点:@ -116,0 ↵

指定下一点:@ 4,-4 ↵

指定下一点:@ 112,0 ↵

指定下一点:↵

④ 绘制法兰螺孔。

Command:l ↵

指定第一点:1050.5,4350 ↵

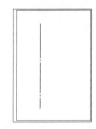

图 8-41 图纸边框与
除尘器中心线

指定下一点:@0,-8↵

指定下一点:↵

Command:l↵

指定第一点:1064.5,4350↵

指定下一点:@0,-8↵

指定下一点:↵

⑤ 绘制法兰螺孔中心线。

单击图层管理器,选择"03 中心线"为当前图层。

Command:l↵

指定第一点:1057.5,4370↵

指定下一点:@0,-48↵

指定下一点:↵

使用镜像命令,以除尘器主体中心线为镜面线,对左边螺孔中心线作对称复制。

至此,除尘器顶部绘制结果如图 8-42 所示。

3)上部筒体。

① 绘制上部内筒体。

单击图层管理器,选择"06 外廓线"为当前图层。

图 8-42　除尘器顶部

Command:pl↵

指定起点:1084,4350↵

当前线宽为 0.0000

指定下一个点:@0,-589↵

指定下一点:@116,0↵

指定下一点:↵

Command:l↵

指定第一点:1088,4346↵

指定下一点:@0,-585↵

指定下一点:↵

② 绘制上部外筒体。

Command:pl↵

指定起点:1084,4260↵

当前线宽为 0.0000

指定下一个点:@-113,0↵

指定下一个点:@0,-900↵

指定下一点:@-149,-1350↵

指定下一个点:@378,0↵

指定下一点:↵

选中绘制好的上部外筒体线,先用镜像命令,以除尘器主体中心线为镜面线,将其对称复制到右侧。

再次选中绘制好的左侧上部外筒体线,用偏移命令,偏移值为 4,向右侧单击偏移,绘制结果如图 8-43 所示。

把外部筒体转折点连线,如图 8-44 所示。

③ 绘制反射屏。

Command:pl ↵

指定起点:885,2016 ↵

当前线宽为 0.0000

指定下一个点:@ 6<150 ↵

指定下一点:@ 607<60 ↵

指定下一点:@ 6<-30 ↵

指定下一点:c ↵

④ 绘制反射屏支架

Command:pl ↵

指定起点:832.8,2071 ↵

当前线宽为 0.0000

指定下一个点:@ 6,0 ↵

指定下一点:@ -5.4,-49 ↵

指定下一点:@ 41.2,0 ↵

指定下一点:@ 28.3,49 ↵

指定下一点:@ 6<-30 ↵

指定下一点:@ 60.1<-120 ↵

指定下一点:@ -51.39,0 ↵

指定下一点:c ↵

Command:l ↵

指定第一点:1200,2016 ↵

指定下一点:@ -300,0 ↵

指定下一点:↵

使用延伸命令,以上部筒体内壁为延伸边,以刚绘制的直线为对象,延伸至筒体内壁上。

反射屏绘制至此的结果如图 8-45 和图 8-46 所示。

4）下部筒体。

Command:pl ↵

指定起点:1200,2004 ↵

当前线宽为 0.0000

指定下一个点:@ -378,0 ↵

指定下一点:@ 0,-745 ↵

指定下一点:@ 322,-555 ↵

指定下一点:@ 0,-50 ↵

指定下一点:@ 56,0 ↵

指定下一点:↵

至此绘制结果如图 8-47a 所示。

选中绘制好的上部外筒体线,先用镜像命令,以除尘器主体中心线为镜面线,将其对称复制到右侧。

再次选中绘制好的左侧上部外筒体线,使用偏移命令,偏移值为 4,向右侧单击偏移,如图 8-47b 所示。

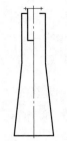
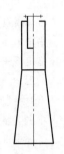

图 8-43 绘制
上部筒体

图 8-44 外筒体
转折处连线

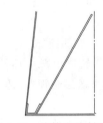

图 8-45 筒体内绘制反射屏

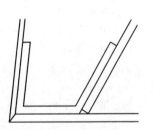

图 8-46 反射屏支架

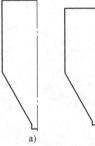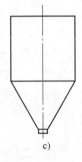

a)   b)   c)

图 8-47 除尘器下部筒体

把外部筒体转折点连线,如图 8-47c 所示。

5) 中部的法兰盘。

Command:pl ↵

指定起点:1200,2010 ↵

当前线宽为 0.0000

指定下一个点:@ 455,0 ↵

指定下一点:@ 0,8 ↵

指定下一点:@ -455,0 ↵

指定下一点:↵

Command:mi ↵

选择对象:(选择刚绘制的多段线)

选择对象:↵

指定镜像线的第一点:0,2007 ↵

指定镜像线的第二点:1,2007 ↵

要删除源对象吗?[是(Y)/否(N)] <N>:↵

Command:mi ↵

选择对象:(选择用镜像复制的多段线和原多段线)

选择对象:↵

指定镜像线的第一点:1200,2000 ↵

指定镜像线的第二点:1200,3000 ↵

要删除源对象吗?[是(Y)/否(N)] <N>:↵(绘制结果如图 8-48 所示)

使用修剪命令 trim,分别以筒壁和法兰盘为剪切边,修剪左侧的法兰盘和右侧的筒壁,如图 8-49~图 8-51 所示。

图 8-48　中部法兰盘修剪前

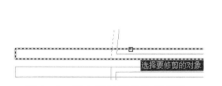

图 8-49　以左侧外筒体为剪切边,
修剪对象选取左侧法兰盘

图 8-50　以右侧上法兰盘为剪切边,
修剪对象选取右侧筒体

图 8-51　修剪完成后的中部法兰盘

① 绘制左侧法兰螺孔中心线。

单击图层管理器,选择"03 中心线"为当前图层。

Command:l ↵

指定第一点:780,2038 ↵

指定下一点:@0,-62 ↵

指定下一点:↵

以除尘器主体中心线为镜面线,将该中心线对称复制到右侧,成为右侧螺孔中心线。

② 绘制左侧法兰螺孔线。

单击图层管理器,选择"06 外廓线"为当前图层。

Command:l ↵

指定第一点:760.5,2018 ↵

指定下一点:@0,-8 ↵

指定下一点:↵

Command:l ↵

指定第一点:799.5,2018 ↵

指定下一点:@0,-8 ↵

指定下一点:↵

Command:l ↵

指定第一点:760.5,2004 ↵

指定下一点:@0,-8 ↵

指定下一点:↵

Command:l ↵

指定第一点:799.5,2004 ↵

指定下一点:@0,-8 ↵

指定下一点:↵

③ 绘制法兰垫层线。

Command:l ↵

指定第一点:804,2010 ↵

指定下一点:@0,-6 ↵

指定下一点:↵

Command:l ↵

指定第一点:1596,2010 ↵

指定下一点:@0,-6 ↵

指定下一点:↵(绘图结果如图 8-52 所示)

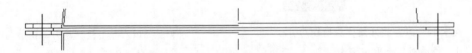

图 8-52 添加螺孔中心线和螺孔线

6)下部法兰盘。

Command:pl ↵

指定起点:1200,654 ↵

当前线宽为 0.0000

指定下一个点:@92.5,0 ↵

指定下一点:@ 0,8 ↵

指定下一点:@ -92.5,0 ↵

指定下一点:↵

① 绘制螺孔中心线。

单击图层管理器,选择"03 中心线"为当前图层。

Command:l ↵

指定第一点:1273,634 ↵

指定下一点:@ 0,48 ↵

指定下一点:↵

Command:mi ↵

选择对象:(选择右侧的法兰盘与螺孔中心线)

指定镜像线的第一点:1200,2000 ↵

指定镜像线的第二点:1200,3000 ↵

要删除源对象吗? [是(Y)/否(N)] <N>:↵

用修剪命令,以左侧下部筒体为剪切边,修建下部左侧法兰盘;再以右侧法兰盘为剪切边,修剪右侧下部筒体,如图 8-53 和图 8-54 所示。

图 8-53　下部法兰盘之一

图 8-54　下部法兰盘之二

② 左侧螺孔线。

单击图层管理器,选择"06 外廓线"为当前图层。

Command:l ↵

指定第一点:1118,654 ↵

指定下一点:@ 0, 8 ↵

指定下一点:↵

Command:l ↵

指定第一点:1136,654 ↵

指定下一点:@ 0,8 ↵

指定下一点:↵(绘制结果如图 8-55 所示)

图 8-55　添加螺孔线

7) 进口。

Command:rec ↵

指定第一个角点:1370,4311 ↵

指定另一个角点:@ 227,-560 ↵

Command:o ↵

指定偏移距离:51 ↵

选择要偏移的对象:(选择刚绘制的矩形)

指定要偏移的那一侧上的点:(在其内部任意点单击)

选择要偏移的对象:↵

Command:o ↵

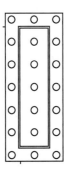

图 8-56　使用阵列后的效果

指定偏移距离：4 ↵

选择要偏移的对象：（选择刚偏移出的矩形）↵

指定要偏移的那一侧上的点：（在其内部任意点单击）

选择要偏移的对象：↵

Command：c ↵

指定圆的圆心：1395，4286 ↵

指定圆的半径：14 ↵

使用阵列命令 array，对刚绘制的圆 7 行 3 列复制，行偏移–85，列偏移 88.5。绘制结果如图 8-56 所示，再删除中间的五个小圆，结果如图 8-57 所示。

（4）除尘器平面图

1）中心线。

单击图层管理器，选择"03 中心线"为当前图层。

Command：l ↵

指定第一点：2005，4060 ↵

指定下一点：@ 990，0 ↵

指定下一点：↵

Command：l

指定第一点：2500，3565 ↵

指定下一点：@ 0，990 ↵

指定下一点：↵

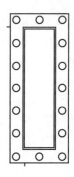

图 8-57　删除中间 5 个圆之后

2）筒体。单击图层管理器，选择"06 外廓线"为当前图层。

① 绘制法兰外缘。

Command：c ↵

指定圆的圆心：（捕捉中心线的交点）

指定圆的半径：455 ↵

② 绘制筒体外缘。

Command：c ↵

指定圆的圆心：（捕捉中心线的交点）

指定圆的半径：377 ↵

③ 绘制中部法兰螺孔。

Command：c ↵

指定圆的圆心：2500，4480 ↵

指定圆的半径：19.5 ↵

使用阵列命令，选择圆环阵列，数目取 24，填充角度取 360，捕捉大圆圆心，绘制结果如图 8-58 所示。

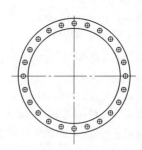

图 8-58　平面图上的法兰与螺孔

3）上部法兰与内筒。

Command：c ↵（指定圆心为捕捉中心线交点，分别绘制半径为 168、116、112 的圆）

Command：c ↵（指定圆心为 500，4202.5 点，绘制半径为 7 的圆）

选中小圆孔，使用阵列命令，选择圆环阵列，数目取 12，填充角度取 360，捕捉中心线交点，绘制结果如图 8-59 所示。

4）反射屏透气孔。

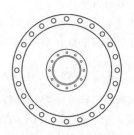

图 8-59　顶部法兰与螺孔

Command:c ↙(指定圆心为捕捉大圆圆心,分别绘制半径为12、16的圆,绘制结果如图8-60所示)

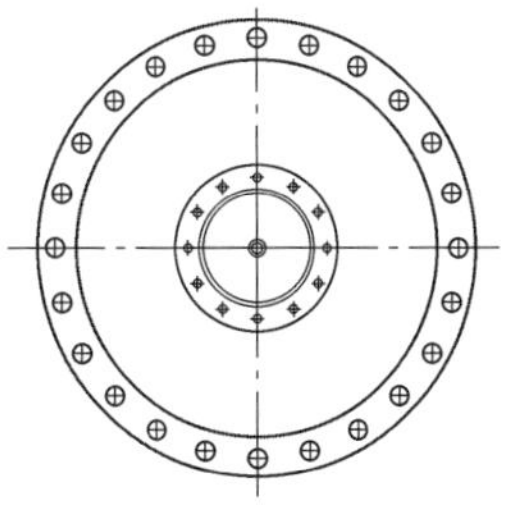

5)进口和进风筒。

Command:c ↙(指定圆心为捕捉大圆圆心,绘制半径为229的圆)

① 绘制进口法兰盘。

Command:pl ↙

指定起点:2897,3730 ↙

当前线宽为 0.0000

指定下一个点:@ -227,0 ↙

指定下一点:@ 0,-8 ↙

指定下一点:@ 227,0 ↙

指定下一点:c ↙

② 绘制进口直线管道段。

Command:l ↙

指定第一点:2721,3730 ↙

指定下一点:@ 0,330 ↙

Command:l ↙

指定第一点:2846,3730 ↙

指定下一点:@ 0,330 ↙

指定下一点:↙

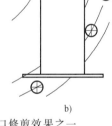

图 8-60 透气孔

下面用修剪命令进行修改。

命令 trim,剪切边选进口直线管段的两个线段,修剪对象为进口管道覆盖的筒体法兰盘部分,修剪前后效果如图8-61a、b所示。

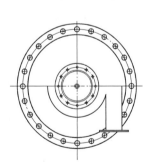

a)   b)

图 8-61 进风口修剪效果之一

继续使用 trim 命令,剪切边选进口管道左边的竖线以及筒体的横向中心线,修建对象选取上部筒体圆的上半圆周。修剪后的效果如图8-62所示。

③ 绘制进风道的螺线部分。

Command:c ↙

指定圆的圆心:2529.5,4030.5 ↙

指定圆的半径:(捕捉进风口直线段右侧竖线的上端点)

Command:c ↙

指定圆的圆心:2529.5,4089 ↙

指定圆的半径:(捕捉上个圆与竖中心线在上侧的交点)

对上面绘制的圆进行修剪,绘制效果如图8-63所示。

Command:c ↙

指定圆的圆心:(捕捉大圆圆心)

指定圆的半径:229 ↙

图 8-62 进风口修剪效果之二

选取刚绘制的圆,单击"线型管理器",将其线型改为虚线。然后使用 trim 命令,剪切边选进口管道左边的竖线及主体筒体的横向中心线,修建对象选取该圆周的下半部分。修剪后的效

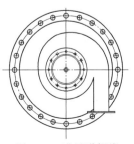

图 8-63 进风道螺线

果如图 8-64 所示。

（5）标注与文字输入

1）剖面填充图案。单击图层管理器，选择"07 填充"为当前图层。填充前，把左侧筒体接口处的内外壁用线连接起来，使剖面边界闭合，如图 8-65 所示。使用填充命令时尽量使剖面边界都在视野内显示出来。为方便填充，可以把其他图层如"03 中心线"暂时关闭。筒体材料为钢材，其填充图案如图 8-66 所示。

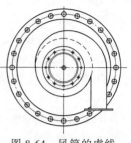

图 8-64　风筒的虚线

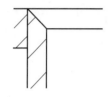

图 8-65　内外壁用斜线连接

ANSI31

图 8-66　填充图案

2）标注。

① 设置标注形式。打开"标注样式管理器"对话框，单击"修改"按钮，出现"修改标注样式"对话框，单击该对话框中的"主单位"选项卡，在该选项卡上单击"小数分隔符"，将"，"（逗号）改为"."（句号）。单击"修改标注样式"对话框中的"调整"选项卡，将其中的标注特征比例项目中的"使用全局比例"值由 1 改为 6。单击"修改标注样式"对话框中的"线"选项卡，选中"延伸线"项目中的"固定长度的延伸线"复选框，然后单击"确定"按钮。使用固定长度的尺寸界线在标注时可使图纸显得更整齐。

② 尺寸标注。单击图层管理器，选择"04 标注"为当前图层。打开标注工具栏，进行各部分尺寸的标注。过程略。

3）文字输入。设置文字样式（有标注、图名、表格三种）。文字宽度因子统一定为 0.7，字体为仿宋，字高分别为 15、30、20。

① 填写标注序号。单击图层管理器，选择"05 文字"为当前图层。文字样式设置"标注"为当前样式。具体过程参照前例，本处略。

② 说明文字。本图的说明文字主要是设备的生产技术要求。填写文字时采用多行文字输入命令，文字样式设置"表格"为当前样式。说明文字采用多行文字输入命令（mtext），具体输入过程参照前例。输入的效果如图 8-67 所示。

技术要求

1.筒体制造技术要求按HF78-58;

2.采用手工电弧焊,焊接规范按化基规602-62;

3.件号8(透气孔)安装时要对准中心;

图 8-67　图中的说明文字

③ 填写表格。表格外框线用粗线，内框线为细线，表格大小如图 8-68 所示。填写文字时采用多行文字输入命令，文字样式设置"表格"为当前样式。

④ 图名文字。填写文字时采用单行（dtext）或多行文字输入命令（mtext），文字样式设置"图名"为当前样式。具体输入过程参照前例。在左侧大图的正下方输入文字"旋风除尘器正面图 1∶6"在右侧平面图正下方输入文字"旋风除尘器平面图 1∶6"。

序号	图号或标准号	名称	数量	材料	单件 重量	总计 重量	备注
⑭							
⑬		进气管 117×450 δ=4	1				A3F
⑫	TH3032	法兰 Pg1.0 Dg225×458	1				B3
⑪	TH3032	法兰 Pg1.0 Dg232	1				B3
⑩		无缝钢管 ϕ224×4	1				10
⑨		筒体 ϕ450 δ=4 H=900	1				A3F
⑧		透气孔 ϕ22.5	1				A3F
⑦		反射屏 60°	1				A3F
⑥		锥体 H=1350	1				A3F
⑤	HG20592	法兰 Pg1.0 Dg756	2				B3
④		筒体 ϕ748 δ=4 H=745	1				A3F
③	TH3010	无折边锥形盖60° Dg748×4	1				A3F
②	GB8162	无缝钢管 ϕ108×4	1				10
①	HG20592	法兰 Pg1.0 Dg112	1				B3

（标题栏）

图 8-68　表格与表格尺寸

8.4　海绵城市景观工程设计图绘制实例

海绵城市是指城市能够像海绵一样，在适应环境变化和应对自然灾害等方面具有良好的"弹性"，下雨时吸水、蓄水、渗水、净水，需要时将蓄存的水"释放"并加以利用。以下是海绵城市构建技术设计图绘制实例。

8.4.1　透水地面

透水地面一般根据选用材料不同分为透水砖、透水混凝土和透水沥青铺装三类，如图8-69和图8-70所示。嵌草砖、园林铺装中的鹅卵石、碎石铺装等也属于渗透铺装。透水砖铺装和透水混凝土铺装主要适用于广场、停车场、人行道及车流量和荷载较小的道路，透水沥青铺装还可用于机动车道。

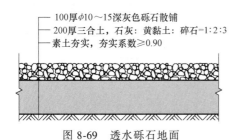

图 8-69　透水砾石地面　　　　图 8-70　透水页岩地面

步骤示例：

1）画线。

Command: l ↵

指定第一点：↵

指定下一点：↵

指定下一点：↵（效果如图 8-71 所示）

2）填充图案。

Command: hatch ↵

拾取内部点或［选择对象(S)/放弃(U)/设置(T)］：

正在选择所有对象…

图 8-71 画线

正在选择所有可见对象…

正在分析所选数据…

正在分析内部孤岛…

Command: hatchedit ↵

输入图案填充选项［解除关联(DI)/样式(S)/特性(P)/绘图次序(DR)/添加边界(AD)/删除边界(R)/重新创建边界(B)/关联(AS)/独立的图案填充(H)/原点(O)/注释性(AN)/图案填充颜色(CO)/图层(LA)/透明度(T)］<特性>: _p ↵

输入图案名称或［? /实体(S)/用户定义(U)/渐变色(G)］<AR-SAND>: GRAVEL ↵

指定图案缩放比例 <0.5000>:

指定图案角度 <0>:

自上而下依次选择图案"GRAVEL" "AR-SAND" "AR-PARQ1"

其中将图案"AR-PARQ1"角度设置成 45，如图 8-72 所示。

将上下不需要两条线删去，修改线宽后如图 8-73 所示。

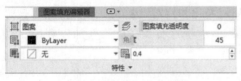

图 8-72 图案填充特性编辑

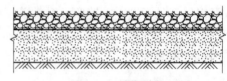

图 8-73 填充图案

3）标注。添加引线进行标注，命令行如下：

Command: mleader ↵

指定引线箭头的位置或［引线基线优先(L)/内容优先(C)/选项(O)］<选项>:

指定引线基线的位置：

指定对角点或［栏选(F)/圈围(WP)/圈交(CP)］:

引线绘制完成后在文字光标处输入注释的文字，如图 8-74 所示。

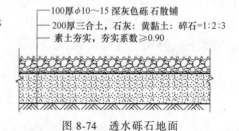

图 8-74 透水砾石地面

8.4.2 下沉绿地

下沉绿地是一种高程低于周围路面的公共绿地，也称为低势绿地，其理念是利用开放空间承接和贮存雨水，达到减少径流外排的作用。该设施适用于城市建筑与小区、道路、绿地和广场内，具体如图 8-75 所示。

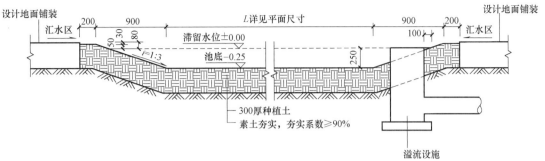

图 8-75 下沉绿地

8.4.3 生物滞留设施

生物滞留设施是利用植物、微生物、土壤系统渗滞和净化径流雨水，是对雨水进行节流并储存净化的结构型用地，如图 8-76 所示。其适用于汇水面积较大（大于 1hm²）且具有一定空间条件的区域。

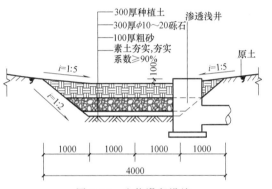

图 8-76 生物滞留设施

8.4.4 人工湿地

人工湿地是由人工建造和控制运行的与沼泽地类似的设施，即主要利用土壤、人工介质、植物和微生物的物理、化学、生物三重协同作用对污水进行处理的一种技术。该设施主要有表流人工湿地、水平潜流人工湿地、水平垂直潜流人工湿地、垂直潜流人工湿地、复合垂直潜流人工湿地和梯田湿地系统等结构，如图 8-77 所示。

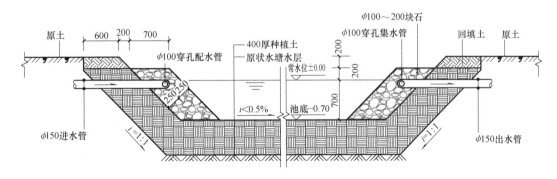

图 8-77 表流人工湿地

8.4.5 渗透井

渗透井是通过井壁和井底进行雨水下渗的设施，一般有渗透深井和渗透浅井两种结构，如图 8-78 所示，适用于建筑与小区内的建筑、道路及停车场的周边绿地内。

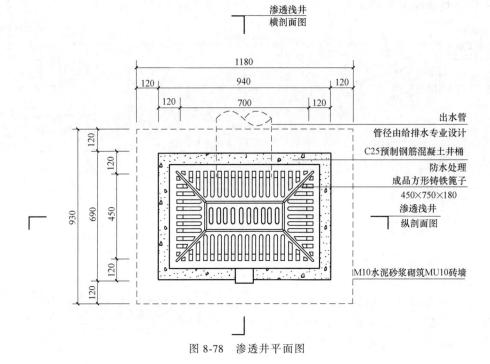

图 8-78 渗透井平面图

步骤示例：

1）画线。

Command：l↵

指定第一点：↵

指定下一点：↵

指定下一点：↵（效果如图 8-79 所示）

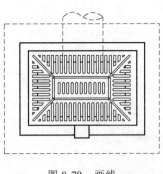

图 8-79 画线

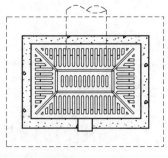

图 8-80 填充

2）填充图案。

Command：hatch ↵

拾取内部点或［选择对象(S)/放弃(U)/设置(T)］：正在选择所有对象 ...

正在选择所有可见对象 ...

正在分析所选数据 ...

正在分析内部孤岛 ...

Command:hatchedit ↵

输入图案填充选项［解除关联(DI)/样式(S)/特性(P)/绘图次序(DR)/添加边界(AD)/删除边界(R)/重新创建边界(B)/关联(AS)/独立的图案填充(H)/原点(O)/注释性(AN)/图案填充颜色(CO)/图层(LA)/透明度(T)］<特性>：_p

输入图案名称或［? /实体(S)/用户定义(U)/渐变色(G)］<ANGLE>：AR-CONC

指定图案缩放比例 <1.0000>：

指定图案角度 <0>：(填充完图案如图8-80所示)

3）标注。添加引线进行标注，命令行如下：

Command:mleader ↵

指定引线箭头的位置或［引线基线优先(L)/内容优先(C)/选项(O)］<选项>：

指定引线基线的位置：

引线绘制完成后在文字光标处输入注释的文字；

对相关线段进行标注，命令行如下：

命令：dimlinear ↵

指定第一个尺寸界线原点或 <选择对象>：

指定第二条尺寸界线原点：

指定尺寸线位置或［多行文字(M)/文字(T)/角度(A)/水平(H)/垂直(V)/旋转(R)］：

标注文字 = 930

标注完成后如图8-78所示。

8.4.6 生态塘

生态塘能够调蓄雨水、补充地下水源和净化雨水，一般有生态干塘和生态湿塘两种结构，具体如图8-81和图8-82所示。其中生态湿塘可有效削减较大区域的径流总量、径流污染和峰值流量，是城市内涝防治系统的重要组成部分，适用于建筑与小区、城市绿地、广场等具有空间条件的场地。

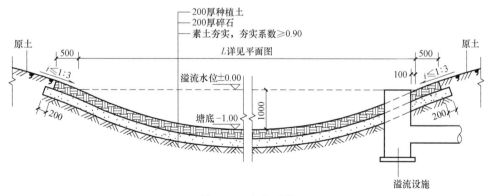

图 8-81　生态干塘

8.4.7　植草沟/砾石缓冲沟

当雨水流经浅沟时，在沉淀、过滤、渗透、吸收及生物降解等共同作用下，去除径流中的污染物，达到收集利用径流和控制径流污染的目的，一般有传输式植草沟、干式植草沟、湿式植草沟等结构，如图8-83和图8-84所示。

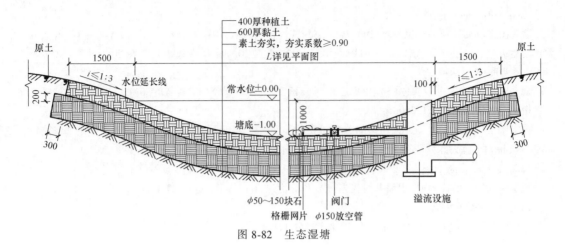

图 8-82 生态湿塘

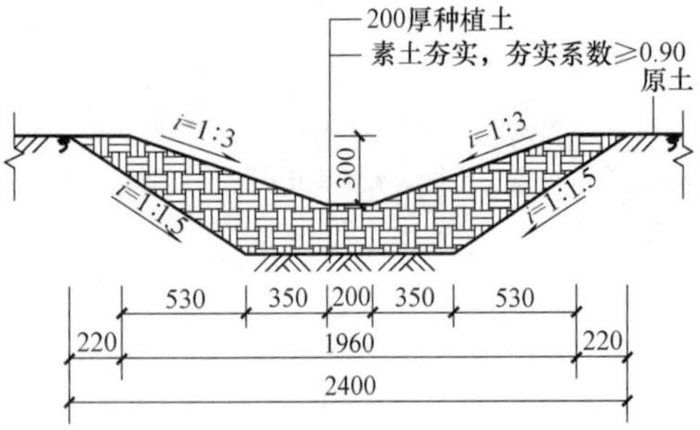

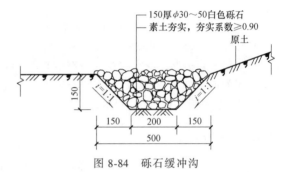

图 8-83 传输式植草沟

图 8-84 砾石缓冲沟

8.4.8 渗透渠

渗透渠具有渗透和传输雨水的功能，如图 8-85 所示，适用于建筑与小区及公共绿地内转输流量较小的区域，对空间场地要求小。

8.4.9 生态驳岸

生态驳岸是指利用植物、抛石、木桩等措施实现稳固和保护景观水体等作用，一般有自然式生态驳岸和有机材料式生态驳岸两种结构，具体如图 8-86 所示。

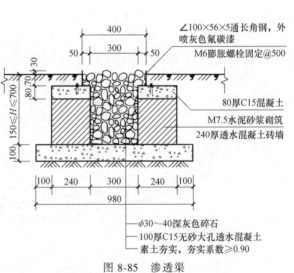

图 8-85 渗透渠

8.4.10 生态岛

生态岛是指在生态塘、人工湿地、河道、湖泊等中心设置一些护岸设施进行围合形成岛状，生态岛岸边种植水生植物，具有一定净化和生态功能，一般有圆形、柳叶形和长方形等结构，具体如图 8-87 所示。

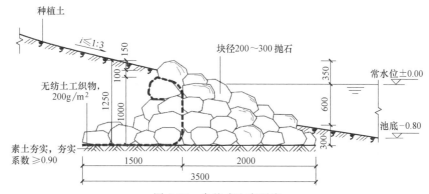

图 8-86　自然式生态驳岸

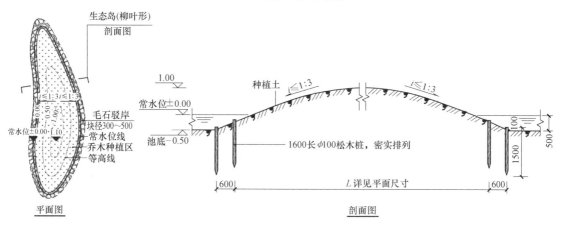

图 8-87　柳叶形生态岛

8.4.11　曝氧设施

曝氧设施分为跌水式曝氧设施、涌泉式曝氧设施和滚水式曝氧设施等，如图 8-88 所示。

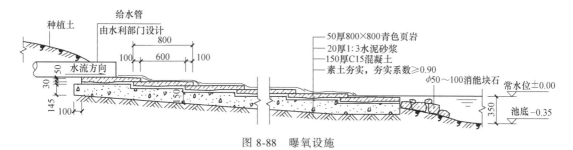

图 8-88　曝氧设施

8.4.12　溢流堰

溢流堰一般有挑流溢流堰、面流溢流堰和底流溢流堰等结构，如图 8-89 所示。

8.4.13　净化堰

净化堰作用是储水和排水，雨水通过修筑在内河上的滤料或多孔介质时，滤料表面的粘附作用截留水中的悬浮固体物质，使雨水得到净化，如图 8-90 所示。

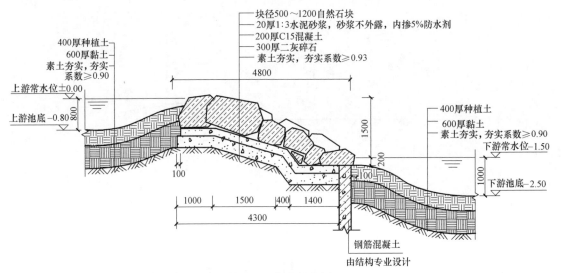

图 8-89　底流溢流堰

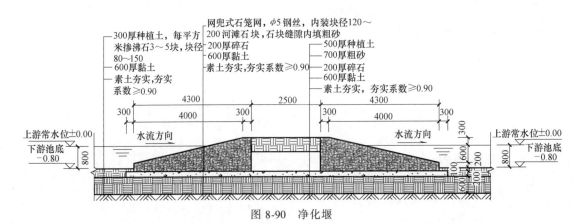

图 8-90　净化堰

第9章

图形输入与输出

9.1 图形导入

9.1.1 其他格式的图形文件的输入

在 AutoCAD 界面的快速访问工具栏中选择"显示菜单栏"命令，则显示出菜单栏，在菜单栏选择"文件"→"输入"命令；或在功能区选项板中选择"插入"选项卡，在"输入"面板中单击"输入"按钮，如图 9-1 所示，会打开"输入文件"对话框，如图 9-2 所示。

图 9-1　功能面板的"插入"选项卡

在输入文件对话框中点击"文件类型"下拉菜单，可见可输入的文件类型有 3ds、sat、dlv3 和 dgn 等 20 多种（图 9-3）。

图 9-2　"输入文件"对话框

图 9-3　可输入文件类型

9.1.2 OLE 等其他对象的插入

在菜单栏中选择"插入"菜单（图 9-4），单击"OLE 对象"命令；或在功能区选项板中选择"插入"选项卡，在"数据"面板中单击"OLE 对象"按钮（图 9-1），会打开"插入对象"对话框，对话框的中央直观地给出了可以插入对象链接或者嵌入对象，可插入对象有 Adobe Photoshop Image、AutoCAD Drawing、Flash Document、Microsoft 工作表、表格、写字板等类型（图 9-5）。如插入一个管道计算中常见的管径和流量的关系的公式，公式输入完成后效果如图9-6所示，双击这个公式对象，可以编辑，单击夹点并拖动可以改变其大小。

图9-4　"插入"菜单

图9-5　"插入对象"对话框

图9-6　插入一个公式对象

9.2　图形输出

图形绘制好后，除了打印输出外，还可以输出为其他格式文件。图形输出方法如下：

1）单击"菜单浏览器"按钮 ，在打开的菜单中选择"输出"，输出栏目的选项如图9-7所示。

2）在菜单栏选择"文件"→"输出"命令，则出现"输出数据"对话框（图9-8）。单击输出文件类型按钮，可看到能够输出的文件的数据类型（图9-9）。

3）在功能区选项板中选择"输出"选项卡（图9-10），"输出"面板左边是打印选项，右边是输出选项。在"输出"面板中单击"输出"按钮，出现下拉菜单（图9-11），如果选择三个选项最下边的PDF项，则出现"另存为PDF"对话框（图9-12）。

4）在"另存为PDF"对话框中单击"选项"按钮，打开"输出为PDF选项"对话框（图9-13），可以改变要输出保存的PDF文件的一些属性，有质量、数据等选项。

图9-7　输出栏目的选项

图9-8　"输出数据"对话框

图9-9　输出的文件类型

图 9-10 功能面板的"输出"选项卡

图 9-11 "输出"菜单

图 9-12 "另存为 PDF"对话框

图 9-13 "输出为 PDF 选项"对话框

9.3 布局创建与管理

9.3.1 模型空间与布局空间

模型空间与布局空间是 CAD 中的两种绘图空间。模型空间是日常主要使用的绘图空间，它是一个三维坐标的空间。布局空间又叫图纸空间，布局空间的视图同打印的图形是一致的，可以在布局空间设定图纸的标题栏、创建图纸的注释等，所以布局空间是用来观察所绘制模型、管理视图的一个环境。把常用的图纸格式设置为布局，命名为布局 1、布局 2 等，绘制好图形后，即可选择布局空间，观察打印效果。

9.3.2 创建布局

1. 利用用样板文件创建新布局

右击"模型"选项卡，弹出右键快捷菜单（图 9-14）；选择"来自样板"命令，单击弹出"从文件选择样板"对话框（图 9-15）；在该对话框中选择样板文件，单击"打开"按钮，弹出"插入布局"对话框（图 9-16）；选择布局名称，单击"确定"按钮。单击这个布局选项卡，切换到该布局空间（图 9-17）。

2. 使用向导创建布局

在菜单栏选择"工具"→"向导"→"创建布局"命令，打开创建布局向导（图 9-18）。此外，还可以使用 layout 命令创建布局。

图 9-14 "模型"快捷菜单

图 9-15 "从文件选择样板"对话框

图 9-16 "插入布局"对话框

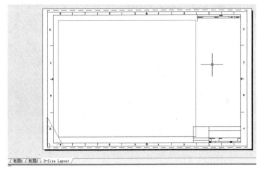

图 9-17 切换到选定的布局空间

图 9-18 创建布局向导

9.3.3 管理布局

单击"布局"选项卡，使用弹出的右键快捷菜单中的命令，可以删除、重建、重命名、移动或复制布局，如图 9-14 所示。

单击菜单栏，在菜单中选择"文件"→"页面设置管理器"按钮，打开"页面设置管理器"对话框。

单击"新建"按钮，打开"新建页面设置"对话框，可以在其中创建新的布局，如图 9-19 所示。

单击"修改"按钮，打开"页面设置-模型"对话框，如图 9-20 所示，各选项说明如下：

图 9-19 "新建页面设置"对话框

图 9-20 "页面设置-模型"对话框

1）"打印机/绘图仪"选项组可指定打印机的名称、位置和说明。在"名称"下拉列表框中可以选择当前配置的打印机。单击"名称"下拉列表框右面的"特性"按钮弹出"绘图仪配置编辑器"对话框，可以查看或修改当前打印机的配置信息。

2）"打印样式表"选项组为当前布局指定打印样式和打印样式表。在下拉列表框中选择样式，单击下拉列表框右边的按钮可以编辑和查看该样式；在下拉列表中选择"新建"将打开"添加颜色相关打印样式表"向导，创建新的打印样式表。"显示打印样式"复选框可指定是否在布局中显示打印样式。

3）"图纸尺寸"下拉列表框可指定图纸的尺寸大小。

4）"打印区域"选项组可设置布局的打印区域。"打印范围"下拉列表框中可以选择要打印的区域，包括显示、布局，视图和窗口。默认设置为"布局"，表示对于布局空间，打印图纸尺寸边界内的所有图形；对于模型空间，打印绘图区中所有显示的几何图形。

5）"打印偏移"选项组可显示相对于左下角的打印偏移量。在布局中，可打印区域的左下角点，由图纸的左下边距决定，用户可以在 X 和 Y 文本框中输入偏移量。如果选择"居中打印"，则偏移量按照居中位置自动给出。

6）"打印比例"选项组可设置打印比例。"比例"下拉列表框中可以选择标准缩放比例，也可以输入自定义值。布局空间的默认比例为 1∶1，如果要缩小为原尺寸的一半，则打印比例为 1∶2。如果要按打印比例缩放线宽，可选中"缩放线宽"复选框。

7）"着色视口选项"选项组可指定着色和渲染视口的打印方式，并确定它们的分辨率大小和 DPI 值。

8）"打印选项"选项组有五个选项，光标移到每个选项时可以看到相关的提示。

9）"图形方向"选项组有"纵向"和"横向"两个选项，可以指定图形按"纵向"或"横向"来打印。

9.4　浮动视口

浮动视口是在图纸空间中创建的，是从图纸空间中观察、修改模型的窗口，建立浮动视口是在布局空间组织图像输出的重要手段。

要在布局空间创建浮动视口，首先在快速访问工具栏中选择"显示菜单栏"命令，然后在菜单栏选择"视图"→"视口"→"新建视口"命令，如图 9-21 所示，或者直接在命令行输入 vports，都会弹出新建视口对话框，如图 9-22 所示。

如要为图 9-23 的图纸新建两个水平视口，则在打开的"新建视口"对话框选择"两个：水平"视口，两个新建视口都设置为三维，其中一个设定为西南等轴测图，另一个设为东南等轴测图，设置情况如图 9-24 所示。设置完成后，要指定视口位置和大小，可以移动鼠标在屏幕的适当位置指定。

图 9-21　菜单栏的"新建视口"命令

图 9-25 是新建视口后的图纸效果。

在图纸空间中无法编辑模型空间中的对象，如果要进行编辑，必须激活浮动视口，进入浮动模型空间。激活浮动视口的方法有：mspace 命令、单击状态栏上的"图纸"按钮或双击浮动视口区域中的任何位置（图 9-26）。

要删除浮动视口，先选中浮动视口的边界，再执行删除命令，即可完成删除。

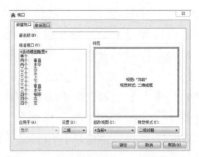

图 9-22　"新建视口"对话框

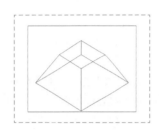

图 9-23　三维图纸

图 9-24　新建两个水平视口及设置情况

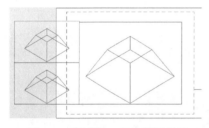

图 9-25　新建视口后的图纸效果

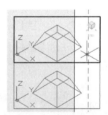

图 9-26　双击视口进行编辑

9.5　图形打印

9.5.1　模型空间打印

在模型空间，单击"菜单浏览器"按钮 ，在打开的菜单中选择"打印"，"打印"命令的选项如图 9-27 所示。打印时，可能首先需要进行页面设置。在"打印"命令中单击选择"页面设置"，弹出"页面设置管理器"对话框，如图 9-28 所示。

在"页面设置管理器"对话框中单击"新建"按钮，出现图 9-29 所示的"新建页

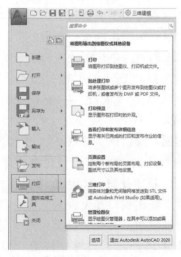

图 9-27　"菜单浏览器"的"打印"命令选项

图 9-28 "页面设置管理器"对话框

图 9-29 "新建页面设置"对话框

面设置"对话框，为新建页面命名"新页面"后，单击"确定"按钮，就出现"页面设置-模型"对话框，如图 9-30 所示。

图 9-30 "页面设置模型"对话框

图 9-31 "打印-模型"对话框

在"页面设置-模型"对话框中，可以依次指定打印样式、打印机/绘图仪、图纸尺寸、打印范围、打印比例及图形方向等。

页面设置完成后，可单击图 9-27 中右栏的"打印"按钮，弹出"打印-模型"对话框，如图 9-31 所示。

在"打印-模型"对话框中，除了进行页面设置外，可以对打印机、图纸尺寸、打印范围等内容进行设定，还可以指定打印份数、打印比例等。

在"打印-模型"对话框中找到"打印机/绘图仪"选项组，单击小箭头打开"名称"下拉列表，出现可用的打印机备选项。如果计算机没有连接真实打印机或绘图仪，则实体打印机位置有"无"的字样，如图 9-32 所示。在实体打印机位置以下有 Fax（传真）及一些模拟打印机名称。选取实体打印机可以直接打印图纸，选择 Fax 可以输出传真信号，选择模拟打印机可以打印出相应的电子文件。如选取 PublishToWeb JPG.pc3 打印机，可以把图形打印成.jpg 格式的图形文件，而选取 PublishToWeb PNG.pc3 打印机，可以把图形打印成.png 格式的图形文件。也可以在选择 Fax 打印机后再点选"打印到文件"选项，打印成相应的电子文件。

"图纸尺寸"下拉列表框根据选定的打印机型号自动调整。如打印机选取 Fax，则图纸尺寸选项以各种信纸为主；如打印机选择 DWFx Eplot. pc3，则图纸尺寸备选项为各种图纸尺寸。因此，"图纸尺寸"下拉列表框可以提供不同的图纸尺寸方案。

"打印范围"下拉列表框用于指定打印的区域或内容，打开下拉列表框，有 4 个选项，如图 9-33 所示。

1）窗口。可手动指定一个窗口范围，打印该窗口内的内容。

2）范围。可输出绘图区域的全部图形（包括不在当前屏幕的画面）。

3）图形界限。可输出图形界限内的图形，不打印超出图形界线的图形。图形界限的设置可用 limit 命令，或者单击菜单栏"格式"→"图形界限"进行设置，或者重新设置。

4）显示。可输出当前屏幕显示的图形。

图 9-32 "打印机"对话框

图 9-33 "打印范围"选项

"打印偏移"选项组用以指定打印区域相对于图纸左下角的偏移量。

完成打印的主要参数设定后，可以单击左下角的"预览"按钮，观察打印效果。如果效果满足要求，单击"确定"按钮完成打印。

9.5.2 使用布局打印

在图纸空间，单击"菜单浏览器"按钮，在打开的菜单中选择"打印"，在"打印"选项中选"打印"，或者在菜单栏选择"文件"→"打印"，即出现"打印-布局"对话框，如图 9-34 所示。

"打印-布局"与"打印-模型"对话框相似，打印范围默认选项为布局、窗口、范围、显示 4 种，如图 9-35 所示，其中"布局"即该布局本身已设定图纸范围。设置好参数，通过打印预览观察效果，如果效果满足要求，就单击"确定"按钮完成打印。

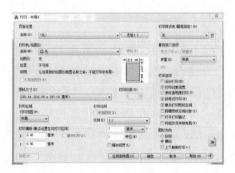

图 9-34 "打印-布局"对话框

图 9-35 "打印范围"选项

用 CAD 绘制的某环境工程图纸如图 9-36 所示，进行打印输出操作。

在模型空间单击"菜单浏览器"按钮，在打开的菜单中选择"打印"或者直接单击快速访问工具栏中的打印按钮启动打印命令，弹出图 9-31 所示的对话框。因为图 9-36 的工程图是横向构成的，所以要注意检查其页面设置，设定图纸为横向。

1）准备打印成 dwf 格式的文件时，选取 DWF6 ePlot.pc3 打印机，图纸尺寸默认为 ANSI A（8.50×11.00 英寸），这是个竖向的图纸，把它改为 ANSI A（11.00×8.50 英寸），变成横向图纸，图纸大小、方向可在"打印-模型"对话框的中部右侧看到预览图形。"打印范围"下拉列表框选择"范围"，在"打印比例"选项组中选中"布满图纸"复选框，以上参数设置如图 9-37 所示。单击"预览"按钮，查看预览效果（图 9-38）。确定不需要修改后，退出预览窗口，回到"打印-模型"对话框，单击"确定"按钮，确认打印文件名称和保存路径（图 9-39），完成打印。

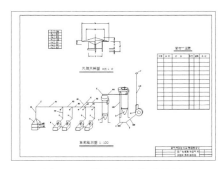

图 9-36　某空气净化系统图

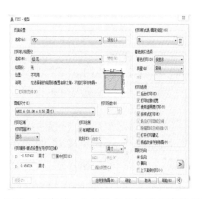

图 9-37　打印成 .dwf 格式文件时的参数设置

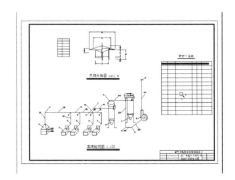

图 9-38　预览效果

图 9-39　确认打印文件名称与保存路径

2）打印为 jpg 格式文件。在"打印-模型"对话框选取 PublishToWeb JPG.pc3 打印机，打印机重新选定导致默认图纸尺寸有变化，一般会弹出"打印-未找到图纸尺寸"对话框，如图 9-40 所示。需要在该对话框中指定一个图纸尺寸或进一步自定义图纸尺寸，以便返回上一步对话框继续完成打印。选择第一个即 1600×1280 像素，回到"打印-模型"对话框，在"打印范

图 9-40　"打印-未找到图纸尺寸"对话框

围"下拉列表框选择"范围",在"打印比例"选项组选中"布满图纸"复选框,单击"预览"按钮,预览结果如图 9-41 所示,打印结果不居中。返回,选中"居中打印",预览结果如图 9-42 所示。预览认可后,回到"打印-模型"对话框,单击"确定"按钮完成打印。

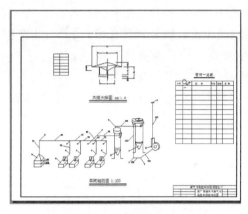

图 9-41 打印预览(一)

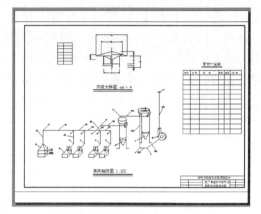

图 9-42 打印预览(二)

3)把图中的表格打印成 pdf 文件。在"打印-模型"对话框选取 DWG To PDF.pc3 打印机,如果上次所选的图纸尺寸和新选的打印机型号不匹配,会弹出"打印-未找到图纸尺寸"对话框,如图 9-43 所示。单击第一个默认选项返回上一界面,在"打印范围"下拉列表框选中"窗口"。用鼠标在屏幕上选取准备打印的窗口,即包含表格的区域(图 9-44),然后在打印比例选项组中选中"布满图纸",并选中"居中打印",完成参数设置后单击"预览"按钮,预览结果如图 9-45 所示。预览认可后,回到"打印-模型"对话框,单击"确定"按钮完成打印。

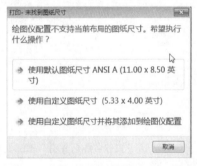

图 9-43 "打印-未找到图纸尺寸"对话框

图 9-44 选取窗口

图 9-45 打印预览

在图纸空间打印的方法相似,不再赘述。

第 10 章

绘制三维图形

利用三维图形制作立体模型，会得到更有感染力的视觉效果。在环境工程设计和绘图过程中，三维图形应用越来越广泛。AutoCAD 主要用于二维图形绘制，但也可以制作简单的三维模型。AutoCAD 有三种方式创建三维图形，分别为线架模型方式、曲面模型方式和实体模型方式。其中实体模型不仅具有线和面的特征，还具有体的特征，各实体对象间可以进行各种布尔运算操作，从而创建一些复杂的三维实体图形。

10.1 三维绘图术语和坐标系

在 AutoCAD 中，要创建和观察三维图形，需要使用三维坐标系和三维坐标。因此，了解并熟悉三维坐标系，树立正确的空间观念，是学习 AutoCAD 三维图形绘制的基础。

10.1.1 三维绘图的基本术语

三维实体模型需要在三维实体坐标系下进行描述，下面是三维绘图的一些基本术语。

1）XY 平面。是 X 轴垂直于 Y 轴组成的一个平面，此时 Z 轴的坐标是 0。

2）Z 轴。是三维坐标系的第三轴，总是垂直于 XY 平面。

3）高度。一般是 Z 轴上的坐标值。

4）厚度。一般是沿 Z 轴方向延伸的距离。

5）相机位置。在观察三维模型时，相机的位置相当于视点。

6）目标点。当用户眼睛通过照相机看某物体时，将聚焦在一个清晰点上，该点就是目标点。

7）视线。假想的线，是将视点和目标点连接起来的线。

8）和 XY 平面的夹角。是视线与其在 XY 平面的投影线之间的夹角。

9）XY 平面角度。是视线在 XY 平面的投影线与 X 轴之间的夹角。

10.1.2 建立三维绘图坐标系

前面详细介绍过平面坐标系的使用方法，其变换和使用方法同样适用于三维坐标系。如在三维坐标系下，同样可以使用直角坐标或极坐标方法来定义点。点的直角坐标为（X，Y，Z），相对直角坐标输入格式为@ X，Y，Z。此外，在绘制三维图形时可使用柱坐标和球坐标来定义点。

（1）柱坐标　柱坐标用点在 XY 平面的投影距离 R、XY 平面的角 α 和沿 Z 轴的距离来表示，如图 10-1 所示，其格式如下：

1）XY 平面距离<XY 平面角度，Z 坐标（绝对坐标），P 点坐标即（R<α，Z）。

2）@XY 平面距离<XY 平面角度，Z 坐标（相对坐标）。

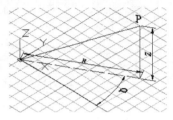

图 10-1　柱坐标系

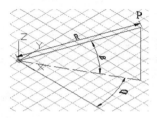

图 10-2　球坐标系

（2）球坐标　球坐标系具有 3 个参数：点到原点的距离 R、在 XY 平面上的角度 α 以及与 XY 平面的夹角 β（图 10-2），其格式如下：

1）至原点距离<XY 平面角度<和 XY 平面的夹角（绝对坐标），P 点坐标即（R<α<β）。

2）@至原点（上一点）距离<XY 平面角度<与 XY 平面的夹角（相对坐标）。

10.2　设置视点

视点是指观察图形的方向。如绘制三维球体时，如果使用平面坐标系即 Z 轴垂直于屏幕，此时仅能看到该球体在 XY 平面上的投影；如果调整视点至东南等轴侧视图，可以观看到三维球体，如图 10-3 所示。

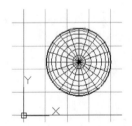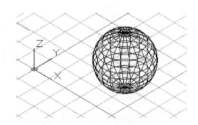

图 10-3　在平面坐标系和三维视图中的球体（isolines＝20）

在 AutoCAD 中，可以使用视点预置、视点命令等多种方法来设置视点。

10.2.1　使用"视点预设"对话框设置视点

在快速访问工具栏选择"显示菜单栏"命令，在弹出的菜单中选择"视图"→"三维视图"→"视点预设"（ddvpint）命令，如图 10-4 所示，打开"视点预设"对话框（图 10-5），为当前视口设置视点。

默认情况下，观察角度是绝对于 WCS 坐标系的。选中"相对于 UCS"单选按钮，可设置相对于 UCS 坐标系的观察角度。

无论是相对于哪种坐标系，用户都可以直接单击对话框中的坐标图来设定观察角度，或是在"X 轴"、"XY 平面"文本框中输入一个角度值来设定。其中，对话框中的左图用于设置原点和视点之间的连线在 XY 平面的投影与 X 轴正向的夹角；右面的半圆形图用于设置该连线与投影线之间的夹角。

此外，若单击"设置为平面视图"按钮，可以将坐标系设置为平面视图。

图 10-4　选择"视点预设"命令

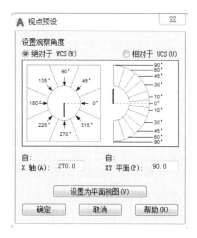

图 10-5　"视点预设"对话框

10.2.2　使用罗盘确定视点

在快速访问工具栏选择"显示菜单栏"命令，在弹出的菜单中选择"视图"→"三维视图"→"视点"（vpoint）命令，可以为当前视口设置视点。该视点是相对于 WCS 坐标系的，可通过屏幕上显示的罗盘定义视点，如图 10-6a 所示。

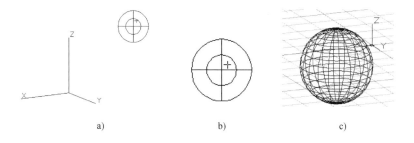

a)　　　　　　　　　　b)　　　　　　　　　　c)

图 10-6　使用罗盘定义视点

在图 10-6a 中的坐标球和三轴架中，三轴架的三个轴分别代表 X、Y 和 Z 轴的正方向。当光标在坐标球范围内移动时（图 10-6b），三维坐标系通过绕 Z 轴旋转来调整 X、Y 轴的方向。坐标球中心及两个同心圆可定义视点和目标点连线与 X、Y、Z 平面的角度。图 10-3 绘制的球体使用罗盘定义视点后的效果如图 10-6c 所示。

10.2.3　使用"三维视图"菜单设置视点

在快速访问工具栏选择"显示菜单栏"命令，在弹出的菜单中选择"视图"→"三维视图"子菜单中的"俯视""仰视""左视""右视""前视""后视""西南等轴测""东南等轴测""东北等轴测"和"西北等轴测"命令,可以从多个方向来观察图形。

在"草图与注释"工作空间的"功能区"选项板中选择"视图"选项卡,在"命名视图"面板中单击"未保存的视图"命令(图10-7a),会弹出的所有的视图命令,如图10-7b所示,可单击其中任一视图命令进行选择。

在"三维建模"工作空间的"功能区"选项板中选择"视图"选项卡,也可以进行同样的操作。

图 10-7 视图命名面板与展开的视图命令

10.3 绘制三维点和曲线

在 AutoCAD 中,一般可选择"三维基础"或"三维建模"工作空间来绘制三维对象,这两个工作空间的"功能区"选项卡分别如图 10-8、图 10-9 所示。这两个工作空间都汇集了绘制三维对象相关的命令,其中"三维基础"工作空间包含基础的三维命令,"三维建模"空间则包含了更丰富的三维命令。

图 10-8 "三维基础"工作空间

图 10-9 "三维建模"工作空间

当然,用户可以在功能区右击,在弹出的右键菜单上自定义选项卡和面板是否显示(图 10-10)。

用户可以转换到"三维建模"工作空间,便于使用"点""直线""样条曲线""三维多段线"及"三维网格"等命令绘制简单的三维图形。

图 10-10 工作空间
选项卡右侧右键菜单

10.3.1 绘制三维点

在"功能区"选项板中选择"常用"选项卡,在"绘图"面板中单击最下面的"绘图"按钮,展开隐藏的所有绘图命令,选择其中的"多点"命令,或在快速访问工具栏选择"显示菜单栏"命令,在弹出的菜单中选择"绘图"→"点"→"多点"或"单点"命令,或者直接在命令行输入 point 命令,均可启动绘点命令,然后在命令行中输入三维坐标来绘制三维点。

三维图形对象上的一些特殊点（如交点、中点等）不能通过输入坐标的方法来实现，可以采用三维坐标下的目标捕捉法来拾取点。二维图形方式下的所有目标捕捉方式在三维图形环境中可以继续使用。不同之处在于：在三维环境下只能捕捉三维对象的顶面和底面（平行于 XY 平面的面）的一些特殊点，不能捕捉柱体等实体侧面的特殊点（即在柱状体侧面竖线上无法捕捉目标点），因为柱体的侧面上的竖线只是帮助显示的模拟曲线；在三维对象的平面视图中也不能捕捉目标点，因为在顶面上的任意一点都对应着底面上的一点，此时的系统无法辨别所选的点究竟处于哪个面。

10.3.2 绘制三维直线和三维多段线

在二维平面绘图中，两点决定一条直线。同样，在三维空间中，也是通过指定两个点来绘制三维直线。如在视图方向 viewdir 为（3，−2，1）的视图中，绘制过点（0，0，0）和点（5，5，5）的三维直线，可在"功能区"选项板中选择"常用"选项卡，在"绘图"面板中单击"直线"按钮，然后输入这两个点坐标即可，如图 10-11 所示。

在二维坐标系下，在"功能区"选项板中选择"常用"选项卡，在"绘图"面板中单击"多段线"按钮可以绘制多段线，此时可以设置各段线条的宽度和厚度，但它们必须共面。在三维坐标系下，多段线的绘制过程和二维多段线基本相同，但使用的命令不同，并且在三维多段线中只有直线段没有圆弧段，也没有线宽等的设定。在"功能区"选项板中选择"常用"选项卡，在"绘图"面板中单击"三维多段线"按钮，或在快速访问工具栏选择"显示菜单栏"命令，在弹出的菜单中选择"绘图"→"三维多段线"（3dpoly）命令，此时在命令行提示下依次输入不同的三维空间点即可得到一条三维多段线（括号内表示动态输入数值，即相对坐标值），如图 10-12 所示。

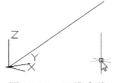

图 10-11　三维直线

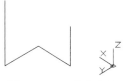

图 10-12　三维多段线

命令：3dpoly
指定多段线的起点：50,50,50↵
指定直线的端点或［放弃（U）］：50,50,0（@ 0,0,−50）↵
指定直线的端点或［放弃（U）］：50,20,0（@ 0,−30,0）↵
指定直线的端点或［闭合（C）/放弃（U）］：20,20,0（@ −30,0,0）↵
指定直线的端点或［闭合（C）/放弃（U）］：20,20,30（@ 0,0,30）↵
指定直线的端点或［闭合（C）/放弃（U）］：↵

10.3.3 绘制三维样条曲线和三维弹簧

在三维坐标系中，在"功能区"选项板中选择"常用"选项卡，在"绘图"面板中单击"样条曲线"按钮，或者在快速访问工具栏选择"显示菜单栏"命令，在弹出的菜单中选择"绘图"→"样条曲线"命令，均可绘制样条曲线。

在三维坐标系中，在"功能区"选项板中选择"常用"选项卡，在"绘图"面板中单击"螺旋"按钮，或者在快速访问工具栏选择"显示菜单栏"命令，在弹出的菜单中选择"绘图"→"螺旋"命令，或者命令行直接输入 helix，均可绘制三维螺旋线。

【例 10-1】分别绘制一个 3 圈、上下底面半径不同的螺旋线和一个 8 圈、上下底面相同的螺旋线。

1) 输入命令 helix，系统提示：

圈数 = 3.0000　　扭曲 = CCW

指定底面的中心点：0,0,0↵

指定底面半径或［直径（D）］：100↵

指定顶面半径或［直径（D）］：50↵

指定螺旋高度或［轴端点（A）/圈数（T）/圈高（H）/扭曲（W）］<80.0000>：80↵

绘制结果如图 10-13a 所示。

2) 输入命令：helix，系统提示：

圈数 = 3.0000　　扭曲 = CCW

指定底面的中心点：0,0,0↵

指定底面半径或［直径（D）］<150.0000>：100↵

指定顶面半径或［直径（D）］<100.0000>：100↵

指定螺旋高度或［轴端点（A）/圈数（T）/圈高（H）/扭曲（W）］：T↵

输入圈数<3.0000>：8↵

指定螺旋高度或［轴端点（A）/圈数（T）/圈高（H）/扭曲（W）］<1.0000>：w↵

输入螺旋的扭曲方向［顺时针（CW）/逆时针（CCW）］<CCW>：cw↵

指定螺旋高度或［轴端点（A）/圈数（T）/圈高（H）/扭曲（W）］<1.0000>：150↵

绘制结果如图 10-13b 所示。

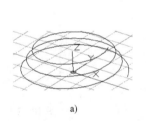

a)　　　　　　　　　　b)

图 10-13　3 圈的螺旋线和 8 圈的螺旋线

10.4　绘制三维网格

在 AutoCAD 2020 中，在快速访问工具栏选择"显示菜单栏"命令，在弹出的菜单中选择"绘图"→"建模"→"网格"命令，可以绘制三维网格，如图 10-14 所示。

10.4.1　绘制二维填充图形

在命令行中输入"二维填充"（solid）命令，可以绘制三角形和四边形的有色填充区域。

绘制三角形填充区域时，在命令行提示下依次指定三

图 10-14　"绘图"→"建模"菜单

角形的三个角点，提示输入第四个点时直接按<Enter>键退出命令，结果如图 10-15 所示。

绘制四边形填充区域时，依次输入四个点，应注意点的排列顺序，点顺序不同，得到的图形形状也将不同，如图 10-16 所示。

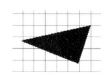

图 10-15　绘制三角形填充区域

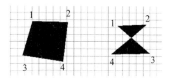

图 10-16　第 3 点和第 4 点顺序将影响图形的形状

10.4.2　绘制三维面与多边三维面

在快速访问工具栏选择"显示菜单栏"命令，在弹出的菜单中选择"绘图"→"建模"→"网格"→"三维面"（3dface）命令，可以绘制三维面。三维面是三维空间的表面，既没有厚度，也没有质量属性。由"三维面"命令创建的每个面的各顶点可以有不同的 Z 坐标，但构成各个面的顶点最多不能超过 4 个。如果构成面的 4 个顶点共面，"消隐"命令认为该面是不透明的，可以消隐；反之，"消隐"命令对其无效。

【例 10-2】绘制图 10-17 所示的图形。

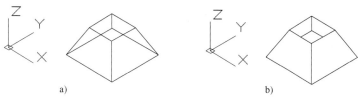

图 10-17　三维面线框图形及其消隐后的效果

1）在快速访问工具栏选择"显示菜单栏"命令，在弹出的菜单中选择"视图"→"三维视图"→"东南等轴测"命令，切换到三维东南等轴测视图。

2）在快速访问工具栏选择"显示菜单栏"命令，在弹出的菜单中选择"绘图"→"建模"→"网格"→"三维面"（3dface）命令，执行绘制三维面命令。

3）绘制过程（动态输入打开时，采用括号内的相对坐标值）。

命令:3dface

指定第一点或［不可见(I)］: 60,40,0↵

指定第二点或［不可见(I)］: 80,60,40(@ 20,20,40)↵

指定第三点或［不可见(I)］<退出>: 80,100,40(@ 0,40,0)↵

指定第四点或［不可见(I)］<创建三侧面>: 60,120,0(@ -20,20,-40)↵

指定第三点或［不可见(I)］<退出>: 140,120,0(@ 80,0,0)↵

指定第四点或［不可见(I)］<创建三侧面>: 120,100,40(@ -20,-20,40)↵

指定第三点或［不可见(I)］<退出>: 120,60,40(@ 0,-40,0)↵

指定第四点或［不可见(I)］<创建三侧面>: 140,40,0(@ 20,-20,-40)↵

指定第三点或［不可见(I)］<退出>: 60,40,0(@ -80,0,0)↵

指定第四点或［不可见(I)］<创建三侧面>: 80,60,40(@ 20,20,40)↵

指定第三点或［不可见(I)］<退出>:↵

结果如图 10-17a 所示。

4）在快速访问工具栏选择"显示菜单栏"命令，在弹出的菜单中选择"视图"→"消隐"命令，结果如图 10-17b 所示。

注意：执行"三维面"命令只能生成 3 条或 4 条边的三维面，要生成多边曲面，必须选择 pface 命令，在该命令提示下可以输入多个点。如图 10-18 所示的带有厚度的正六边形不是多边曲面，消隐命令无效，要在其上添加一个面，可在命令行输入 pface，并依次单击顶点 1~6，然后在命令行依次输入顶点编号 1~6，最后按<Enter>键结束命令，就多出了一个顶面，可以消隐。消隐后的效果如图 10-19 所示。

图 10-18　原始图形

图 10-19　添加三维多重面并消隐后的效果

10.4.3　控制三维面的边的可见性

在命令行中输入"边"（edge）命令，可以修改三维面的边的可见性。执行该命令时，命令行显示如下提示信息：

指定要切换可见性的三维表面的边或 [显示(D)]：

默认情况下，选择三维表面的边后，按<Enter>键将隐藏该边。若选择"显示（D）"选项，则可以选择三维面的不可见边以便重新显示它们，此时命令行显示如下提示信息：

输入用于隐藏边显示的选择方法 [选择(S)/全部选择(A)]：

选择"全部选择（A）"选项，则可以将选中图形中所有三维面的隐藏边显示出来；选择"选择（S）"选项，则可以选择部分可见的三维面的隐藏边并显示它们。

如在图 10-17 中，要隐藏被顶面和侧面遮挡的三

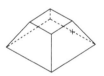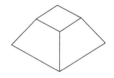

图 10-20　隐藏的边

条边，可在命令行中输入"边"（edge）命令，然后依次单击这些边，最后按<Enter>键，结果如图 10-20 所示。

如果要使三维面隐藏的边再次可见，可以再次执行"边"命令，然后用定点设备（如鼠标）选定每条边即可显示它，系统将自动显示"对象捕捉"标记和"捕捉模式"，指示在每条可见边的外观捕捉位置。

10.4.4　绘制三维网格

在命令行中输入"三维网格"（3dmesh）命令，可以根据指定的 M 行 N 列个顶点和每一顶点的位置生成三维空间多边形网格。M 和 N 的最小值为 2，表明定义多边形网格至少要 4 个点，其最大值为 256。

如要绘制 4×4 网格，可在命令行输入"三维网格"（3dmesh）命令，并设置 M 方向上的网格数量为 4，N 方向上的网格数量为 4，然后依次指定 16 个顶点的位置。如果选择"修改"→"对象"→"多段线"命令，则可以编辑绘制的三维网格。绘制过程如下，绘制结果如图 10-21 所示。

命令：3dmesh
输入 M 方向上的网格数量：4 ↵

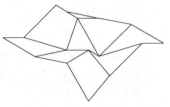

图 10-21　三维网格

输入 N 方向上的网格数量：4 ↵
为顶点（0，0）指定位置：0,6,0 ↵
为顶点（0，1）指定位置：0,5,1 ↵
为顶点（0，2）指定位置：0,2,0 ↵
为顶点（0，3）指定位置：0,0,1 ↵
为顶点（1，0）指定位置：2,7,0 ↵
为顶点（1，1）指定位置：3,4,2 ↵
为顶点（1，2）指定位置：3,3,0 ↵
为顶点（1，3）指定位置：3,0,1 ↵
为顶点（2，0）指定位置：5,7,1 ↵
为顶点（2，1）指定位置：5,4,0 ↵
为顶点（2，2）指定位置：5,3,1 ↵
为顶点（2，3）指定位置：4,2,0 ↵
为顶点（3，0）指定位置：7,8,0 ↵
为顶点（3，1）指定位置：8,5,2 ↵
为顶点（3，2）指定位置：8,2,1 ↵
为顶点（3，3）指定位置：8,0,0 ↵

若选择"平滑对象"（meshsmooth）命令，则可以使该三维网格产生平滑效果。具体操作：选中该三维网格，再执行"平滑对象"命令。由于该操作会产生变形，所以会弹出一个警告对话框，在该对话框中选择"创建网格"，将其转变为网格，产生平滑效果，如图 10-22 所示。

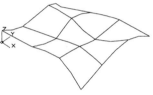

图 10-22　平滑网格效果

10.4.5　绘制旋转网格

在快速访问工具栏选择"显示菜单栏"命令，在弹出的菜单中选择"绘图"→"建模"→"网格"→"旋转网格"（revsurf）命令，可以将曲线绕旋转轴旋转一定的角度形成旋转网格。

如当设置系统变量 SURFTAB1 = 40，SURFTAB2 = 30 时，将图 10-23 中的样条曲线绕直线旋转 360°后，得到图 10-24 所示的效果。其中，旋转方向的分段数由系统变量 SURFTAB1 确定，旋转轴方向的分段数由系统变量 SURFTAB2 确定。

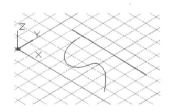

图 10-23　样条曲线和直线

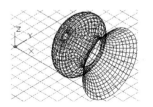

图 10-24　旋转成网格

10.4.6　绘制平移网格

在快速访问工具栏选择"显示菜单栏"命令，在弹出的菜单中选择"绘图"→"建模"→

"网格"→"平移网格"（tabsurf）命令，可以将路径曲线沿方向矢量进行平移后构成平移曲面，如图 10-25 所示。平移曲面的分段数由系统变量 SURFTAB1 确定。

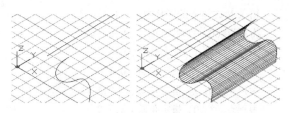

图 10-25 由曲线和方向矢量平移网格

命令：tabsurf
当前线框密度：SURFTAB1 = 40
选择用作轮廓曲线的对象：(选择曲线对象)
选择用作方向矢量的对象：(选择方向矢量)

10.4.7 绘制直纹网格

在快速访问工具栏选择"显示菜单栏"命令，在弹出的菜单中选择"绘图"→"建模"→"网格"→"直纹网格"（rulesurf）命令，可以在两条曲线之间用直线连接从而形成直纹网格。绘制过程如下，效果如图 10-26 所示。

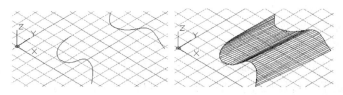

图 10-26 通过两条曲线绘制直纹网格

命令：rulesurf
当前线框密度：SURFTAB1 = 40
选择第一条定义曲线：(选择第一条曲线)
选择第二条定义曲线：(选择第二条曲线)

10.4.8 绘制边界网格

在快速访问工具栏选择"显示菜单栏"命令，在弹出的菜单中选择"绘图"→"建模"→"网格"→"边界网格"（edgesurf）命令，可以使用 4 条首尾连接的边创建三维多边形网格。绘制过程如下，效果如图 10-27 所示。

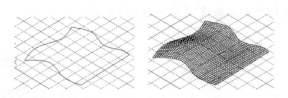

图 10-27 绘制首尾相连的曲线作为边界，绘制边界网格

命令：edgesurf
当前线框密度：SURFTAB1 = 40 SURFTAB2 = 30
选择用作曲面边界的对象 1：
选择用作曲面边界的对象 2：
选择用作曲面边界的对象 3：
选择用作曲面边界的对象 4：

10.5   绘制三维实体

在 AutoCAD 中，最基本的实体对象包括多段体、长方体、楔体、圆锥体、球体、圆柱体、圆环体及棱锥面，可以在"功能区"选项板中选择"常用"选项卡，在"建模"面板中单击相应的按钮，或在"功能区"选项板中选择"实体"选项卡，在"图元"面板或"实体"面板中单击相应的按钮，或在快速访问工具栏选择"显示菜单栏"命令，在弹出的菜单中选择"绘图"→"建模"子命令，均可创建三维实体，如图 10-28 所示。

图 10-28   创建基本实体对象的命令和工具

10.5.1   绘制多段体

在"功能区"选项板中选择"常用"选项卡，在"建模"面板中单击"多段体"按钮，或在"功能区"选项板中选择"实体"选项卡，在"图元"面板中单击"多段体"按钮，如图 10-28 所示，或在快速访问工具栏选择"显示菜单栏"命令，在弹出的菜单中选择"绘图"→"建模"→"多段体"（polysolid）命令，均可以创建三维多段体。

【例 10-3】绘制图 10-29 所示的廊道式多段体。

1）在快速访问工具栏选择"显示菜单栏"命令，在弹出的菜单中选择"视图"→"三维视图"→"东南等轴测"命令，切换到三维东南等轴测视图。

2）在"功能区"选项板中选择"常用"选项卡，在"建模"面板中单击"多段体"按钮，执行绘制三维多段体命令。多段体的绘制方法与二维平面绘图中多段线的绘制方法相似，不同之处在于绘制多段体时需要指定它的高度、厚度和对正方式。

命令：polysolid

高度 = 80.0000，宽度 = 5.0000，对正 = 居中

指定起点或［对象(O)/高度(H)/宽度(W)/对正(J)］<对象>：h↵

指定高度 <80.0000>：1000 ↵

高度 = 1000.0000，宽度 = 5.0000，对正 = 居中

指定起点或［对象(O)/高度(H)/宽度(W)/对正(J)］<对象>：w↵

指定宽度 <5.0000>：200 ↵

高度 = 1000.0000，宽度 = 200.0000，对正 = 居中

指定起点或［对象(O)/高度(H)/宽度(W)/对正(J)］<对象>：j↵

输入对正方式［左对正(L)/居中(C)/右对正(R)］<居中>：c↵

高度 = 1000.0000，宽度 = 200.0000，对正 = 居中

指定起点或［对象(O)/高度(H)/宽度(W)/对正(J)］<对象>：0,0,0↵

指定下一个点或［圆弧(A)/放弃(U)］：@5000,0↵

指定下一个点或［圆弧(A)/放弃(U)］：a↵

指定圆弧的端点或［闭合(C)/方向(D)/直线(L)/第二个点(S)/放弃(U)］：@0,2000 ↵

指定下一个点或［圆弧(A)/闭合(C)/放弃(U)］：

指定圆弧的端点或［闭合(C)/方向(D)/直线(L)/第二个点(S)/放弃(U)］：l↵

指定下一个点或［圆弧(A)/闭合(C)/放弃(U)］：@-5000,0 ↵

指定下一个点或［圆弧(A)/闭合(C)/放弃(U)］：a↵

指定圆弧的端点或［闭合(C)/方向(D)/直线(L)/第二个点(S)/放弃(U)］：c↵

10.5.2　绘制长方体与楔体

在"功能区"选项板中选择"常用"选项卡，在"建模"面板中单击"长方体"按钮或在快速访问工具栏选择"显示菜单栏"命令，在弹出的菜单中选择"绘图"→"建模"→"长方体"(box) 命令，均可以绘制长方体。

在创建长方体时，其底面应与当前坐标系的 XY 平面平行，主要有指定长方体角点、中心两种绘制方法。

默认情况下，可以根据长方体的某个角点位置创建长方体。当在绘图窗口中指定了一个角点后，命令行将提示直接指定另一角点，根据另一角点位置来创建长方体。当指定角点与第一个角点的 Z 坐标不一样时，系统将以这两个角点作为体的对角点创建长方体；如果第二个角点与第一个角点位于同一高度，系统提示指定长方体的高度。

创建的长方体的各边应分别与当前 UCS 的 X 轴、Y 轴和 Z 轴平行。在根据长度、宽度和高度创建长方体时，长、宽、高的方向分别与当前 UCS 的 X 轴、Y 轴和 Z 轴方向平行。在系统提示中输入长度、宽度及高度时，输入的值既可为正也可为负，正值表示沿相应坐标轴的正方向创建长方体，反之沿坐标轴的负方向创建长方体。

【例 10-4】绘制一个 200×100×150 的长方体，如图 10-30 所示。

命令：box

指定第一个角点或［中心(C)］：c↵

指定中心：0,0,0 ↵

指定角点或［立方体(C)/长度(L)］：l↵

指定长度：200 ↵

指定宽度：100 ↵

指定高度或［两点(2P)］：150 ↵

在"功能区"选项板中选择"常用"选项卡，在"建模"面板中单击"楔体"按钮，或在快速访问工具栏选择"显示菜单栏"命令，在弹出的菜单中选择"绘图"→"建模"→"楔体"（wedge）命令，均可以绘制楔体。

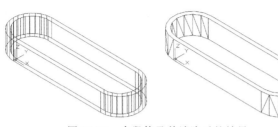

图 10-29　多段体及其消隐后的效果

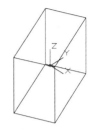

图 10-30　绘制长方体

创建"长方体"和"楔体"的命令不同，但创建方法相同，因为楔体是长方体沿对角线切成两半后的结果。如可以使用与【例 10-4】中绘制长方体完全相同的方法绘制楔体，效果如图 10-31 所示。

命令：wedge
指定第一个角点或［中心（C）］：c↵
指定中心：0,0,0↵
指定角点或［立方体（C）/长度（L）］：l↵
指定长度 <200.0000>：↵
指定宽度 <100.0000>：↵
指定高度或［两点（2P）］<150.0000>：↵

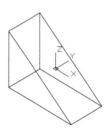

图 10-31　绘制楔体

10.5.3　绘制圆柱体与圆锥体

在"功能区"选项板中选择"常用"选项卡，在"建模"面板中单击"圆柱体"按钮，或在菜单中选择"绘图"→"建模"→"圆柱体"（cylinder）命令，均可以绘制圆柱体或椭圆柱体。

绘制圆柱体时可以先改变 ISOLINES 变量，确定每个面上合适的线框密度。绘制过程如下，绘制结果如图 10-32 所示。

图 10-32　绘制圆柱体或椭圆柱体

命令：isolines
输入 ISOLINES 的新值 <20>：28↵
命令：cylinder
指定底面的中心点或［三点（3P）/两点（2P）/切点、切点、半径（T）/椭圆（E）］：0,0,0↵
指定底面半径或［直径（D）］<100.0000>：↵
指定高度或［两点（2P）/轴端点（A）］<150.0000>：↵
命令：cylinder
指定底面的中心点或［三点（3P）/两点（2P）/切点、切点、半径（T）/椭圆（E）］：e↵
指定第一个轴的端点或［中心（C）］：c↵

指定中心点：0,0,0↵

指定到第一个轴的距离 <100.0000>：↵

指定第二个轴的端点：@ 200,0 ↵

指定高度或［两点(2P)/轴端点(A)］<150.0000>：↵

绘制圆锥体，在"功能区"选项板中选择"常用"选项卡，在"建模"面板中单击"圆锥体"按钮，或在菜单中选择"绘图"→"建模"→"圆锥体"(cone) 命令。圆锥体绘制如图 10-33 所示。

图 10-33　绘制圆锥体

命令：cone

指定底面的中心点或［三点(3P)/两点(2P)/切点、切点、半径(T)/椭圆(E)］：0,0,0↵

指定底面半径或［直径(D)］<100.0000>：↵

指定高度或［两点(2P)/轴端点(A)/顶面半径(T)］<150.0000>：↵

10.5.4　绘制球体与圆环体

在"功能区"选项板中选择"实体"选项卡，在"图元"面板中单击"球体"按钮，或在菜单中选择"绘图"→"建模"→"球体"(sphere) 命令，均可以绘制球体。绘制命令如下，效果如图 10-34 所示。

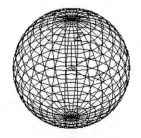

命令：sphere

指定中心点或［三点(3P)/两点(2P)/切点、切点、半径(T)］：0,0,0↵

指定半径或［直径(D)］<35.3553>：50 ↵

图 10-34　半径为 50 的球体实体（isolines 为 28）

在"功能区"选项板中选择"常用"选项卡，在"建模"面板中单击"圆环体"按钮，可绘制圆环体。

【例 10-5】绘制一个圆环半径为 150、圆管半径为 30 的圆环体，如图 10-35 所示。

命令：torus

指定中心点或［三点(3P)/两点(2P)/切点、切点、半径(T)］：0,0,0↵

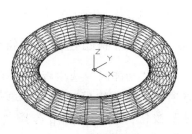

指定半径或［直径(D)］：150 ↵

指定圆管半径或［两点(2P)/直径(D)］：30 ↵

图 10-35　绘制圆环体

10.5.5　绘制棱锥体

在"功能区"选项板中选择"常用"选项卡，在"建模"面板中单击"棱锥体"按钮，或在菜单中选择"绘图"→"建模"→"棱锥体"(pyramid) 命令，均可绘制棱锥体。

在提示信息下，如果选择"顶面半径（T）"选项，可以绘"有顶面的棱锥体"。绘制过程如下，结果如图 10-36 所示。

命令：pyramid

4 个侧面　外切

指定底面的中心点或［边(E)/侧面(S)］：e ↵

指定边的第一个端点：0,0,0↵

指定边的第二个端点：@ 50,0,0↵

图 10-36　棱锥体

指定高度或［两点（2P）/轴端点（A）/顶面半径（T）］<150.0000>:↵

10.6　通过二维对象创建三维对象

在 AutoCAD 中，除了可以通过实体绘制命令绘制三维实体外，还可以通过拉伸、旋转、扫掠、放样等方法，通过二维对象创建三维实体或曲面。可以在快速访问工具栏选择"显示菜单栏"命令，在弹出的菜单中选择"绘图"→"建模"命令的子命令，如图 10-28 所示，或在"功能区"选项板中选择"常用"选项卡，在"建模"面板中单击相应的工具按钮均可实现。

10.6.1　拉伸二维对象创建三维对象

在"功能区"选项板中选择"常用"选项卡，在"建模"面板中单击"拉伸"按钮，或在快速访问工具栏选择"显示菜单栏"命令，在弹出的菜单中选择"绘图"→"建模"→"拉伸"（extrude）命令，均可以通过拉伸二维对象来创建三维实体或曲面。拉伸对象称为断面，在创建实体时，断面可以是二维封闭多段线、圆、椭圆、封闭样条曲线或者面域，其中，多段线对象的顶点数不能超过 500 个且不少于 3 个。若创建三维曲面，则断面是不封闭的二维对象。

默认情况下可以沿 Z 轴方向拉伸对象，这时需要指定拉伸的高度和倾斜角度。其中，拉伸高度值可以为正或为负，表示拉伸的方向；拉伸角度也可以为正或为负，其绝对值不可大于 90°，默认值为 0°，表示生成的实体的侧面垂直于 XY 平面，没有锥度（如果为正，将产生内锥度，生成的侧面向里靠；如果为负，将产生外锥度，生成的侧面向外）。

在拉伸对象时，如果倾斜角度或拉伸高度较大，将导致拉伸对象或拉伸对象的一部分在到达拉伸高度之前就已经汇聚到一点，此时将无法进行拉伸操作。

在拉伸对象时，通过指定拉伸路径，也可以完成拉伸，拉伸路径可以是开放的，也可以是封闭的。

【例 10-6】绘制带喇叭口及 90°弯头的一段水管。

注意：由于二维图形只能在 XY 平面上绘制，所以绘制过程需要不断地转换坐标系。

（1）步骤 1　按管道的中心线位置，先画出拉伸路径，拉伸路径分两段。过程如下：

1）在"功能区"选项板中选择"常用"选项卡，在"绘图"面板中单击"多段线"按钮。

命令：pline

指定起点：1000,1000 ↵

当前线宽为 0.0000

指定下一个点或［圆弧（A）/半宽（H）/长度（L）/放弃（U）/宽度（W）］:@ 800<180 ↵

指定下一点或［圆弧（A）/闭合（C）/半宽（H）/长度（L）/放弃（U）/宽度（W）］:@ 600<270 ↵

指定下一点或［圆弧（A）/闭合（C）/半宽（H）/长度（L）/放弃（U）/宽度（W）］:↵

命令：pline

指定起点：(捕捉刚完成的多段线的下端点)

当前线宽为 0.0000

指定下一个点或［圆弧（A）/半宽（H）/长度（L）/放弃（U）/宽度（W）］:@ 150<270 ↵

指定下一点或［圆弧（A）/闭合（C）/半宽（H）/长度（L）/放弃（U）/宽度（W）］:↵

2）在"功能区"选项板中选择"常用"选项卡，在"修改"面板中单击"圆角"按钮，设置圆角半径为 150，然后对绘制的第一个多段线修圆角，结果如图 10-37 所示。

命令：fillet

当前设置：模式 = 修剪,半径 = 0.0000

选择第一个对象或［放弃(U)/多段线(P)/半径(R)/修剪(T)/多个(M)］:r↵

指定圆角半径 <0.0000>: 150 ↵

选择第一个对象或［放弃(U)/多段线(P)/半径(R)/修剪(T)/多个(M)］:(选择第一个多段线的任一段)

选择第二个对象,或按住<Shift>键选择要应用角点的对象:(再选择垂直于已选多段线的另一段)

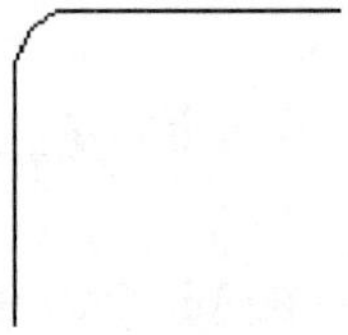

图 10-37　修圆角

注意： 采用修圆角的方法做出拉伸路径时,应当使圆角半径不小于拉伸对象的半径,否则会出现拉伸无法完成的情况。当拉伸路径的半径小于拉伸对象的半径时,应当直接用多段线画出圆弧而不采用修圆角的方法,此时拉伸路径的半径大小不影响拉伸的完成。

(2) 步骤 2　画出拉伸对象,即圆管截面。过程如下：

1) 在"功能区"选项板中选择"常用"选项卡,在"坐标"面板中单击"旋转 Y 轴"按钮,如图 10-38 所示,将当前坐标系绕 Y 轴旋转,角度输入-90°（或 90°）。

命令:ucs

指定绕 Y 轴的旋转角度 <90>: -90 ↵

2) 在"功能区"选项板中选择"常用"选项卡,在"绘图"面板中单击"圆"按钮,依次指定圆心和半径,即可画出一个圆管截面,如图 10-39a 所示。

命令:circle

指定圆的圆心或［三点(3P)/两点(2P)/切点、切点、半径(T)］:(捕捉第 1 个多段线的起点)

指定圆的半径或［直径(D)］<10.0000>:100 ↵

3) 在"功能区"选项板中选择"可视化"选项卡,在"坐标"面板中单击"恢复上个坐标系"按钮 ，恢复上一个坐标系,如图 10-39b 所示。

4) 在"功能区"选项板中选择"可视化"选项卡,在"坐标"面板中单击"旋转 X 轴"按钮,将当前坐标系 X 轴旋转-90°,操作过程与 1) 相似。

5) 在"功能区"选项板中选择"常用"选项卡,在"绘图"面板中单击"圆"按钮,依次指定圆心和半径,即可画出一个圆管截面,如图 10-40 所示。

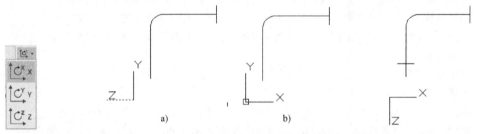

图 10-38　旋转 Y 轴按钮　　图 10-39　旋转 Y 轴绘制圆与恢复上一个坐标系　　图 10-40　旋转 X 轴绘制圆

命令:circle

指定圆的圆心或［三点(3P)/两点(2P)/切点、切点、半径(T)］:(捕捉第 2 个多段线的起点)

指定圆的半径或［直径(D)］<100.0000>:↵

6) 在"功能区"选项板中选择"可视化"选项卡,在"坐标"面板中单击"恢复上个坐标系"按钮 ，恢复前一个坐标系。如图 10-41 所示。

(3) 步骤 3　进行拉伸,过程如下：

1) 为获得良好的视觉效果,可以用 isolines 命令改变线框密度。

命令：isolines

输入 ISOLINES 的新值 <4>：28 ↵

2）在"功能区"选项板中选择"常用"选项卡，在"建模"面板中单击"拉伸"按钮（图 10-42），将绘制的圆沿第二个路径拉伸，结果如图 10-43 所示。

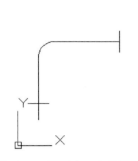

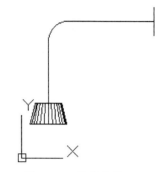

图 10-41　恢复上一个坐标系　　　　图 10-42　单击拉伸命令　　　　图 10-43　拉伸成喇叭口

命令：extrude

当前线框密度：ISOLINES = 28，闭合轮廓创建模式 = 实体

选择要拉伸的对象或 [模式（MO）]：（选取第二个圆，文本栏出现提示：找到 1 个）

选择要拉伸的对象或 [模式（MO）]：↵（按<Enter>键表示结束选择）

指定拉伸的高度或 [方向（D）/路径（P）/倾斜角（T）/表达式（E）] <841.9950>：t ↵

指定拉伸的倾斜角度或 [表达式（E）] <15>：-15 ↵

指定拉伸的高度或 [方向（D）/路径（P）/倾斜角（T）/表达式（E）] <841.9950>：p ↵

选择拉伸路径或 [倾斜角（T）]：（选取第二个多段线）

3）继续单击拉伸按钮。

命令：extrude

当前线框密度：ISOLINES = 28，闭合轮廓创建模式 = 实体

选择要拉伸的对象或 [模式（MO）]：（选取上边的圆，文本栏出现提示：找到 1 个）

选择要拉伸的对象或 [模式（MO）]：↵

指定拉伸的高度或 [方向（D）/路径（P）/倾斜角（T）/表达式（E）] <1264.6523>：p ↵

选择拉伸路径或 [倾斜角（T）]：（选取第一个多段线）

拉伸结果见图 10-44。

4）用动态观察。在快速访问工具栏选择"显示菜单栏"命令，在弹出的菜单中选择"视图"→"消隐"命令，消隐图形，观察结果如图 10-45 所示。

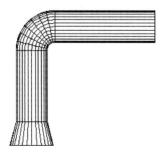

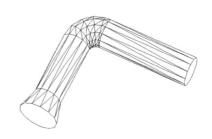

图 10-44　拉伸圆管　　　　　　　　图 10-45　带喇叭口的圆管消隐观察的效果

10.6.2 旋转二维对象创建三维对象

在"功能区"选项板中选择"常用"选项卡，在"建模"面板中单击"旋转"按钮，或在快速访问工具栏选择"显示菜单栏"命令，在弹出的菜单中选择"绘图"→"建模"→"旋转"（revolve）命令，均可以通过绕轴旋转二维对象来创建三维实体或曲面。在创建实体时，用于旋转的二维对象可以是封闭多段线、多边形、圆、椭圆、封闭样条曲线、圆环或封闭区域，三维对象、包含在块中的对象、有交叉或自干涉的多段线均不能被旋转。在将二维对象旋转成三维对象时，每次只能旋转一个对象。若创建三维曲面，则用于旋转的二维对象是不封闭的。

使用旋转命令时，在选择需要旋转的二维对象后，通过指定两个端点来确定旋转轴。如图 10-46 所示图形为封闭多段线绕直线旋转一周后得到的实体。

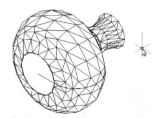

图 10-46 将二维图形旋转成实体

【例 10-7】 通过旋转的方法绘制图 10-47 所示的竖流式沉淀池模型。

1）绘制二维图形。在"功能区"选项板中选择"常用"选项卡，在"建模"面板中单击"多段线"按钮。

（先绘制池壁轮廓线）

命令：pline

指定起点：

当前线宽为 0.0000

指定下一个点或 ［圆弧（A）/半宽（H）/长度（L）/放弃（U）/宽度（W）］：w↵

指定起点宽度 <0.0000>: 5 ↵

指定端点宽度 <5.0000>:↵

指定下一个点或 ［圆弧（A）/半宽（H）/长度（L）/放弃（U）/宽度（W）］：@ 0，-500 ↵

指定下一点或 ［圆弧（A）/闭合（C）/半宽（H）/长度（L）/放弃（U）/宽度（W）］：@ 0，-3900 ↵

指定下一点或 ［圆弧（A）/闭合（C）/半宽（H）/长度（L）/放弃（U）/宽度（W）］：@ 3450，-5980 ↵

指定下一点或 ［圆弧（A）/闭合（C）/半宽（H）/长度（L）/放弃（U）/宽度（W）］：@ 250，0 ↵

指定下一点或 ［圆弧（A）/闭合（C）/半宽（H）/长度（L）/放弃（U）/宽度（W）］：↵

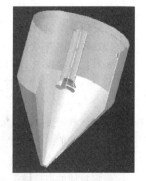

图 10-47 三维效果图

（再绘制出水槽）

命令：pline

指定起点：

当前线宽为 5.0000

指定下一个点或 ［圆弧（A）/半宽（H）/长度（L）/放弃（U）/宽度（W）］：@ 200，0 ↵

指定下一点或 ［圆弧（A）/闭合（C）/半宽（H）/长度（L）/放弃（U）/宽度（W）］：@ 0，300 ↵

指定下一点或 ［圆弧（A）/闭合（C）/半宽（H）/长度（L）/放弃（U）/宽度（W）］：↵

（至此绘制结果如图 10-48a 所示，接下来绘制中心管）

命令：pline

指定起点：_from 基点：（捕捉池壁多段线的起点）

<偏移>：@3150,0↵

当前线宽为 5.0000

指定下一个点或［圆弧(A)/半宽(H)/长度(L)/放弃(U)/宽度(W)］：@0,-3800↵

指定下一点或［圆弧(A)/闭合(C)/半宽(H)/长度(L)/放弃(U)/宽度(W)］：@-200,-300↵

指定下一点或［圆弧(A)/闭合(C)/半宽(H)/长度(L)/放弃(U)/宽度(W)］：@750,0↵

指定下一点或［圆弧(A)/闭合(C)/半宽(H)/长度(L)/放弃(U)/宽度(W)］：↵

（绘制中心管口的挡板）

命令：pline

指定起点：_from 基点：（捕捉刚绘制的中心管多段线的最后的端点）

<偏移>：@0,-200↵

当前线宽为 5.0000

指定下一个点或［圆弧(A)/半宽(H)/长度(L)/放弃(U)/宽度(W)］：@-750,-100↵

指定下一点或［圆弧(A)/闭合(C)/半宽(H)/长度(L)/放弃(U)/宽度(W)］：@750,0↵

指定下一点或［圆弧(A)/闭合(C)/半宽(H)/长度(L)/放弃(U)/宽度(W)］：↵

绘制中心线,线型为点画线。

至此的绘制结果如图 10-48b 所示。

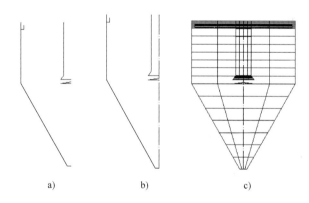

　　　　　a)　　　　　　　　　　b)　　　　　　　　　　c)

图 10-48　三维实体模型图

2）旋转。

命令：revolve

当前线框密度：ISOLINES=20,闭合轮廓创建模式 = 实体

选择要旋转的对象或［模式(MO)］：（分别选取刚绘制的 4 个对象,即池壁、水槽、中心管、挡板）

选择要旋转的对象或［模式(MO)］：（找到 1 个）

选择要旋转的对象或［模式(MO)］：（找到 1 个,总计 2 个）

选择要旋转的对象或［模式(MO)］：（找到 1 个,总计 3 个）

选择要旋转的对象或［模式(MO)］：（找到 1 个,总计 4 个）

选择要旋转的对象或［模式(MO)］：↵

指定轴起点或根据以下选项之一定义轴［对象(O)/X/Y/Z］<对象>：（捕捉中心线的端点）

指定轴端点：（捕捉中心线的另一个端点）

指定旋转角度或［起点角度(ST)/反转(R)/表达式(EX)］<360>：270↵

至此的绘制效果如图 10-48c 所示。

3）调整视角进行观察。在"功能区"选项板中选择"视图"选项卡，在"导航"面板中单击"动态观察"按钮，或者"自由动态观察"按钮，如图 10-49 所示，对所绘对象进行观察。选择合适观察角度，并进行渲染，可得到图 10-47 的效果。

图 10-49　动态观察工具

10.6.3　对二维对象扫掠创建三维对象

在"功能区"选项板中选择"常用"选项卡，在"建模"面板中单击"扫掠"按钮，或在快速访问工具栏选择"显示菜单栏"命令，在弹出的菜单中选择"绘图"→"建模"→"扫掠"（sweep）命令，均可以通过沿路径扫掠二维对象创建三维实体和曲面。如果要扫掠的对象不是封闭的图形，那么使用"扫掠"命令后得到的是网格面，反之得到的是三维实体。

选择"扫掠"命令，可以直接指定扫掠路径来创建三维对象，也可以设置扫掠时的对齐方式、基点、比例和扭曲参数。其中，"对齐"选项用于设置扫掠前是否对齐垂直于路径的扫掠对象；"基点"选项用于设置扫掠的基点；"比例"选项用于设置扫掠的比例因子，当指定了该参数后，扫掠效果与单击扫掠路径的位置有关；"扭曲"选项用于设置扭曲角度或允许非平面扫掠路径倾斜。

绘图图 10-50 所示的经过扫掠的图形。

命令：3dpoly

指定多段线的起点：100,100,0↵

指定直线的端点或［放弃(U)］：200,100,0(@100,0,0)↵

指定直线的端点或［放弃(U)］：200,0,0(@0,−100,0)↵

指定直线的端点或［闭合(C)/放弃(U)］：200,0,150(@0,0,150)↵

指定直线的端点或［闭合(C)/放弃(U)］：200,100,150(@0,100,0)↵

指定直线的端点或［闭合(C)/放弃(U)］：50,100,150(@−150,0,0)↵

指定直线的端点或［闭合(C)/放弃(U)］：50,0,150(@0,−100,0)↵

指定直线的端点或［闭合(C)/放弃(U)］：50,0,100(@0,0,−50)↵

指定直线的端点或［闭合(C)/放弃(U)］：↵

绘制结果如图 10-50a 所示。

命令：circle

指定圆的圆心或［三点(3P)/两点(2P)/切点、切点、半径(T)］：(在屏幕空白处单击)

指定圆的半径或［直径(D)］：20↵

绘制结果如图 10-50b 所示。

命令：isolines

输入 ISOLINES 的新值 <4>：28↵

命令：sweep

当前线框密度：ISOLINES=28,闭合轮廓创建模式 = 实体

选择要扫掠的对象或［模式(MO)］：(选取圆)

选择要扫掠的对象或［模式(MO)］：↵

选择扫掠路径或［对齐(A)/基点(B)/比例(S)/扭曲(T)］：(选取三维多段线)

绘制结果如图 10-50c 所示。

图 10-51 为对圆形进行螺旋路径扫掠后形成的实体效果，绘图过程略。

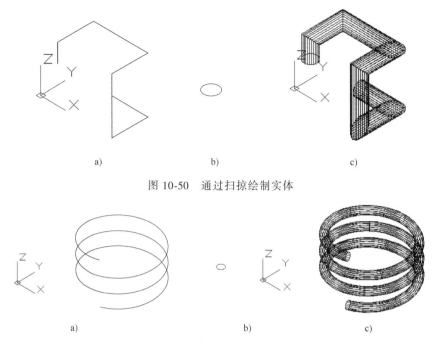

图 10-50　通过扫掠绘制实体

图 10-51　按螺旋线路径对圆进行扫略

10.6.4　将二维对象放样成三维对象

在"功能区"选项板中选择"常用"选项卡，在"建模"面板中单击"拉伸"下拉菜单中的"放样"按钮，或在快速访问工具栏选择"显示菜单栏"命令，在弹出的菜单中选择"绘图"→"建模"→"放样"（loft）命令，均可以在多个横截面之间的空间中创建三维实体或曲面。如果要放样的对象不是封闭的图形，那么使用"放样"命令后得到的是网格面，反之得到的是三维实体。如图 10-52 所示是三维空间中三个圆放样后得到的实体。

在放样时，当依次指定了放样截面（至少两个）后，显示图 10-53 所示提示信息。在该命令提示下，需要选择放样方式。其中，"导向"选项用于使用导向曲线控制放样，每条导向曲线必须要与每一个截面相交，并且起始于第一个截面，结束于最后一个截面；"路径"选项用于使用一条简单的路径控制放样，该路径必须与全部或部分截面相交；"仅横截面"选项用于只使用截面进行放样，此时将打开"放样设置"对话框，可以设置放样横截面上的曲面控制选项，如图 10-54 所示。

图 10-52　放样并消隐图形

图 10-53　提示信息

图 10-54　"放样设置"对话框

【例 10-8】 在 (0, 0, 0)、(0, 0, 50)、(0, 0, 100) 3 点处绘制半径分别为 50、30 和 50 的圆，然后以绘制的圆为截面进行放样创建放样实体，效果如图 10-52 所示。

1）在快速访问工具栏选择"显示菜单栏"命令，在弹出的菜单中选择"视图"→"三维视图"→"东南等轴测"命令，切换到三维东南等轴测视图。

2）在"功能区"选项板中选择"常用"选项卡，在"绘图"面板中单击"圆心，半径"按钮，分别在点 (0, 0, 0)、(0, 0, 50)、(0, 0, 100) 处绘制半径为 50、30 和 50 的圆，如图 10-55 所示。

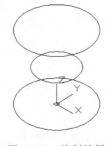

图 10-55 绘制放样截面图

3）在"功能区"选项板中选择"常用"选项卡，在"建模"面板中单击"放样"按钮，启动"放样"命令。

4）放样命令具体过程如下：

命令：loft

当前线框密度：ISOLINES = 20,闭合轮廓创建模式 = 实体

按放样次序选择横截面或［点(PO)/合并多条边(J)/模式(MO)］:（单击最下边的圆）

按放样次序选择横截面或［点(PO)/合并多条边(J)/模式(MO)］:（单击第二个圆）

按放样次序选择横截面或［点(PO)/合并多条边(J)/模式(MO)］:（单击最上边圆）

按放样次序选择横截面或［点(PO)/合并多条边(J)/模式(MO)］:↵

输入选项［导向(G)/路径(P)/仅横截面(C)/设置(S)］<仅横截面>: s↵

此时将弹出"放样设置"对话框，选中"平滑拟合"单选按钮（图10-54），然后单击"确定"按钮，即可仅通过横截面来进行放样，生成放样图形，如图 10-56 所示。

5）在快速访问工具栏选择"显示菜单栏"命令，在弹出的菜单中选择"视图"→"消隐"命令，消隐图形，效果如图 10-52 所示。

10.6.5 使用标高和厚度绘制三维对象

用户在绘制二维对象时，可以为对象设置标高和延伸厚度。一旦设置了标高和延伸厚度，就可以用二维绘图的方法绘制出三维图形对象。

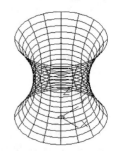

图 10-56 放样生成的图形

绘制二维图形时，绘图面应是当前 UCS 的 XY 面或与其平行的平面。标高可以用来确定这个面的位置，用绘图面与当前 UCS 的 XY 面的距离表示。厚度则是所绘二维图形沿当前 UCS 的 Z 轴方向延伸的距离。

在 AutoCAD 中，规定当前 UCS 的 XY 面的标高为 0，沿 Z 轴正方向的标高为正，沿负方向为负；沿 Z 轴正方向延伸时的厚度为正，反之则为负。

图 10-57 所示为圆、矩形和具有宽度的多段线加厚以后形成图形的效果。图中，上层图形厚度均为 0。

图 10-57 平面图形增加厚度以后的实体效果

第 11 章

编辑和标注三维对象

11.1 编辑三维对象

二维对象的一些命令，如移动、删除、复制等同样适用于编辑三维对象。三维对象特有的编辑命令有三维移动（3dmove）、三维旋转（3drotate）、三维对齐（3dalign）、三维镜像（mirror3d）、三维缩放（3dscale）和三维阵列（3darray）命令。

三维图形编辑命令可在菜单中选择"修改"→"三维操作"，然后单击需要的编辑命令，如图 11-1a 所示。也可在"功能区"选项板中选择"常用"选项卡，在"修改"面板中单击需要的编辑命令，如图 11-1b 所示。

a)   b)

图 11-1 三维图形编辑命令

11.1.1 移动

在菜单中选择"修改"→"三维操作"→"三维移动"命令，或者在"功能区"选项板中选择"常用"选项卡，在"修改"面板中单击"三维移动"命令，均可启动三维移动命令，对三维对象进行移动。

三维移动命令启动后，坐标轴呈现彩色状态。当选择好移动对象后，移动对象的中心出现带有彩色坐标的辅助移动工具，如图 11-2 所示。移动光标到这个辅助移动工具上，当光标指到其彩色坐标轴上时，该坐标轴颜色变成黄色，同时坐标轴上出现延长线。此时按下左键，可以限定三维对象只在该坐标轴方向上进行移动，否则可以在空间任意移动该对象。

【例11-1】使图11-2的图形沿X轴方向移动一段距离。

命令：3dmove

选择对象：找到 1 个

选择对象：↵

指定基点或[位移(D)]<位移>：

指定第二个点或<使用第一个点作为位移>：

移动后效果如图11-3所示。

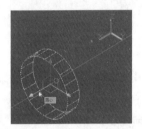
图11-2　移动光标拟合X轴

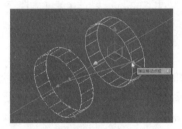
图11-3　沿X轴移动图形

11.1.2　旋转

在菜单中选择"修改"→"三维操作"→"三维旋转"命令，或者在"功能区"选项板中选择"常用"选项卡，在"修改"面板中单击"三维旋转"命令，均可启动三维旋转命令。

三维旋转命令启动后，坐标轴变为彩色。当选择好旋转对象后，该旋转对象的中心出现彩色旋转辅助工具，该辅助工具有三个正交的彩色圆（红色圆垂直于红色的X轴，绿色圆垂直于绿色的Y轴，蓝色圆垂直于Z轴），如图11-4所示。移动光标到这个辅助工具上，当光标指到某个彩色圆上时，该圆颜色变成黄色，

图11-4　选中旋转对象、锁定旋转轴

同时圆心上出现垂直于该圆的坐标轴延长线，此时按下左键，可以限定三维对象以该轴为轴心进行旋转。

【例11-2】使图11-5的图形沿Y轴方向旋转90°。

命令：3drotate

UCS当前的正角方向：ANGDIR=逆时针　ANGBASE=0

选择对象：（找到 1 个）

选择对象：↵

指定基点：

拾取旋转轴：

指定角的起点或键入角度：90 ↵

旋转后的效果如图11-6所示。

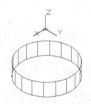
图11-5　圆柱体　　图11-6　旋转结果

11.1.3　对齐

在菜单中选择"修改"→"三维操作"→"三维对齐"命令，或者在"功能区"选项板中选择"常用"选项卡，在"修改"面板中点击"三维对齐"命令，均可启动三维对齐命令。

【例 11-3】连接图 11-7a 中的短圆管和喇叭口。

命令：3dalign

选择对象：(选择左边的短圆管)

选择对象：↵

指定源平面和方向 . . .

指定基点或［复制(C)］：(捕捉短圆管的下底面圆心，如图 11-7c 图所示)

指定第二个点或［继续(C)］<C>：@ 0.1,0,0 ↵

指定第三个点或［继续(C)］<C>：@ 0,0.1,0 ↵

指定目标平面和方向 . . .

指定第一个目标点：(捕捉喇叭口上底面圆心，如图 11-7d 所示)

指定第二个目标点或［退出(X)］<X>：@ 0.1,0,0 ↵

指定第三个目标点或［退出(X)］<X>：@ 0,0.1,0 ↵

对齐后的效果如图 11-7b 所示。

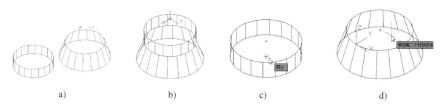

a)　　　　　　　b)　　　　　　　c)　　　　　　　d)

图 11-7　用对齐命令连接短管和喇叭口

11.1.4　镜像

在菜单中选择"修改"→"三维操作"→"三维镜像"命令，或者在"功能区"选项板中选择"常用"选项卡，在"修改"面板中点击"三维镜像"命令，均可启动三维镜像（mirror3d）命令。

对图 11-8a 的圆锥体使用镜像命令，以底面为镜像平面，完成的效果见图 11-8b。

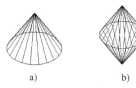

a)　　　　　b)

图 11-8　对圆锥体使用三维镜像命令

命令：mirror3d

选择对象：找到 1 个

选择对象：↵

指定镜像平面（三点）的第一个点或［对象(O)/最近的(L)/Z 轴(Z)/视图(V)/XY 平面(XY)/YZ 平面(YZ)/ZX 平面(ZX)/三点(3)］<三点>：↵

在镜像平面上指定第二点：@ 0.1,0,0 ↵

在镜像平面上指定第三点：@ 0,0.1,0 ↵

是否删除源对象？［是(Y)/否(N)］<否>：↵

11.1.5　阵列

【例 11-4】绘制如图 11-9 所示的多孔墙体。

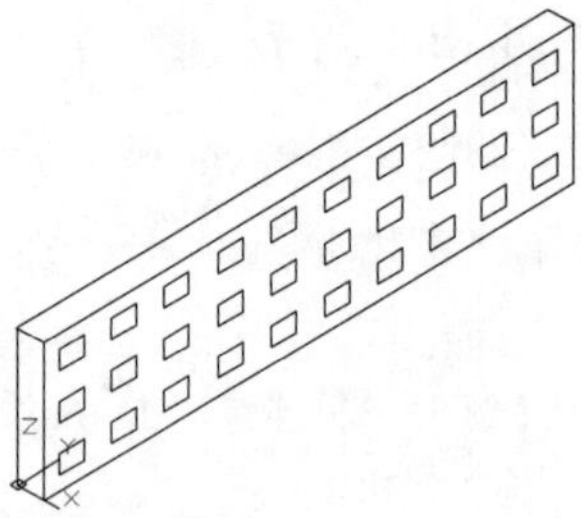

命令：box

指定第一个角点或［中心（C）］：0，0，0↵

指定其他角点或［立方体（C）/长度（L）］：@ 300，6000，0↵

指定高度或［两点（2P）］<-1500.0000>：-1500↵

此段命令绘制出墙体，效果如图 11-10 所示。

命令：box

指定第一个角点或［中心（C）］：300，150，150↵

指定其他角点或［立方体（C）/长度（L）］：@ -300，300，200↵

此命令绘制出墙上的方形孔体，效果如图 11-11 所示。

图 11-9　消隐后的穿孔墙效果

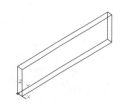

图 11-10　用长方体命令绘制墙体

图 11-11　绘制出墙体上的方形孔

再使用三维阵列命令做出一组方孔。

命令：3darray

选择对象：找到 1 个

选择对象：↵

输入阵列类型［矩形（R）/环形（P）］<矩形>：↵

输入行数 （---） <1>：10↵

输入列数 （|||） <1>：1↵

输入层数 （...） <1>：3↵

指定行间距 （---）：600↵

指定层间距 （...）：500↵

至此绘图效果如图 11-12 所示，对该图形的消隐效果如图 11-9 所示。

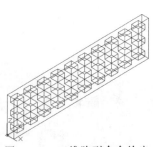

图 11-12　三维阵列命令绘出
3 层 10 行 1 列方孔

【例 11-5】绘制如图 11-13 所示的带环形配水孔的圆板。

命令：cylinder

指定底面的中心点或［三点（3P）/两点（2P）/切点、切点、半径（T）/椭圆（E）］：2000，2000，0↵

指定底面半径或［直径（D）］：2000↵

指定高度或［两点（2P）/轴端点（A）］>：300↵

此命令绘制了圆板。

命令：cylinder

指定底面的中心点或［三点（3P）/两点（2P）/切点、切点、半径（T）/椭圆（E）］：2000，300，0↵

指定底面半径或［直径（D）］<100.0000>：↵

指定高度或［两点（2P）/轴端点（A）］<-300.0000>：300↵

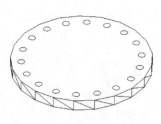

图 11-13　消隐后的效果

此命令绘制了圆板中的一个圆形孔洞，如图 11-14 所示。

再用三维环形阵列命令绘制其他过水孔。

命令：3darray

选择对象：找到 1 个

选择对象：↵

输入阵列类型［矩形（R）/环形（P）］<矩形>：p↵

输入阵列中的项目数目：18↵

指定要填充的角度（＋＝逆时针，－＝顺时针）<360>：↵

旋转阵列对象？［是（Y）/否（N）］<Y>：↵

指定阵列的中心点：

指定旋转轴上的第二点：

此命令绘制了形成环形的所有孔洞，如图 11-15 所示，消隐后的效果如图 11-13 所示。

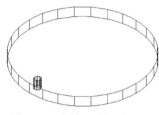

图 11-14　圆板上的一个圆孔

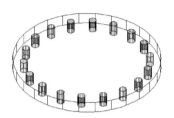

图 11-15　环形阵列的绘制效果

11.2　编辑三维实体

先绘制相交的一个三维球体和一个圆柱体，然后分别使用并集、差集、交集及干涉命令进行三维编辑运算。

11.2.1　并集运算

命令：union

选择对象：找到 1 个

选择对象：找到 1 个,总计 2 个

选择对象：↵

相交的圆柱与球体如图 11-16 所示。并集运算后的柱与球体如图 11-17 所示。其轴测视图的消隐效果如图 11-18 所示。

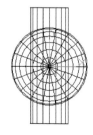

图 11-16　相交的圆柱与球体

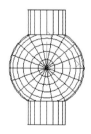

图 11-17　并集运算后的柱与球体

图 11-18　轴测视图消隐效果

11.2.2 差集运算

命令：subtract(选择要从中减去的实体、曲面和面域...)

选择对象：找到 1 个

选择对象：↵

选择要减去的实体、曲面和面域...

选择对象：找到 1 个

选择对象：↵

球体减去柱体的差集运算后的效果如图 11-19 所示。

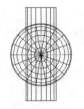

图 11-19　球体减去柱体的差集运算后的效果

11.2.3 交集运算

命令：intersect

选择对象：找到 1 个

选择对象：找到 1 个,总计 2 个

选择对象：↵

球体与柱体交集运算后结果如图 11-20 所示。

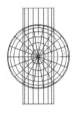

图 11-20　球体与柱体交集运算后的效果

11.2.4 干涉运算

在 AutoCAD 中，可以使用 interfere 命令，通过对比两组对象或一对一地检查所有实体来检查实体模型中的干涉，也就是三维实体相交或重叠的区域。

命令：interfere

选择第一组对象或 [嵌套选择(N)/设置(S)]：(选取球体,提示:找到 1 个)

选择第一组对象或 [嵌套选择(N)/设置(S)]：↵

选择第二组对象或 [嵌套选择(N)/检查第一组(K)]<检查>：(选取柱体,提示:找到 1 个)

选择第二组对象或 [嵌套选择(N)/检查第一组(K)]<检查>：↵

第二组对象选取好，按<Enter>键确认之后，两组实体之间干涉部分会显示红色，表示发生干涉，如图 11-21 所示，同时会弹出"干涉检查"对话框，如图 11-22 所示。如果把"干涉检查"对话框中的"关闭时删除已创建的干涉对象"复选框取消勾选，则关闭对话框后干涉体不会被删除。选中该复选框，可进行编辑操作，其等价于交集运算后的结果，如图 11-23 所示。

图 11-21　对柱体和球体进行干涉计算

图 11-22　"干涉检查"对话框

11.2.5 编辑实体边

用户可以对三维实体对象的各个边进行复制,通过复制边,可以创建出新的直线、圆弧、圆、椭圆或样条曲线对象。

着色边与着色面的操作方法基本相同,可在"实体编辑"工具栏中单击"着色边"按钮🖳,然后选择要着色的边,并通过"选择颜色"对话框来设置选择边的颜色,为不同边设置不同颜色的三维实体效果。

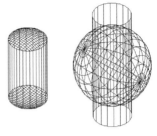

图 11-23 将重叠体移动到旁边

命令:solidedit

实体编辑自动检查:SOLIDCHECK = 1

输入实体编辑选项［面(F)/边(E)/体(B)/放弃(U)/退出(X)］<退出>:E ↵

输入边编辑选项［复制(C)/着色(L)/放弃(U)/退出(X)］<退出>:_copy ↵

选择边或［放弃(U)/删除(R)］://(在实体的一条边上单击)

选择边或［放弃(U)/删除(R)］://(按<Enter>键,结束选择)

指定基点或位移://(在绘图区域中单击,指定基点 A)

指定位移的第二点://(移动光标并单击,指定位置的第二点 B)

11.2.6 编辑实体面

用户可以对三维实体的选择面进行拉伸、移动、偏移、删除、旋转、倾斜和复制等操作,还可以进行改变面的颜色、对面压印等操作,下面将分别对其进行介绍。

命令:solidedit

实体编辑自动检查:SOLIDCHECK = 1

输入实体编辑选项［面(F)/边(E)/体(B)/放弃(U)/退出(X)］<退出>:F

输入面编辑选项［拉伸(E)/移动(M)/旋转(R)/偏移(O)/倾斜(T)/删除(D)/复制(C)/颜色(L)/材质(A)/放弃(U)/退出(X)］<退出>:

拉伸面是指将三维实体的一个或多个面按指定高度和倾斜角度进行拉伸,或沿指定的路径进行拉伸。

移动面是指沿着指定的高度或距离移动三维实体的选定面,用户可一次移动一个或多个面。该操作只是对面的位置进行调整,并不能更改面的方向。

旋转面是指按指定轴旋转三维实体的一个或多个面,或者是旋转实体的某些部分。

偏移面是指按指定的距离或通过指定的点,将实体的选定面均匀地偏移一定的距离,正值增大实体尺寸或体积,负值减小实体尺寸或体积。

倾斜面是将三维实体的一个或多个面倾斜一定的角度,倾斜角的旋转方向由选择基点和第二点(沿选定矢量)的顺序决定。

删除面是从三维实体上删除面、圆角和倒角。

复制面是将面复制为面域或体。如果指定两个点,SOLIDEDIT 将使用第一个点作为基点,并相对于基点放置一个副本。如果指定一个点(通常输入为坐标),然后按<Enter>键,SOLIDEDIT 将使用此坐标作为新位置。

着色面是对选择面的颜色进行修改。

【例 11-6】对长方体的表面压印。

绘制图 11-24a、b。

命令：_imprint

选择三维实体或曲面：(选择长方体)

选择要压印的对象：(选择上表面绘制的圆)

是否删除源对象 [是(Y)/否(N)] <N>：y

选择要压印的对象：(选取侧面上的一条线段)

是否删除源对象 [是(Y)/否(N)] <Y>：↵

选择要压印的对象：(选取侧面上的另一条线段)

是否删除源对象 [是(Y)/否(N)] <Y>：↵

选择要压印的对象：

压印后效果如图 11-25 所示。

a) 长方体　　　　　　　b) 长方体与上表面的圆

图 11-24　长方体与上表面的圆

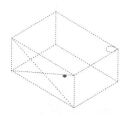

图 11-25　压印后圆与长方体面合为一体

11.2.7　实体的清除、分割、抽壳与选中

通过"清除"和"检查"三维实体，可以将三维实体上多余的面自动删除，并进行检查以确保该三维实体有效。如果边的两侧或顶点共享相同的曲面或顶点定义，则可以通过"清除"命令删除这些边或顶点。三维实体对象上所有多余的及未使用的边都将被删除。

抽壳是通过指定的厚度在三维实体中创建壳体或中空的薄层，用户可以为所有的面指定一个固定的薄层厚度，以向内部或外部偏移来创建新面。通俗地讲，抽壳就是把实体挖空，只留下外壳。抽壳时，要保留整个外壳，就不用删除面，否则，在执行抽壳命令时可选择删除某个不想要的面。

【例 11-7】绘制一个有底部倾斜的矩形断面排水槽，如图 11-29 所示。

命令：_box

指定第一个角点或 [中心(C)]：c

指定中心：0,0,0

指定角点或 [立方体(C)/长度(L)]：l

指定长度 <4000.0000>：

指定宽度 <400.0000>：

指定高度或 [两点(2P)] <500.0000>：

命令：_solidedit

实体编辑自动检查：　SOLIDCHECK = 1

输入实体编辑选项 [面(F)/边(E)/体(B)/放弃(U)/退出(X)] <退出>：_face

输入面编辑选项

[拉伸(E)/移动(M)/旋转(R)/偏移(O)/倾斜(T)/删除(D)/复制(C)/颜色(L)/材质(A)/放弃(U)/

退出(X)] <退出>：_taper

选择面或［放弃(U)/删除(R)］：(找到一个面)

选择面或［放弃(U)/删除(R)/全部(ALL)］：

指定基点：(见图 11-26)

指定沿倾斜轴的另一个点：(见图 11-27)

指定倾斜角度：2

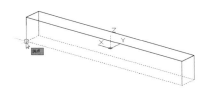

图 11-26　指定倾斜的基点

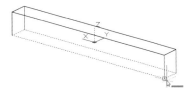

图 11-27　指定沿倾斜轴的另一点

命令：_solidedit

实体编辑自动检查：SOLIDCHECK = 1

输入实体编辑选项［面(F)/边(E)/体(B)/放弃(U)/退出(X)］<退出>：_body(输入体编辑选项)

［压印(I)/分割实体(P)/抽壳(S)/清除(L)/检查(C)/放弃(U)/退出(X)］<退出>：_shell

选择三维实体：

删除面或［放弃(U)/添加(A)/全部(ALL)］：(找到一个面,已删除 1 个)

删除面或［放弃(U)/添加(A)/全部(ALL)］：(找到一个面,已删除 1 个)

删除面或［放弃(U)/添加(A)/全部(ALL)］：

输入抽壳偏移距离：-50

底板倾斜后的效果如图 11-28 所示，抽壳后的效果如图 11-29 所示。

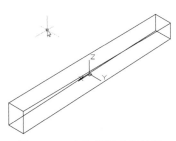

图 11-28　底边倾斜后的效果

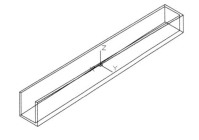

图 11-29　抽壳命令后的水槽效果图

11.2.8　实体的剖切

通过剖切现有实体可以创建新实体。用户可以通过多种方式定义剪切平面，包括指定点、选择曲面或平面对象。使用剖切（slice）命令剖切实体时，可以保留剖切实体的一半或全部。剖切实体不保留创建它们的原始形式的历史记录，但是可以保留原实体的图层和颜色特性。

11.2.9　加厚

在"功能区"选项板中选择"常用"选项卡，在"实体编辑"面板中单击"加厚"按钮，或者在菜单栏中选择"修改"→"三维操作"→"加厚"（thicken）命令，可以启动加厚命令从而把任何曲面创建成三维实体。

【例11-8】绘制一段顶部拱形的输水渠道，如图11-30c所示。

（1）绘制管道截面

命令：_pline

指定起点：0,0

当前线宽为0.0000

指定下一个点或［圆弧（A）/半宽（H）/长度（L）/放弃（U）/宽度（W）］：@0,1000

指定下一点或［圆弧（A）/闭合（C）/半宽（H）/长度（L）/放弃（U）/宽度（W）］：a

指定圆弧的端点或［角度（A）/圆心（CE）/闭合（CL）/方向（D）/半宽（H）/直线（L）/半径（R）/第二个点（S）/放弃（U）/宽度（W）］：ce

指定圆弧的圆心：@500,0

指定圆弧的端点或［角度（A）/长度（L）］：a

指定包含角：-180

指定圆弧的端点或［角度（A）/圆心（CE）/闭合（CL）/方向（D）/半宽（H）/直线（L）/半径（R）/第二个点（S）/放弃（U）/宽度（W）］：l

指定下一点或［圆弧（A）/闭合（C）/半宽（H）/长度（L）/放弃（U）/宽度（W）］：@0,-1000

指定下一点或［圆弧（A）/闭合（C）/半宽（H）/长度（L）/放弃（U）/宽度（W）］：（如图11-30a所示）

（2）拉伸截面形成三维曲面

命令：_extrude

当前线框密度：　ISOLINES=4,闭合轮廓创建模式　=　实体

选择要拉伸的对象或［模式（MO）］：_MO闭合轮廓创建模式［实体（SO）/曲面（SU）］<实体>：_SO

选择要拉伸的对象或［模式（MO）］：找到1个

选择要拉伸的对象或［模式（MO）］：

指定拉伸的高度或［方向（D）/路径（P）/倾斜角（T）/表达式（E）］<-424.8476>：2000（如图11-30b所示）

（3）加厚

命令：_Thicken

选择要加厚的曲面：找到1个

选择要加厚的曲面：

指定厚度<0.0000>：100

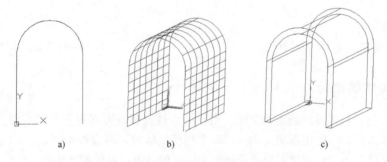

a)　　　　　　　　　b)　　　　　　　　　c)

图11-30　曲线拉伸并加厚形成拱形渠道壁

11.2.10　实体、曲面转换

在"功能区"选项板中选择"常用"选项卡，在"实体编辑"面板中单击"转换为实

体”按钮，或者在菜单栏选择"修改"→"三维操作"→"转换为实体"（convtosolid）命令，都可以将具有厚度的多段线和圆转换为实体。

注意：包含 0 宽度顶点或可变宽度的多段线无法使用"转换为实体"命令。

在"功能区"选项板中选择"常用"选项卡，在"实体编辑"面板中单击"转换为曲面"按钮，或者在菜单栏选择"修改"→"三维操作"→"转换为曲面"（convtosurface）命令，都可以将二维实体、面域、体、开放的或具有厚度的 0 宽度多段线、具有厚度的直线、具有厚度的圆弧和三维平面转换为曲面。

11.2.11　实体分解

在"功能区"选项板中选择"常用"选项卡，在"修改"面板中单击"分解"按钮，或者在菜单栏选择"修改"→"分解"（explode）命令，都可将三维复合对象分解为一系列部件对象，从而可以分别编辑。

11.2.12　倒角和圆角

在"功能区"选项板中选择"常用"选项卡，在"修改"面板中单击"圆角"或"倒角"按钮执行修圆角（fillet）命令或修倒角（chamfer）命令，如图 11-31 所示；也可以在菜单栏"修改"→"圆角"或"倒角"中单击命令；也可以在命令行中键入 fillet 或 chamfer，然后按<Enter>键。

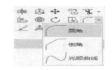

图 11-31　修改面板中的圆角/倒角命令

【例 11-9】对圆柱体顶部面进行圆角操作，如图 11-32 所示。

命令：fillet

当前设置：模式 = 修剪，半径 = 0.0000

选择第一个对象或［放弃(U)/多段线(P)/半径(R)/修剪(T)/多个(M)］：(在顶部面的任意边上单击)

输入圆角半径或（表达式 E）：10(输入圆角半径值，按<Enter>键)

选择边或［链(C)/半径(R)］：(选择侧面的边单击)

选择边链或［边(E)/半径(R)］：(在顶部面的任意边上单击)

图 11-32　为圆柱体加圆角的效果

【例 11-10】对长方体的顶部面的四边进行倒角操作，如图 11-33 所示。

命令：　chamfer

("修剪"模式) 当前倒角距离 1 = 0.0000,距离 2 = 0.0000

选择第一条直线或［放弃(U)/多段线(P)/距离(D)/角度(A)/修剪(T)/方式(E)/多个(M)］：(在顶面的任意边上单击)

基面选择…

输入曲面选择选项［下一个(N)/当前(OK)］：(选下一个,按<Enter>键,如图 11-34 所示)

指定基面的倒角距离或(表达式 E)：10(输入倒角距离值,按<Enter>键)

指定其他曲面的倒角距离<10.0000>：(直接按<Enter>键)

选择边或［环(L)］：

选择边或［环(L)］：

选择边或［环(L)］：

选择边或［环(L)］：(在顶面的四周边框上依次单击后按<Enter>键)

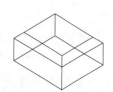

图 11-33 为长方体加倒角的效果

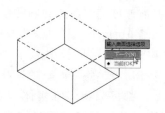

图 11-34 根据确定边挑选曲面

11.3 三维对象的尺寸标注

三维对象的尺寸标注只能在 Z＝0 的 XY 平面上进行，因此，要标注三维对象的各部分尺寸，可能需要不断地变换坐标系，将需要标注的部分转换到 Z＝0 的 XY 平面上。

三维对象标注用到的标注命令和用法与二维对象的完全一样。在"功能区"选项板中选择"注释"选项卡，在"标注"面板中选择"标注"，或者在菜单栏选中"标注"菜单中的命令，都可以启动标注命令。

【例 11-11】对两个侧面有圆形图形的长方体进行尺寸标注。

在"功能区"选项板中选择"视图"选项卡，在"坐标"面板中选择"原点"按钮，改变用户坐标系的原点位置。

命令：_ucs

当前 UCS 名称：＊没有名称＊

指定 UCS 的原点或 ［面（F）/命名（NA）/对象（OB）/上一个（P）/视图（V）/世界（W）/X/Y/Z/Z 轴（ZA）］<世界>：_o

指定新原点 <0,0,0>：

确定新原点后使第一个侧面处于 Z＝0 的 XY 平面上，如图 11-35a 所示，此时就可以对该面进行尺寸标注。

在"功能区"选项板中选择"注释"选项卡，选择标注工具，在当前坐标系下标注圆心位置和半径（标注过程略），标注结果如图 11-35b 所示。

然后重新在"功能区"选项板中选择"视图"选项卡，在"坐标"面板中选择"原点"按钮，改变用户坐标系的原点位置到第二个侧面的顶点上，如图 11-36 所示。

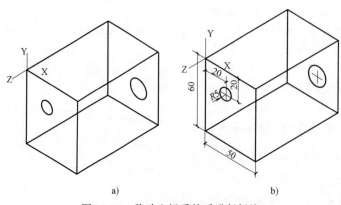

a)   b)

图 11-35 移动坐标系然后进行标注

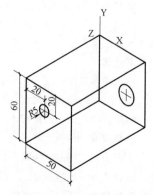

图 11-36 再次移动坐标系

接下来标注第二侧面的圆心位置和半径，结果如图 11-37 所示。

在"功能区"选项板中选择"视图"选项卡，在"坐标"面板中选择"绕 Y 轴旋转坐标系"按钮，改变用户坐标系的 XY 平面。

命令：_ucs

当前 UCS 名称：* 没有名称 *

指定 UCS 的原点或［面（F）/命名（NA）/对象（OB）/上一个（P）/视图（V）/世界（W）/X/Y/Z/Z 轴（ZA）]〈世界〉：_y

指定绕 Y 轴的旋转角度 <90>：

在"功能区"选项板中选择"注释"选项卡，选择线性标注工具，在当前坐标系下标注顶面边长（标注过程略），如图 11-38 所示。

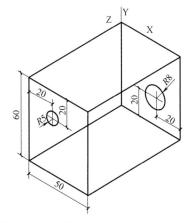

图 11-37　标注第二个侧面的圆心与半径

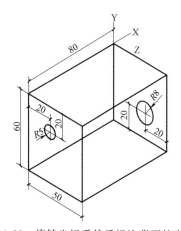

图 11-38　旋转坐标系然后标注背面长度

第 12 章

三维对象的观察与渲染

12.1 三维导航工具

三维绘图时，用户经常想要显示不同的视图，以便能够在图形中以不同的角度和方向查看和验证三维效果。AutoCAD 提供了多种三维观察工具，使用这些工具，用户可以围绕三维模型进行动态观察、回旋、漫游和飞行，为指定视图设置相机，创建预览动画及录制运动路径动画等，以便与他人共享设计。这些工具包括"受约束的动态观察""自由动态观察""连续动态观察""调整视距""回旋""三维缩放"和"三维平移"。

12.2 使用相机定义三维视图

在模型空间中放置相机和根据需要调整相机设置来定义三维视图。

在"视图"菜单栏中单击"创建相机"按钮，或者在命令行中输入 camera 并按<Enter>键。根据命令行提示进行操作，在视图中创建相机。

命令：camera

当前相机设置：高度 = 0 焦距 = 50 毫米

指定相机位置：(移动光标来移动相机位置,左击放置相机)

指定目标位置：(移动光标来确定相机聚焦位置)

输入选项 [？/名称(N)/位置(LO)/高度(H)/坐标(T)/镜头(LE)/剪裁(C)/视图(V)/退出(X)] <退出>:↵

创建相机的过程和效果如图 12-1 所示，图 12-1a 显示了相机摆放的位置，图 12-1b 是指

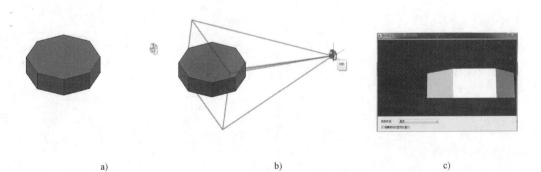

a)   b)   c)

图 12-1 创建相机

定相机目标的位置，图 12-1c 是选中相机后相机的视野。创建相机过程中，可以输入 LE 并按<Enter>键来修改相机镜头的焦距，如输入"35"可以查看广角镜头的视觉效果，输入"85"可以查看长焦镜头的视觉效果。

12.3 运动路径动画

使用运动路径动画（如模型的三维动画穿越漫游）可以形象地演示模型，也可以录制和回放导航过程，动态传达设计意图。

12.3.1 控制相机运动路径的方法

可以通过将相机及其目标链接到点或路径来控制相机运动从而控制动画。要使用运动路径创建动画，可以将相机及其目标链接到某个点或某条路径。如果要使目标保持原样，则将其链接到某个点；如果要使目标移动，则将其链接到某条路径。但无法将相机和目标链接到同一个点。

如果要使动画视图与相机路径一致，则使用同一路径，在"运动路径动画"对话框中将目标路径设置为"无"即可以实现该目的。

相机或目标链接的路径，必须在创建运动路径动画之前创建路径对象。路径对象可以是直线、圆弧、椭圆弧、圆、多段线、三维多段线或样条曲线。

12.3.2 设置运动路径动画参数

在快速访问工具栏选择"显示菜单栏"命令，在弹出的菜单中选择"视图"→"动画运动路径"（anipath）命令，打开"运动路径动画"对话框，如图 12-2 所示。

1）设置相机。在"相机"选项组中，可以设置将相机链接至图形中的静态点或运动路径。当选择"点"或"路径"单选按钮时，可以单击右边的拾取按钮，选择相机所在位置的点或沿相

图 12-2 "运动路径动画"对话框

机运动的路径，这时在下拉列表框中将显示可以链接相机的命名点或路径列表。

注意：创建运动路径时，将自动创建相机。如果删除指定为运动路径的对象，也将同时删除命名的运动路径。

2）设置目标。在"目标"选项组中，可以设置将相机目标链接至点或路径。如果将相机链接至点，则必须将目标链接至路径；如果将相机链接至路径，可以将目标链接至点或路径。

3）设置动画。在"动画设置"选项组中，可以控制动画文件的输出。其中，"帧率"文本框用于设置动画运行的速度，以每秒帧数为单位计量，指定范围为 1～60，默认值为30；"帧数"文本框用于指定动画中的总帧数，该值与帧率共同确定动画的长度，更改该数值时，将自动重新计算持续时间；"持续时间"文本框用于指定动画（片断中）的持续时间；"视觉样式"下拉列表框显示可应用于动画文件的视觉样式和渲染预设的列表；"格式"

下拉列表框用于指定动画的文件格式，可以将动画保存为 avi、mov、mpg 或 wmv 文件格式以便日后回放；“分辨率”下拉列表框用于以屏幕显示单位定义生成的动画的宽度和高度，默认值为 320×240；“角减速”复选框用于设置相机转弯时是否以较低的速率移动相机；“反向”复选框用于是否设置反转动画的方向。

4）预览动画。在“运动路径动画”对话框中，选中“预览时显示相机预览”复选框，将显示“动画预览”窗口，从而可以在保存动画之前进行预览。单击“预览”按钮，将打开“动画预览”窗口，如图 12 -3 所示。在“动画预览”窗口中可以预览使用运动路径或三维导航创建的运动路径动画，其中通过“视觉样式”下拉列表框可以指定“预览”区域中显示的视觉样式，如图 12-3 所示。

【例 12-1】 在图 12-1a 所示的图形的 YZ 平面上 Z 正方向上绘制一个 90°圆弧，然后创建沿圆弧运动的动画效果（图 12-4），其中设置目标位置为“原点”，视觉样式为“概念”，动画输出格式为 wmv。

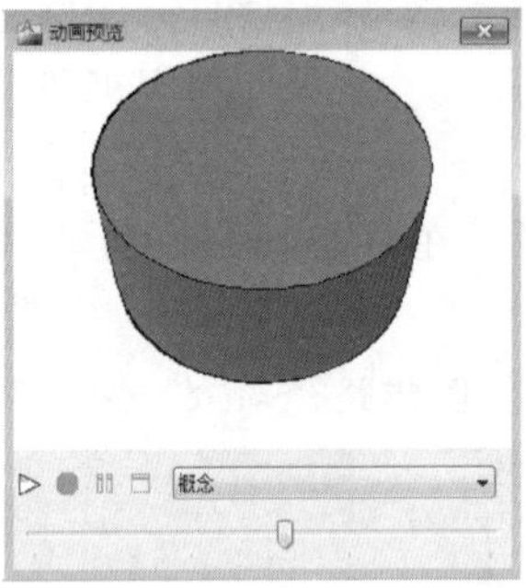

图 12-3　“动画预览”窗口

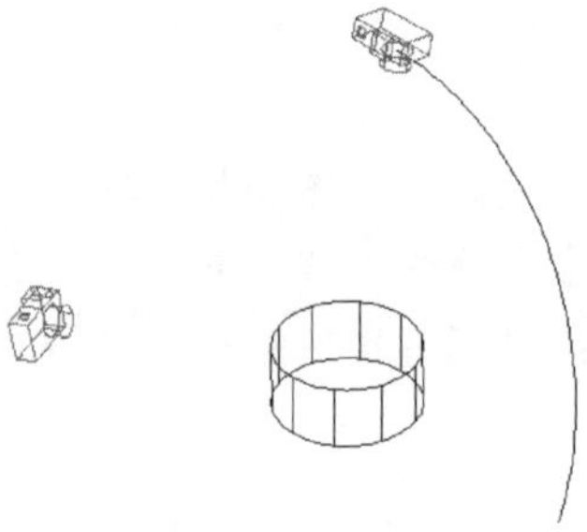

图 12-4　沿圆弧创建运动路径动画

保存动画文件为 pathmove. wmv，这时就可以选择一个播放器来观看动画播放效果了。

12.4　漫游和飞行

在快速访问工具栏选择“显示菜单栏”命令，在弹出的菜单中选择“视图”→“漫游和飞行”→“漫游”(3dwalk) 命令，可以交互式更改三维图形的视图，观察效果就像在模型中漫游一样。

在快速访问工具栏选择“显示菜单栏”命令，在弹出的菜单中选择“视图”→“漫游和飞行”→“飞行”(3dfly) 命令，可以交互式更改三维图形的视图，观察效果就像在模型中飞行一样。

穿越漫游模型时，将沿 XY 平面行进；飞越模型时，将不受 XY 平面的约束，因此看起来像飞过模型中的区域。

用户可以使用一套标准的键盘和鼠标交互在图形中漫游和飞行。使用键盘上的 4 个箭头键或〈W〉键、〈A〉键、〈S〉键和〈D〉键可以向上、向下、向左和向右移动。要在漫游模式和飞行模式之间切换，按〈F〉键。要指定查看方向，可以沿要查看的方向拖动鼠标。漫游或飞行时显示模型的俯视图。

在三维模型中漫游或飞行时，可以追踪用户在三维模型中的位置。当执行“漫游”或“飞行”命令时，打开的“定位器”面板将会显示模型的俯视图。位置指示器显示模型关系中用户的位置，而目标指示器显示用户正在其中漫游或飞行的模型。在开始漫游和飞行模式之前，或在模型中移动时，用户可以在"定位器"面板中编辑位置设置，如图 12-5 所示。对漫游和飞行进行设置时可选择"漫游和飞行设置"对话框（图 12-6）。

图 12-5 "定位器"面板

图 12-6 "漫游和飞行设置"对话框

12.5 查看三维效果

在绘制三维图形时，为了能够使对象便于观察，不仅需要对视图进行缩放、平移等，还需要隐藏其内部的线条，改变实体表面的平滑度。

1. 消隐图形

在快速访问工具栏选择"显示菜单栏"命令，在弹出的菜单中选择"视图"→"消隐"（hide）命令，可以暂时隐藏位于实体背后被遮挡的部分。

执行"消隐"操作后，绘图窗口将暂时无法执行"缩放"和"平移"命令，直到在快速访问工具栏选择"显示菜单栏"命令，在弹出的菜单中选择"视图"→"重生成"命令重生成图形为止。

2. 改变三维图形的曲面轮廓素线

当三维图形中包含弯曲面时（如球体和圆柱体等），曲面在线框模式下用线条的形式来显示，这些线条称为网线或轮廓素线。使用系统变量 ISOLINES 可以设置显示曲面所用的网线条数，默认值为 4，即使用 4 条网线来表达每一个曲面。该值为 0 时，表示曲面没有网线，如果增加网线的条数，则会使图形看起来更接近三维实物。

3. 以线框形式显示实体轮廓

使用系统变量 DISPSILH 可以以线框形式显示实体轮廓。此时需要将其值设置为 1，并用"消隐"命令隐藏曲面的小平面。

4. 改变实体表面的平滑度

要改变实体表面的平滑度，可通过修改系统变量 FACETRES 来实现。该变量用于设置曲面的面数，取值范围为 0.01~10。其值越大，曲面越平滑，如图 12-7 所示。

如果 DISPSILH 变量值为 1，那么在执行"消隐""渲染"命令时，并不能看到 FACE-TRES 设置效果，此时必须将 DISPSILH 值设置为 0。

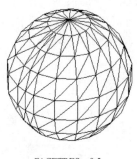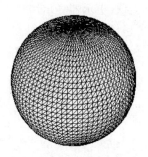

FACETRES = 0.5　　　　　　　　　　FACETRES = 10

图 12-7　改变实体表面的平滑度

12.6　三维对象渲染

12.6.1　应用与管理视觉样式

在"三维建模"工作空间的"功能区"选项板中选择"可视化"选项卡，在"视觉样式"面板中打开最上面一行"视觉样式"下拉列表框中的"视觉样式"，或在快速访问工具栏选择"显示菜单栏"命令，在弹出的菜单中选择"视图"→"视觉样式"，都可以对视图应用视觉样式，如图12-8所示。

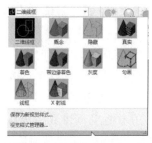

图 12-8　视觉样式工具面板

12.6.2　使用光源

"可视化"选项卡中的常用面板与命令如图12-9所示。

图 12-9　渲染选项卡与光源面板中的命令

当用户未创建光源时，AutoCAD 将使用系统默认光源，默认光源为视点后的两个平行光源。当用户指定光源后，默认光源将被禁止。

可创建光源有：点光源、聚光灯、平行光、光域网灯光。点光源为发散光源，光强随距离而衰减。聚光灯有方向特性。平行光的强度不随距离增加而衰减。

12.6.3　材质和贴图

功能区"可视化"选项卡中的"材质"面板提供与材质相关的命令，如图12-10a所示。单击"材质

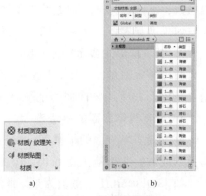

a)　　　　　　　　b)

图 12-10　材质浏览器

浏览器"选项，将弹出图 12-10b 所示的"材质浏览器"窗口。"材质"面板中的"材质贴图"命令可以将材质添加到图形对象上，增加展现对象的真实效果。

贴图是增加材质复杂性的一种方式，包括下述四种：

1）平面贴图。将图像映射到对象上，就像将其从幻灯片投影器投影到二维曲面上一样。图像不会失真，但是会被缩放以适应对象，该贴图常用于面。

2）长方体贴图。将图像映射到类似长方体的实体上，该图像将在对象的每个面上重复使用。

3）球面贴图。在水平和垂直两个方向上同时使图像弯曲。纹理贴图的顶边在球体的"北极"压缩为一个点，底边在"南极"压缩为一个点。

4）柱面贴图。将图像映射到圆柱形对象上，水平边将一起弯曲，但顶边和底边不会弯曲。图像的高度将沿圆柱体的轴进行缩放。

如果需要做进一步调整，可以使用显示在对象上的贴图工具，移动或旋转对象上的贴图。贴图工具是一些视口图标，使用鼠标变换选择时，它可以使用户快速选择一个或两个轴。通过将光标放置在图标的任意轴上选择一个轴，然后拖动鼠标沿该轴变换选择。用户通过使用贴图工具，可以在不同的变换轴和平面之间快速轻松地切换。

12.6.4 渲染设置

渲染是基于三维场景来创建二维图像，它使用已设置的光源、已应用的材质和环境设置（如背景和雾化）为场景的几何图形着色。

在"功能区"选项板中选择"可视化"选项卡，使用"渲染"面板，或在快速访问工具栏选择"显示菜单栏"命令，在弹出的菜单中选择"视图"→"渲染"都可以设置渲染参数并渲染对象。

1. 高级渲染设置

在"功能区"选项板中选择"渲染"选项卡，在"渲染"面板中单击面板右下角的小箭头（图 12-11a），或在"渲染"面板中单击面板最上面一行，然后在展开的菜单中选择最下面的"管理渲染预设"选项（图 12-11b），或在快速访问工具栏选择"显示菜单栏"命令，在弹出的菜单中选择"视图"→"渲染"→"高级渲染设置"命令，都可以打开"渲染预

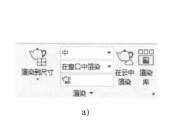

a)   b)   c)

图 12-11 渲染预设

设管理器"窗口，如图 12-11c 所示，设置渲染选项。

渲染预设存储了多组设置，使渲染器可以产生不同质量的图像。标准预设的范围从草图质量（用于快速测试图像）到演示质量（提供照片级真实感图像）。

2. 控制渲染

在"功能区"选项板中选择"可视化"选项卡，在"渲染"面板中单击"渲染环境和曝光"按钮，打开"渲染环境和曝光"窗口，可以使用环境功能来设置零化效果或背景图像，如图 12-12 所示。

雾化和深度设置是非常相似的大气效果，距相机距离越远，对象显示得越浅。雾化设置使用白色，而深度设置使用黑色。在"渲染环境和曝光"窗口中，要设置的关键参数包括雾化或深度设置的颜色、近距离和远距离、近处雾化百分率和远处雾化百分率。

雾化或深度设置的密度由近处雾化百分率和远处雾化百分率来控制。这些设置的范围为0.0001～100，值越高，表示雾化或深度设置越不透明。

3. 渲染并保存图像

默认情况下，渲染过程为渲染图形内当前视图中的所有对象。如果没有打开命名视图或相机视图，则渲染当前视图。渲染少数关键对象或视图的较小部分时，渲染速度较快，渲染整个视图时，渲染速度较慢，但渲染整个视图可以让用户看到所有对象之间的相互关系。

【例 12-2】　对图 11-30c 所绘图形进行渲染。

1）打开图 11-30c 绘制的图形，如图 12-13 所示。

图 12-12　"渲染环境和曝光"窗口

图 12-13　初始三维图形

2）在菜单栏中选择"视图"→"视觉样式"→"真实"，或者在"功能区"选项板中选择"视图"选项卡，然后在"视图样式"面板中单击"视图样式"按钮，选择"真实"样式（图 12-14），视图效果如图 12-15 所示。

3）在"功能区"选项板中选择"可视化"选项卡，然后在"材质"面板中单击"材质浏览器"按钮，接着在弹出的材质浏览器中的 Autodesk 库中分别单击"1 英寸方形-蓝色马赛克""碎石-河流岩石"这两种材质，这两种材质会添加到上部文档材质中备用，如图 12-16 所示。

4）在"材质"面板中单击"材质/纹理"开关，选中"材质/纹理开"命令（图 12-17）。

5）在"可视化"面板中单击"材质"的下拉菜单，选中"随层附着"命令（图 12-18）。

打开"随层附着"命令后，弹出"材质附着选项"对话框（图 12-19），图中左边是备选材质列表，右边是当前图形的所有图层列表。"随层附着"命令可以把备选材质的特性赋予选定图层上的所有对象。将对话框左侧的"1 英寸方形-蓝色马赛克"拖到右侧的图层上，使该图层具有了该材质特性，单击"确定"

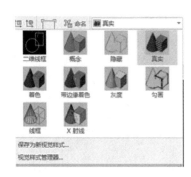

图 12-14　选"视图样式"选择中的
"真实"按钮

图 12-15　选"真实"视觉
样式后的三维图形

图 12-16　"材质浏览器"窗口

图 12-17　选择"材质/纹理开"选项

图 12-18　"随层附着"命令

按钮后，视图效果如图 12-20 所示。如果要换材质，先删除"材质附着选项"对话框右侧图层上的材质，即单击图层右侧的×按钮，再将对话框左侧的"碎石-河流岩石"拖到右侧的图层上（图 12-21）。换上碎石材质后的效果如图 12-22 所示。

　　6）在"功能区"选项板中选择"视图"选项卡，然后在"视图"选项卡中单击"命名视图"面板（图 12-23），单击"视图管理器"命令，弹出"视图管理器"对话框，如图 12-24 所示。

图 12-19　"材质附着选项"对话框

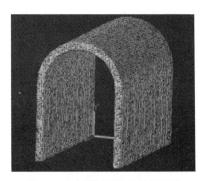

图 12-20　蓝色马赛克材质效果

图 12-21　将"碎石"材质拖到图层上

图 12-22　碎石材质效果

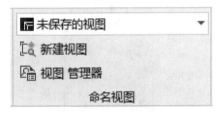

图 12-23　"视图"面板上的"命名视图"

图 12-24　"视图管理器"对话框

在"视图管理器"对话框中单击"新建"按钮，弹出"新建视图/快照特性"对话框，如图12-25所示。在该对话框中，先在第一行输入名称"视图01"，再单击对话框下部区域的"背景"下拉列表框，选中"图像"选项，如图12-26所示。当背景选中"图像"后，弹出"背景"对话框，单击该对话框中的"浏览"按钮，浏览并选择背景图片，选中后按"确定"按钮，如图12-27所示。

返回到"新建视图/快照特性"对话框后，单击"确定"后返回"视图管理器"对话框。在该对话框中单击"置为当前"按钮，然后单击"确定"退出"视图管理器"对话框。使用背景后的三维图形效果如图12-28所示。

7）在"功能区"选项板中选择"可视化"选项卡，然后在"光源"面板中单击"创建光源"按钮，选中"点"命令，如图12-29所示，弹出"光源-视口光源模式"对话框（图12-30），单击对话框的第一个选项（建议选项）以关闭对话框，返回绘图状态，在图形右上角适当位置单击，确定点光源位置。

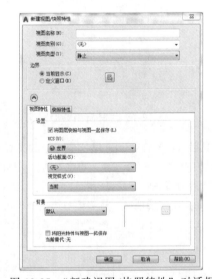

图 12-25　"新建视图/快照特性"对话框

在命令行提示下，键入 c 后按<Enter>键，选中"过滤颜色（C）"选项，具体过程如下：

命令：pointlight

指定源位置 <0,0,0>：

输入要更改的选项［名称(N)/强度因子(I)/状态(S)/光度(P)/阴影(W)/衰减(A)/过滤颜色(C)/退出(X)］<退出>：c↵

输入真彩色（R,G,B）或输入选项［索引颜色(I)/HSL(H)/配色系统(B)］<255,255,255>：250,250,0↵

输入要更改的选项［名称(N)/强度因子(I)/状态(S)/光度(P)/阴影(W)/衰减(A)/过滤颜色(C)/退出(X)］<退出>:↵

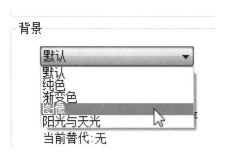

图 12-26　"背景"中选择"图像"

图 12-27　"背景"对话框

图 12-28　使用背景图片后的效果

图 12-29　创建点光源命令

创建点光源后的屏幕效果如图 12-31 所示。

8) 在"渲染"面板中分别设置渲染质量、渲染输出图像大小等特性，然后单击"渲染"按钮 完成渲染操作。渲染完成的效果如图 12-32 所示，同时显示了图像信息。

图 12-30　"光源-视口光源模式"对话框

图 12-31　屏幕右侧创建点光源

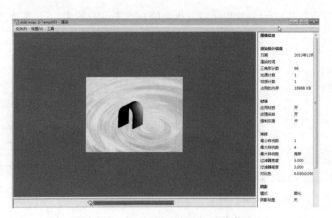

图 12-32 渲染图形效果与图像信息

附录

AutoCAD快捷键一览表

表 1　对象特征快捷键

序号	快捷键名称	命令名称	操作定义
1	AA	AREA	面积
2	ADC 或〈Ctrl+2〉	ADCENTER	设计中心
3	AL	ALIGN	对齐
4	ATE	ATTEDIT	编辑属性
5	ATT	ATTDEF	属性定义
6	BO	BOUNDARY	从封闭区域创建面域或多段线
7	CH 或 MO 或〈Ctrl+1〉	PROPERTIES	修改特性
8	COL	COLOR	设置颜色
9	DI	DIST	距离
10	EXIT	QUIT	退出
11	EXP	EXPORT	输出其他格式文件
12	IMP	IMPORT	输入文件
13	LA	LAYER	图层操作
14	LI	LIST	显示图形数据信息
15	LT	LINETYPE	线型
16	LTS	LTSCALE	线型比例
17	LW	LWEIGHT	线宽
18	MA	MATCHPROP	属性匹配
19	OP 或 PR	OPTIONS	自定义 CAD 设置
20	PRE	PREVIEW	打印预览
21	PRINT	PLOT	打印
22	PU	PURGE	清除垃圾
23	R	REDRAW	重新生成
24	REN	RENAME	重命名
25	ST	STYLE	文字样式
26	TO	TOOLBAR	工具栏
27	UN	UNITS	图形单位

（续）

序号	快捷键名称	命令名称	操作定义
28	V	VIEW	视图控制
29	OS	OSNAP	设置捕捉模式
30	SE	DSETTINGS	草图设置
31	SN	SNAP	捕捉栅格
32	DS	DSETTINGS	设置极轴追踪
33	GR	GROUP	选项

表 2　绘图命令快捷键

序号	快捷键名称	命令名称	操作定义
1	PO	POINT	点
2	L	LINE	直线
3	XL	XLINE	构造线
4	RAY	RAY	射线
5	PL	PLINE	多段线
6	ML	MLINE	多线
7	SPL	SPLINE	样条曲线
8	POL	POLYGON	正多边形
9	REC	RECTANGLE	矩形
10	C	CIRCLE	圆
11	A	ARC	圆弧
12	DO	DONUT	圆环
13	EL	ELLIPSE	椭圆
14	REG	REGION	面域
15	MT	MTEXT	多行文本
16	T	MTEXT	多行文本
17	B	BLOCK	块定义
18	I	INSERT	插入块
19	W	WBLOCK	定义块文件
20	DIV	DIVIDE	等分
21	H	BHATCH	填充

表 3　修改命令快捷键

序号	快捷键名称	命令名称	操作定义
1	CO	COPY	复制
2	MI	MIRROR	镜像
3	AR	ARRAY	阵列
4	O	OFFSET	偏移

（续）

序号	快捷键名称	命令名称	操作定义
5	RO	ROTATE	旋转
6	M	MOVE	移动
7	E,〈Delete〉	ERASE	删除
8	X	EXPLODE	分解
9	TR	TRIM	修剪
10	EX	EXTEND	延伸
11	S	STRETCH	拉伸
12	LEN	LENGTHEN	直线拉长
13	SC	SCALE	比例缩放
14	BR	BREAK	打断
15	J	JOIN	合并
16	CHA	CHAMFER	倒角
17	F	FILLET	倒圆角
18	PE	PEDIT	多段线编辑
19	ED	DDEDIT	修改文本
20	AL	ALGN	对齐
21	SPE	SPLINEDIT	编辑样条曲线

表 4　视窗缩放快捷键

序号	快捷键名称	命令名称	操作定义
1	P	PAN	平移
2	Z+空格+空格	ZOOM	实时缩放
3	Z	ZOOM	局部放大
4	Z+P	PRECEDING ZOOM	返回上一视图
5	Z+E	ENTIRE ZOOM	显示全图

表 5　尺寸标注快捷键

序号	快捷键名称	命令名称	操作定义
1	DLI	DIMLINEAR	直线标注
2	DAL	DIMALIGNED	对齐标注
3	DRA	DIMRADIUS	半径标注
4	DAN	DIMDIAMETER	角度标注
5	DDI	DIMANGULAR	直径标注
6	DJO	DIMJOGGED	折弯标注
7	DAR	DIMARC	弧长标注
8	DCE	DIMCENTER	中心标注
9	DOR	DIMORDINATE	点标注

（续）

序号	快捷键名称	命令名称	操作定义
10	TOL	TOLERANCE	标注形位公差
11	LE	QLEADER	快速引出标注
12	DBA	DIMBASELINE	基线标注
13	DCO	DIMCONTINUE	连续标注
14	D	DIMSTYLE	标注样式
15	DED	DIMEDIT	编辑标注
16	DOV	DIMOVERRIDE	替换标注系统变量
17	DRE	DIMREASSOCIATE	重新关联

表 6 常用〈CTRL〉快捷键

序号	快捷键名称	操作定义
1	〈Ctrl+1〉	修改特性
2	〈Ctrl+2〉	设计中心
3	〈Ctrl+0〉	打开文件
4	〈Ctrl+A〉	选择图形中的对象
5	〈Ctrl+B〉	栅格捕捉
6	〈Ctrl+C〉	将对象复制到剪贴板
7	〈Ctrl+F〉	切换执行对象捕捉
8	〈Ctrl+G〉	切换栅格
9	〈Ctrl+J〉	执行上一个命令
10	〈Ctrl+L〉	切换正交模式
11	〈Ctrl+N〉	创建新图形
12	〈Ctrl+O〉	打开图形文件
13	〈Ctrl+P〉	打印当前图形
14	〈Ctrl+R〉	在布局视口之间循环
15	〈Ctrl+S〉	保存当前图形文件
16	〈Ctrl+V〉	粘贴剪贴板中的数据
17	〈Ctrl+X〉	将对象剪切到剪贴板
18	〈Ctrl+Y〉	重复上一个操作
19	〈Ctrl+Z〉	撤销上一个操作
20	〈Ctrl+U〉	极轴模式控制

表 7 常用功能快捷键

序号	快捷键名称	操作定义
1	F1	获取帮助
2	F2	实现作图窗和文本窗口的切换
3	F3	控制是否实现对象自动捕捉

（续）

序号	快捷键名称	操作定义
4	F4	数字化仪控制
5	F5	等轴测平面切换
6	F6	控制状态行上坐标的显示方式
7	F7	栅格显示模式控制
8	F8	正交模式控制
9	F9	栅格捕捉模式控制
10	F10	极轴模式控制
11	F11	对象追踪式控制

参 考 文 献

［1］ 陈志民. 中文版 AutoCAD 从入门到精通 ［M］. 北京：机械工业出版社，2011.

［2］ 朱维克，黄文彦，许东波. AutoCAD 2011 中文版机械制图教程 ［M］. 北京：机械工业出版社，2011.

［3］ 张传记，白春英，陈松焕. AutoCAD 2011 中文版建筑设计实战从入门到精通 ［M］. 北京：人民邮电出版社，2011.

［4］ 李波. AutoCAD 2011 机械设计完全自学手册 ［M］. 北京：机械工业出版社，2011.

［5］ 史宇宏. AutoCAD 2011 从新手到高手 ［M］. 北京：北京希望电子出版社，2011.

［6］ 凤舞. AutoCAD 2011 新手完全自学手册（含光盘）［M］. 北京：机械工业出版社，2011.

［7］ 王东伟，柏松. AutoCAD 2011 辅助设计从入门到精通 ［M］. 北京：航空工业出版社，2010.

［8］ 陈敏，刘晓叙. AutoCAD 2011 机械设计绘图基础教程 ［M］. 重庆：重庆大学出版社，2012.

［9］ 张日晶，王玮. AutoCAD 2011 中文版建筑设计十日通 ［M］. 北京：机械工业出版社，2011.

［10］ 胡人喜，成昊. 新概念 AutoCAD 2011 建筑制图教程 ［M］. 6 版. 北京：科学出版社，2011.

［11］ 刘平安. AutoCAD 2011 中文版机械设计实例教程（附光盘）［M］. 北京：机械工业出版社，2010.

［12］ 田绪东. AutoCAD 2011 实例教程 ［M］. 北京：机械工业出版社，2012.

［13］ 李海慧. 中文版 AutoCAD 2011 宝典 ［M］. 北京：电子工业出版社，2011.

［14］ 崔洪斌，肖新华. AutoCAD 2010 中文版使用教程 ［M］. 北京：电子工业出版社，2011.

［15］ 崔文程. 中文版 AutoCAD 2011 实训教程 ［M］. 北京：清华大学出版社，2011.

［16］ 张晶. 环境工程制图与 CAD ［M］. 北京：化学工业出版社，2011.

［17］ 中华人民共和国住房和城乡建设部. 海绵城市建设技术指南——低影响开发雨水系统构建（试行）［Z］. 2014.

［18］ 杨松林，董金华. 给排水工程 CAD 基础及应用 ［M］. 北京：化学工业出版社，2016.

［19］ 荣梅娟. 环境工程 CAD ［M］. 北京：化学工业出版社，2013.

［20］ 于国清，寿炜炜，方修睦. 建筑设备工程 CAD 制图与识图 ［M］. 4 版. 北京：机械工业出版社，2020.

［21］ 姜省峰，武晓红，魏春雪. AutoCAD 2020 中文版基础教程 ［M］. 北京：中国青年出版社，2019.

［22］ 叶国华. AutoCAD 2020 中文版从入门到精通（微课视频版）［M］. 北京：电子工业出版社，2019.

［23］ 胡春红，冯国丽，李雷. AutoCAD 2020 中文版入门、精通与实战 ［M］. 北京：电子工业出版社，2019.

［24］ 孔祥臻. AutoCAD 2018 中文版完全自学一本通 ［M］. 北京：电子工业出版社，2018.

［25］ 谭荣伟. 环境工程 CAD 绘图快速入门 ［M］. 北京：化学工业出版社，2016.

［26］ 王晓燕，杨静. 环境工程 CAD ［M］. 北京：高等教育出版社，2019.

［27］ 李慧颖. 环境工程识图与 CAD ［M］. 北京：化学工业出版社，2019.

［28］ 马承荣，景长勇. 环境工程 CAD ［M］. 武汉：武汉理工大学出版社，2017.

［29］ 陈超，陈玲芳，姜姣兰. AutoCAD 2019 中文版从入门到精通 ［M］. 北京：人民邮电出版社，2019.

［30］ 钟日铭. AutoCAD 2019 完全自学手册 ［M］. 3 版. 北京：机械工业出版社，2018.

［31］ 刘玉红，周佳. AutoCAD 2018 基础设计 ［M］. 北京：清华大学出版社，2019.

［32］ 王建华. AutoCAD 2019 官方标准教程 ［M］. 北京：电子工业出版社，2019.

［33］ 施勇，孙丽华. AutoCAD 2018 基础教程 ［M］. 北京：清华大学出版社，2017.

［34］ 王翠萍. AutoCAD 2019 中文版从入门到精通 ［M］. 北京：中国青年出版社，2019.

［35］ 于广滨，刁立龙，戴冰. AutoCAD 2018 中文版机械制图标准教程 ［M］. 北京：机械工业出版社，2019.